실록 농업통상

실록 농업통상

『실록 농업통상』 출간에 드리는 글

조일호(전 농림부 차관)

실록 농업통상은 세계경제질서를 전면적으로 개편한 GATT/UR(우루과이 라운드)의 농업협상과 후속된 그 이후 다자협상에서 대한민국이 성공적으로 대처함으로써 이제는 대한민국이 세계 10위권의 강한 경제국으로 탈바꿈할 수 있게 한 바탕의 한 축이 된 UR농업협상 과정을 상세하게 실증적으로 기록한 매우 값지고 소중한 역사기록입니다. 뿐만 아니라 앞으로 계속될 다자간 협상에도 활동 지침서(reference guide map)로 활용되어야만 하는 매우 소중한 기록으로, 그 출간을 진심으로 환영합니다.

1994년 종결된 GATT/UR 협상의 결과로 현존하는 WTO 체제인 아주 포괄적이고 체계적인 새로운 세계 자유무역질서가 창설되었고, 현재 WTO에는 북한을 비롯한 극소수의 나라들을 빼고는 거의 세계 모든 나라들이 가입하고 있으며, 특히 모든 회원국들은 국내의 모든 제도와 정책을 협정 및 그 이행계획에 합치시켜 개편하도록 하였기 때문에 이에 따라서 세계 경제 및 무역질서가 동질화되게 개편되었습니다. 이 같은 이유로 소련, 중국, 베트남과 동유럽 공산권 국가들과 시장이 다소 폐쇄적이고 정부 통제적이었던 인도, 브라질, 태국, 이집트 등 대부분의 개발도상국들도 자유무역시장 경제로 과감한 개혁과 개방을 하였고, 그 결과 유례없이 놀라운 경제도약을 했고, 국민들의 소득과 생활을 전례 없이 개선하는 번영을 구사하고 있으며, 그 가운데 중국은 세계 2강국으로 일어섰습니다.

UR 협상 초기에 국내에는, 한국 농업은 너무 취약해서 시장개방은 불가하니 GATT/UR의 세계자유무역을 수용할 수 없다는 소극적 부정론도 있었으나, 세계 질서의 대변혁기에 낙오되어서는 안 되고, UR 협상에서 대상 분야 전체를 일괄 수용해야만 하기 때문에 무역 의존이 큰 우리나라는 소극적인 방관자로 머물지 않고 농업협상에 능동적으로 참여하였습니다.

이로써 대한민국도 이와 같은 세계 경제무역질서 대개편의 계기를 과거 역사처럼 움츠리고 외면하지 않고 능동적으로 참여하여 개방을 하되 지킬 것은 지키고 얻을 것은 얻어낸 결과, 협상 초기에는 세계무역시장에 진출하여 경제를 일으킨 신흥개도국 수준이었으나 이 같은 새 질서를 활용하면서 꾸준히 도약하여 이제는 세계무대에서 G-20 회의를 주재하고 G-7 회의에 초청받는 선진국 문턱에 서 있는 나라로 완전히 탈바꿈하였습니다.

대한민국의 농업도, 농업협상에서 치열하게 뛰면서 지킬 것 지키고 얻을 것은 보태고, 국내 농업 제도와 정책을 개혁하고 농수산 투자도 과감하게 확대한 여건에서 농업인들이 창의적으로 노력한 결과, 시장이 개방되면 한국농업은 자취조차 감출 것이라고 걱정하던 협상 초기의 두려움과는 정반대로 현재의 대한민국 농업은 스마트산업 시대의 첨단산업의 하나가 되어 청년들이 선망하는 산업의 하나로 바뀌었고 생산물 수출도 비약적으로 늘려나가고 있는 신산업의 하나로 성숙하였습니다.

필자 최용규 회장은 장기간 동안 대한민국 농업협상 대표로 봉직하면서 세계무대의 통상협상과 협력의 장에서 맹렬하고 끈질기게 활동해서 성과를 쌓아놓은 농업통상 전문인이고, 세계적으로도 이분처럼 장기간 동안 다자간 농업통상 협력에 깊이 참여해서 세계자유무역 질서를 개편하고 자기 나라 이익도 구현한 협상 대표들이 몇 분 안 됩니다. GATT 무대에서는 이러한 분들을 구루(guru, 선지자)로 대우하고 이들의 지혜와 경험을 빌립니다.

그 동안 UR 협상에 관한 기록들이 여러 가지 있지만 대부분 어느 나라들이 왜 제안했으며, 무슨 목적(doctrine)으로 개시되어 무엇을 협의했고(issue dealt with), 각국과 우리 입장은 무엇(positions of member countries)이었고, 무슨 일들이 있었는가(what happened during negotiations) 하는 내용과, 무엇이 합의되어 최종 타결(conclude what and finally adopted)되었는가에 관한 것이었습니다. 뿐만 아니라 과거에는 이런 다자간 협상을 회의에 참석(participate)해서 우리 입장과 사정을 알리고, 다른 나라들의 이해와 협조를 구하고, 관계국들과 별도로 외교 교섭을 하는 것으로 인식되었습니다.

그러나 이번에 발행하는 『실록 농업통상』은, 협상의 구체적인 실상은 각국의 대표들과도 긴밀하게 교류 협력하면서, 큰 틀에서 다자 무역협상의 성공을 위한 공동 노력의 공감대도 공유하는 가운데 다른 나라 사정과 입장도 이해하고 우리 입장을 이해시키며 협력을 확보하고 그들과 깊은 신뢰 관계를 구축하면서, 다양한 무대를 기회로 활용하면서 협상 참여국들의 이해와 협력을 확보해서 우리 입장을 관철해야 한다는 다자 무역협상은 어떻게 하는가(how to do it)와 자 무역협상은 한 번 합의된다고 끝나는 것이 아니고 지속적으로 전개된다는 실체를 이 실록이 명확하게 밝혀 새로운 성숙한 인식의 지평을 제시하고 있습니다. 『실록 농업통상』과 이를 저술해 준 최용규 회장에게 경의를 드리고, 미래에 농업통상을 맡을 분들에게 큰 도움을 주는 친절한 안내서가 되기를 바랍니다.

머리글

며칠 지나지 않아 2021년 12월 15일이 되면 한국 농정의 근간을 바꾸어 놓은 우루과이 라운드(Uruguay Round, UR) 농산물 협상이 끝난 지 28년이 된다.

30년이 다된 일을 이제 와 정리한다는 것은 늦은 감이 없지 않으나, 그 기록들을 그대로 사장(死藏)하기에는 아쉬움이 많이 남아 책으로 내기로 결정하였다.

이 책의 근간은 2018년 초 당시 FAO 한국협회 전종철 사무총장의 권유로 그해 3월부터 협회월간지인 「세계식품과 농업」에 2년 동안 연재하였던 「농업통상의 기록」들을 보완한 것이다. 필자가 처음부터 책을 쓸 생각이었다면 더욱 꼼꼼하게 기록하고, 더 많은 자료들을 모아 보다 정확하고 좋은 내용이 되었을 텐데 하는 아쉬움이 진하게 남는다.

필자는 농림부 근무 25년 중 3분의 2가 넘는 근 18년 동안 통상 관련 업무에 종사하였다. 주 일본 농무관(4년 2개월), 국제협력과장·담당관(4년 7개월), 주 제네바 농무관(3년 1개월), 국제농업국장(2차에 걸친 5년 9개월)으로 우연히도 한국 농정 대전환 시기의 중심에서 통상 업무를 담당하는 행운을 얻었다.

사실 이 기록들은 그 기간 동안에 많은 선배, 동료, 후배들이 열심히 일한 결과물인 것이다. 다만 필자가 이를 종합하여 대표로 기록하는 것뿐이다. 이는 기록으로서 가치뿐 아니라 후배들에게 선배들의 자취를 알려주고 이들이 잘잘못을 판단하여 향후 협상의 장에서 조금이라도 도움이 되었으면 하는 마음이다.

책의 내용은 1부, 2부와 부록으로 나뉘어져 있다. 1부에서는 일본 농무관 근무에서 얻은 경험이 필자의 그 후 협상과정에 미친 영향을 서술하고, 우리나라가 세계무역기구인 GATT에 가입한 경위, 그 동안 농산물 수입규제 근거가 되었던 GATT 18조 B항(BOP, Balance of Payment)을 더 이상 원용할 수 없는 협상(BOP졸업)과 우리에게 가장 중요한 우루과이 라운드(UR) 협상의 태동부터 협상 진행, 합의, 검증과 이행에 이르는 과정까지 기술하였다.

2부에서는 UR 결과에 불만족한 농산물 수출국들 위주인 아·태지역 경제협력체인 APEC(Asia Pacific Economic Corporation, 미국, 호주, 캐나다 등 18개국)의 탄생과 선진국(2010년)과 개도국(2020년)의 모든 산품의 완전자유화를 결정한 1994년 Bogor선언, 이를 저지하기 위한 1995년 Osaka 행동지침 결정을 위한 고위급회의(SOM), 각료회의와 이어진 정상회담, 농업의 다원적 기능을 선언문에 포함하려는 한·일·EU 등 수입국들의 노력이 돋보인 1996년 세계식량정상회담, 또한 APEC의 조기자유화(EVSL) 문제, 그리고 WTO 차기협상 준비를 위한 싱가포르 각료회담(1996), 쌀의 예외 문제가 불거졌던 시애틀 각료회담(1998)과 마지막으로 양자 간의 자유무역협정(FTA, Free Trade Agreement)의 시작인 한·칠레 자유무역협정의 시작까지 서술하였다.

부록에는 필자의 퇴직 후 통상관련 활동, 특히 2003 WTO 칸쿤각료회의, 2005 홍콩각료회의 참관 후 신문에 기고한 글과 각종 국제 세미나 참석(2003. 12. 3. 동경대학교 대학원 주최 세미나, 2011. 11. 25, 와세다대학교 초청강연) 발표문, 또한 일부 현직에서의 신문이나 전문월간지(KDI, KREI)에 기고한 논문 등과 퇴직 후 몸담았던 세계농정연구원(2002.3.28.~)에서의 통상 관련 연구 결과를 담았다.

이 책을 읽게 되는 독자들에게는 상당 부분의 내용들이 필자의 기록, 자료, 기억 등에 의존하였기 때문에 잘못 기술되었거나 틀린 부분이 있을 수 있다는 점을 밝혀둔다. 또한 가능한 한 객관적으로 서술하고자 하였으나 필자 개인적 견해가 많았음을 부인할 수 없다. 모든 책임은 필자에게 있음을 밝히며 잘못된 부분은 지적해주시고 넓은 아량으로 이해해 주시기 바란다.

이 책을 만들기까지는 특히 모든 원고에 대해 일일이 코멘트와 함께 지적해주신 조일호 전 농림부차관, 필자의 악필을 바로 잡아준 남동익 세농연 부원장, 그리고 「세계식품과 농업」에 연재토록 한 FAO 한국협회와 편집에 참여한 조윤경, 김현정 과장, 김연규 대리와 농수축산신문의 전정희 회장, 최기수 대표, 특히 이 책의 제호를 정해주고 종합편집을 해준 더바이어의 임동준 편집인과 최순주 님에게 감사를 드린다. 또한 퇴직 후 필자와 20여 년을 함께 한 세계농정연구원 이상무 이사장과 동료들에게도 깊은 감사를 전한다.

개인적으로는 저에게 공직자의 길을 가르쳐주고 좋은 감성을 물려준 돌아가신 부모님, 사랑과 도움을 준 두 형님, 세 누님, 먼저 세상을 떠난 아우, 그리고 가끔 협상하는 날이면 물고 놓지 말라고 게를 삶아주며 격려해준 아내, 국내외의 빈번한 이사로 끝없이 바뀌는 환경에서도 무사히 적응하고 성장해 준 아들, 딸에게도 무한한 사랑과 감사를 전한다.

2021년 12월 초

최 용 규

차례

차례

제1부

GATT와 우루과이라운드

1. 일본대사관 근무를 통해 얻은 교훈

필자는 농림부에서의 오랜 공직생활 중 14년 이상 국제·통상분야의 업무를 담당하였다. 오늘날 우리 농업계는 한·미 FTA 개정협상 등의 현안과 여러 메가 FTA의 추진에 대응하고 있다. 향후 중장기적인 농정 방향을 수립해 나가는 데 보탬이 되었으면 하는 바람으로, 일본·제네바 주재 농무관, 농림부 국제협력·통상협력담당관, 국제농업국장 등의 직책을 맡으며 직접 관여한 GATT, 우루과이라운드(UR), 도하라운드(DDA) 협상 등에서 보고 느낀 점들을 기록했다.

일본 근무 4년 2개월(1982.2~1986.4)에서 얻은 교훈

일본의 협상능력과 대외협력관계를 배우다

먼저 일본에서의 우리나라와 관계되는 일로서는 해마다 개최되는 한·일생사회담, 식량관계관 회의, 한·일기술협력위원회 회의가 있었다. 지금은 없어진 생사회담은 당시 우리의 생사수출이 늘어나자 일본측이 자율규제 조치로서 매년 생사와 견연사의 수출물량을 정하는 회담으로 경우에 따라서는 결렬되기도 하는, 당시로서는 매우 긴장감 있는 회담이었다.

식량관계관 회의는 양국의 식량사정에 관한 정보 교환이 목적으로, 1980년 냉해로 쌀이 부족했던 우리가 일본의 재고미를 1982년에 100만톤을 수입하기도 하였고 1984년에는 반대로 일본의 작황이 나빠 그동안 현금으로 갚아오던 방식을 현물로 갚았던 사례 등을 이 회의를 통해 해결하기도 하였다.

한·일기술협력위원회 회의는 양국의 농업기술과 정보의 교환 등을 협력하는 회의였다. 이와 같은 다양한 회의를 경험함으로써 나중에 국제회의의 준비, 운영, 그리고 일본의 협상방식 등을 알게 되는 계기가 되었다.

두 번째로는 일본이 미국 등 농산물 수출국의 시장개방 압력에 대응하고 준비하는 과정에 대해 알게 된 점이다. 1970~80년대는 경제호황을 맞은 일본에게 적자가 누적된 미국이 강하게 개방 압력을 가하던 시기였다. 특히 쇠고기, 감귤류, 쌀이 그 대상이었는데 1984

년에 쇠고기, 감귤류의 일부개방에는 합의하였으나 쌀에 대해서만은 일본의 태도가 단호하였다. 드디어 미국은 1986년 9월 미국쌀도정협회(RMA)가 미국무역대표부(USTR)에 제소하기에 이르렀고, 1988년 10월 29일에는 2차 제소까지 하였으나 일본의 쌀에 대한 인식을 알고 있던 미 행정부가 부담을 느꼈던 지, 미국은 새로 시작하는 New Round에서 논의할 것을 제안하여 일본이 받아들임으로써 RMA가 소를 취하하였다.

미국과 일본은 이미 그때부터 쌀을 UR의 협상테이블에 올려놓았지만, 우리는 전혀 인지하지 못하고 있었던게 사실이다. 필자는 계간 「농촌경제」(한국농촌경제연구원) 1988년 12월호에 「미·일간의 쌀 시장개방 분쟁과 일본의 선택」이라는 글을 당시 한국농촌경제연구원에 파견나간 조일호 국장의 권고로 기고하여 우리도 쌀 개방 문제에 대해 준비할 필요가 있다는 점을 제안하였다. 이에 농림부 고위층에서 계제를 권고한 조국장을 힐책하였다고 한다. 그만큼 쌀 개방 문제는 당시 금기시 되었던 것이다.

당시 알아둔 인맥으로 UR 등 국제협상에서 도움을 받다

필자는 일본 근무 시 농림성 간부를 중심으로 여러 분야의 많은 사람들과 가깝게 지냈다. 그 중 후일 UR, WTO, APEC의 장에서 다시 만나 긴밀한 공조관계를 갖거나 정보를 교환하고, 솔직한 견해를 주고받는 사이가 된 사람이 여럿 있었다. 중요한 몇 사람만 소개하고자 한다.

먼저 일본 농림성의 시와쿠지로(飽二郎)씨는 필자가 근무할 당시에는 국제부장이었으며, 1990년 12월 브뤼셀 각료회의 시에는 농림성 대외담당 차관급 심의관으로 농업담당 일본수석대표였다. 그는 이미 1990년말에 공무원 정년에 이르렀으나 일본 각료회의에서 특별결정을 통해 그에 한해서만 UR이 끝날 때까지 정년을 연장해주는 조치를 취하여 4년이 지난 1994년 초에 퇴임하였다. 그는 협상기간 내내 우리와 쌀 관세화 반대의 공조체제를 유지하고, 미국의 압력이 심했던 1992년 11월에는 내게 솔직하게 견해를 밝히기도 하였을 뿐만 아니라 1993년 10월에는 자신들이 먼저 끝난 미국과의 쌀 협상 후 다음 차례인 우리에게 솔직한 사전조언을 해주기도 하였다.

또 한 사람은 당시 국제기획과장으로 친분이 두터웠던 구마자와 히데아키(熊澤英昭) 씨이다. 그는 후에 경제국장, 대외담당 차관급 심의관, 그리고 국제통상 출신으로 유일하게 사무차관까지 되었다(관례는 식량청 장관이 승진). 그는 도쿄, 제네바, 심지어는 칸쿤(2003.12)에서까지 어디서 조우하든 나와 항상 같이 식사를 하면서 협상전망과 의견을 교환을 하곤 하였다.

또한 필자와 같은 시기에 도쿄의 미국 대사관에서 근무한 James D. Grueff와 W. John Child를 알게 된 것도 큰 도움이 되었다. James Grueff는 UR 협상 시 미국측 실무수석대표로 UR 막바지 협상과 1993년 초 우리가 제출한 국별이행계획서(C/S)를 검증하는 과정에서 몇 주간을 매일 협상테이블에 마주 앉아 실랑이를 벌였던 인사다. 필자가 그에게 공식협상 전에 단둘이 만나자고 하여 우리의 입장을 설득하면, 협상의 장에서는 훨씬 부드럽게 이해와 양보를 해주던 친구다. 필자는 퇴직 후인 2003년 워싱턴 방문 시 그와 식사를 하면서 그 동안의 고마움을 표시하였다. John Child는 1995년 국제농업국장으로 있을 때 주한미국대사관 참사관으로 이행 초기에 껄끄러웠던 양국 관계를 원만하게 하는데 많은 협조를 해주었다.

일본 공무원의 철저한 식량안보 인식

전후 일본은 농림성 내에 식량청을 별도로 두어 식량관리에 만전을 기하고 있었다. 특히 쌀은 전량 정부 수매로, 1980년 초에는 정부 재고가 거의 800만톤에 이를 정도로 쌀 농가를 보호해주고 있었다. 이와 같은 일본의 쌀에 대한 인식은 바로 UR 협상에서 쌀의 관세화 예외를 강력하게 주장하는 근간이 되었으며, 같은 형편에 있던 우리와 끝까지 공조관계를 유지하는 계기가 되기도 하였다.

그러면 왜 일본이 그렇게 식량안보에 단호할까? 그 이유는 35년 전 필자가 겪은 한 가지 사례에서 찾아볼 수 있지 않을까 한다.

1983년 초 도쿄의 아카사카에 있는 산노(山王)호텔 회의실에서 매월 1회 회동하는 도쿄 주재 외국대사관 농무관 모임(산노그룹이라고 했다)에 초청된 농림성 식량청 관료의 식량관리에 대한 설명이 있었다. 한 외교관이 그에게 "일본은 왜 그렇게 많은 비용을 들이면서까지 쌀 생산에 집중하고 보호하려고 하는가? 국제적으로 쌀이 남아도는데 부족하면 값싼 쌀을 수입하면 될 것 아닌가?"하고 질문하자, 그는 "당신은 호박(pumpkin) 하나만 6개월간 먹고 살아본 적이 있는가? 나는 전쟁 중에 호박 한 가지만으로 6개월 동안 먹고 살았다."고 정색을 하며 반문하였다. 회의실에 무거운 정적이 흘렀던 기억이 아직도 생생하다. 물론 전쟁을 겪은 우리도 그들 못지않게 쌀의 안보적 중요성을 인식하고 있음은 다시 말할 필요가 없을 것이다. 이와 같은 투철한 식량안보 인식이 우리와 함께 UR에서 쌀에 대한 예외조항을 만들어낸 원동력이 되었다고 생각한다.

일본 농림성, UR(1986.9) 시작 전인 1985년에 New Round 준비

일본 농림성은 매년 가을 도쿄 주재 외국 농무관에게 일본 농촌을 시찰하게 하는 제도를 운영하고 있었다.

필자는 1984년 10월 2박3일 일정으로 나가노현 농업시찰을 하고, 이에 대한 감상문(농림성 요청)을 일본 농림수산성 기관지인 월간 「농림수산성광보」 1985년 1월호에 기고(부록 참조)한 적이 있다. 최근에 우연히 그 책자를 보다가 「GATT 농업문제 최근 동향 – New Round 준비 시동에 대하여」 (국제경제과, 야마기시(山岸晴二))라는 글을 읽고 깜짝 놀라고 말았다. 그저 간단히 농업이 포함된다는 UR 선언이 1986년 9월에 있었는데, 그 1년 전에 이미 이에 대한 준비를 해야 한다는 내용이 실려 있었기 때문이다. 특히 검토과정에서 순수입국인 일본의 입장이 충분히 반영되어야 한다는 점을 강조하고 있었다.

물론 일본은 도쿄라운드(1974~79)에서 농업이 논의된 적이 있어 경험이 있었다. 그렇다 하더라도 상당히 구체적인 대응방안을 준비해야 한다는 내용으로 보아 우리보다는 여러 해 앞서는 인식과 준비태세를 갖추고 있었음에 놀랄 수 밖에 없었다.

2. GATT의 BOP 제18조 B항 원용 졸업

1989년 6월초에 농림수산부 농정국 국제협력과장으로 발령을 받아 처음으로 농업통상의 길에 들어서게 되었다. 첫 걸음에 두 가지 큰 과제가 주어졌다. 첫째는 그해 6월 26일 시작되는 GATT의 국제수지(BOP, Balance of Payment) 원용을 중단하는 협의이고, 두 번째는 '86년 9월에 시작한 우루과이라운드(UR) 협상 대응이었다. UR 협상에 대해서는 후술하겠지만 '88년 10월 몬트리올 중간평가 각료회의가 실패로 돌아가자 '89년 4월 제네바에서의 합의에 의해 겨우 재가동하게 되어 다소 여유가 있었으나, BOP 협의는 바로 앞에 다가와 있어 다자 협의에 생소한 필자로서는 커다란 부담이 아닐 수 없었다. 또한, 이때가 우리의 경제 발전과 미국의 무역적자 확대로 인하여 농산물시장 개방을 국가간에 양자적으로 해결하던 방식에서 처음 다자적인 방식으로 전환하는 시기이기도 했다.

GATT 가입, 케네디, 도쿄라운드에서 쇠고기 등의 관세양허는 잘못한 결정이었다

먼저 GATT 가입과 초기 라운드(케네디, 도쿄라운드)에서 농산물관세를 양허한 내용을 살펴보자. 우리나라는 '62년 1차 경제개발 5개년 계획을 시작하면서 대외에 수출입국을 표방하여 국제적인 다자간 무역체제 가입을 검토하여 왔다. 특히, GATT에 가입하게 되면 체약국의 관세양허혜택(최혜국대우, 내국민에 대한 무차별 원칙, 관세양허혜택의 3대 혜택 중 하나)을 받아 수출에 큰 도움이 되는 반면 국내산업 보호를 위한 수입제한을 하지 못하고 철폐해야 하는 부담을 우려해 그 동안 가입을 망설여 왔었다.

그러던 중 GATT가 개도국 참여 확대를 위해 '65년에 개도국에 대한 특별배려를 명문화(GATT 규정 제4부 추가)하는 규정을 신설함에 따라 우리는 '65년 5월 20일에 가입을 신청하여 '67년 4월 17일에 72번째 체약국이 되었다.

당시 우리는 대외적으로 경제수준이 낮은 편이어서 다른 체약국으로부터 큰 관심을 갖지 못해 협의를 요청한 국가가 12개(EEC 6개국 포함)에 지나지 않았으나 31차에 걸친 긴 양허협상을 하였다. 그 과정에서 쇠고기 25%를 포함하여 62개 품목을 양허하고, 또한 당시 진행 중인 케네디라운드('64~'67)에서 돼지고기 25%를 포함한 18개 품목을 양허했으며, 그 후 도쿄라운드('74~'79)에서 다시 쇠고기 20%, 닭고기 20%를 포함한 농산물 44개 품목을 양허해주었다. 당시는 우리가 쇠고기 등 육류를 수입해 먹으리라는 것은 상상도 못하던 시절이라 쉽게 양허해 주었다고 하지만 이들을 양허해 준 것은 크게 잘못한 결정이었다. 이는 결국 후일 우리가 UR에서 매우 어려운 입장 하에 협상을 하게 되는 결과를 가져왔기 때문이다(〈표 1〉 GATT에서의 농산물 양허내역 참조).

관세의 양허는 체약국에 대해 그 이상 관세를 올리지 않겠다는 약속으로, 이를 다시 올리기가 상당히 어렵게 되어 있다. 물론 GATT 규정상 다시 올릴 수 있는 재협상 조항(28조)이 있어 가능하기는 하지만 한 분야에서의 관세인상으로 손해를 보는 상대국가에게 여타 분야에서 이에 상응하는 양보를 해 주어야 하는 어려운 과정이어서 정말 부득이한 경우를 제외하고는 시도하지 못하는 실정이다.

양허재협상이 얼마나 어려운가는 미국이 '93년, '94년에 미국 의회의 결정에 따라 정부에게 담배의 양허관세 인상에 대한 재협상을 요구하면서 관심회원국과 협상을 한 경우를 통해 알 수 있다. 그 협상을 직접 담당했던 미농무부 리차드 슈로터 해외농업처장(수석대표)이 사석에서 필자(2000.6.30., 제네바)에게 단호하게 "그런 협상은 다시는 하고 싶지 않다"고한 것으로 보아 재협상의 어려움을 짐작할 수 있겠다. 그래도 우리는 다행히 UR이라는 다자협상의 틀을 이용하여 쇠고기(20%→45%), 돼지고기(25%→35%), 닭고기(20%→35%)의 양허관세를 인상하는 성과를 올렸지만 비양허 품목이었던 참깨(700%), 고추(300%), 마늘(400%) 등 고율관세에 비하면 상당히 낮은 수준으로 아쉽게 생각되는 부분이다.

GATT의 BOP조항(제18조 B항)은 개도국 농산물 개방의 방어수단이었다

GATT에서는 제11조의 수량제한 폐지규정의 예외로 체약국이 국제수지가 급격히 감소하거나 화폐준비가 현저하게 부족할 경우, 국제수지상의 곤란함을 회복하는 수단으로 수입제한을 허용하고 있다. 여기에는 선진국이 원용할 수 있는 제12조와 개도국이 원용할 수 있는 제18조가 있다. 특히 제18조를 원용할 수 있는 국가는 "경제상태가 오직 저생활 수준에 있고 개발의 초기 상태에 있는 회원국"으로 자국의 경제개발에 필요한 경우 ① 관세양허의 수정과 철회(A항), ② 국제수지 이유에 의한 수입제한(B항), ③ 특정산업의 확립을 위한 수입제한(C항)의 원용이 가능하게 되어 있다.

우리는 GATT 가입 당시부터 제18조 B항을 원용하여 농산물 수입규제를 시행하고 있었다. 이는 여타 개도국들의 농산물 수입 방어수단이기도 하다. 그러나 이 원용의 남용을 방지하기 위하여 GATT내에 BOP위원회('58.11.22 설치)를 두어 정기적으로 이들 국가에 대하여 점검하는 제도가 있다. 이 과정에서 국제수지 현황과 전망 등에 대한 IMF가 내리는 결정이나 사실자료가 중대한 영향을 미치기도 한다. 점검회의 절차는 당해국가에 대한 위원국들의 토론 후 의장보고서의 초안이 나오고 다시 토론과 합의를 거쳐 GATT 이사회에 대한 보고로 진행된다. 협의국가의 수입규제조치가 BOP조항에 합치하지 않을 경우 수정토록 권고하고 당해국가가 적절한 조치를 취하지 않을 경우 손해를 입은 회원국에게 보복조치를 허용하고 있다.

'89년 4월 쇠고기 패널판정의 패소 결과가 우리 BOP 협상에 불리하게 작용하다

앞서 설명한 바와 같이 우리는 기존 수입제한조치가 제18조 B항에 근거한다고 주장하여 왔고 이후 '83년까지 4차례('69, '71, '76, '79)의 BOP위원회 정식협의와 5차례('73, '75, '78, '81, '83)의 약식협의에서 정당성을 검토 받았으나 계속 만성적인 국제수지 적자인 상태여서 크게 문제되지는 않았다.

그러다가 '80년대 들어 세계적인 경기회복에 힘입어 우리의 수출이 늘어나기 시작하여, '86년에 처음으로 국제수지가 흑자로 돌아섰다. 흑자가 '87년까지 이어지자 BOP조항 원용 중단문제가 제기되기 시작하였고, '87년 협의('87.11.24)에서 정식으로 우리의 BOP문제가 제기되면서 '89년 상반기에 협의를 갖기로 결정하게 된다.

따라서 '89년 2월 이사회에서 한국에 대한 BOP 원용 협의 개최('89.6.26부터)를 결정하게 된다. 특히 '87년 협의시 지배적 결론으로서 "한국은 더 이상 제18조 B항에 의해 농산물 수입을 규제할 타당성이 없으며 조기철폐 일정이 필요함"을 강조하고 있어 '89년 협의가 이미 불리한 것임을 예견하고 있었다.

여기에 더 불리한 작용을 한 것은 '89년 4월 쇠고기 패널의 패소였다. '70년대 후반부터 경제발전, 식생활 개선, 개인소득의 증가로 쇠고기 수요가 급증하여 '78년부터 '84년까지 매년 쇠고기 수입량이 늘어나다가 '82년, '83년에는 드디어 송아지까지 수입('82년 3만 9,000두, '83년 8만7,000두)하기에 이르렀다. 결국 '83년, 84년 소값 폭락으로 이어져 문제가 생기자 정부는 '84년 10월 쇠고기 수입 중단을 결정하게 되었다. 이와 같은 정부의 결정에 수출국인 미국, 호주, 뉴질랜드가 크게 반발하고 계속 수입재개를 요구하다가 '88년 4월 GATT에 제소하게 된다. '89년 4월 GATT는 BOP 원용에 의한 쇠고기 수입규제는 더 이상 타당성이 없다는 판정을 하였고, 이는 BOP 협의를 앞둔 시점에서 예비판정에 가까워 우리는 아주 불리한 상황에 이르게 되었다.

2차의 위원회 협의('89.6.26~30, '89.10.23~27) 결과 8년간의 유예로 BOP 졸업을 결정하다

우리나라는 '89년 6월 협의를 앞두고 범정부적 대책반(경제기획원, 외무부, 재무부, 농림수산부, 상공부, 한국은행)을 구성하여 외교공관을 통한 BOP위원국(미국, 일본, 호주, 캐나다, EC, 브라질, 이집트, 인도 등 24개국)에 대한 설득과 함께 김식 농림수산부장관(일본, 호주)과 조규일 2차관보(EU, 스웨덴)를 주요국에 파견하는 등 다각적인 외교 노력을 경주하였다. 그러나 대부분의 반응은 우리에게 긍정적이지 못하였다. 그동안의 한국의 자유화 노력은 인정하지만 국제수지가 계속 흑자인 상황에서 더 이상의 BOP 원용은 곤란하다는 점과, 다만 일정기간의 유예는 부여할 필요가 있다는 데는 동의하였다.

한편, 제네바 대표부의 6년간의 유예기간 건의에 대해서는 농림부가 강하게 반대하였다. 따라서 정부는 1차 협의(수석대표는 이상옥 제네바 대사, 농림부 대표는 박상우 농정국장으로 하여 총 20명)에서는 철폐시한을 정하지 않고 회의 분위기를 보아 필요한 경우 청훈하여 결정 처리하기로 하고 협의에 임하였다.

역시 미국을 위시한 선진국들은 즉시 철폐를 주장하고, 브라질 등 개도국들은 일정기간의 유예가 필요하다는 우리 입장에 동조하였다. 한편, IMF의 평가보고를 한 IMF 대표는 한국이 BOP조항을 근거로 한 수입제한은 더 이상 타당성이 없다고 발언하였다. 마지막 날인 6월 30일 의장(Boittin)은 의장보고서 초안으로 5년의 유예기간을 제시(미국이 우리와 비공식적 사전협의에서 5년을 제안한바 있음)하였으나 우리 측이 의장안을 받을 수 없다고 반대하여 회의는 10월 23일 주간에 재개하기로 결정하고 끝냈다.

10월 23일 재개된 2차 협의(21개국 참가)에서 우리는 10년의 유예기간과 유예기간 중 제소 등 GATT상의 권리유보양해가 전제되어야 한다고 주장하였다. 이에 미국, 호주, 스위스, 캐나다 등은 5년의 유예기간을, 브라질은 아국의 10년안을 지지하였으나 나머지 국가들은 적절한 유예기간이 필요하다고만 하는 중립적 입장을 나타냈다. 결국 10월 27일 최종회의에서 의장이 제시한 8년('97.7.1까지)의 유예기간과 우리가 주장한 기간 중 제소 등 GATT상의 권리행사를 자제한다는 안을 받아들임으로써 우리는 BOP 졸업국가가 된 것이다. BOP를 졸업했다고 개도국까지 졸업하는 것은 아니지만 UR 협상 내내 우리의 개도국 지위에 대한 논란이 계속된 것도 이와 무관하지 않다고 본다.

BOP 졸업, 우리의 다자협의 대응능력을 향상시키다

BOP조항의 원용 중단은 공교롭게도 '86년부터 '89년까지 4년 연속 국제수지 흑자('90년에는 다시 적자로 돌아섬)를 기록함에 따라 우리의 농산물 수입규제 근거가 상실되어, 타의에 의한 대외 개방을 하게 된 우리농업계에 있어 하나의 커다란 사건이었다. 그러나 이는 오히려 우리에게 다음과 같은 몇 가지 긍정적인 신호를 보내주었다고 본다.

첫째, 그 협의는 개도국 최초의 BOP 졸업으로 당시 여타 협의대상국('89년: 브라질, 아르헨티나, 이집트, 인도, 터키 등 17개 국가)에게 선례가 되어 위원회에 포함된 개도국들의 적극적 지지를 얻어 장기 유예기간 확보에 큰 도움이 되었다.

둘째, 그 동안 양자적 압력에 따라 선별적으로 개방해 주던 방식에서 GATT를 통한 다자적 방식으로 전환함으로써 통상 압력을 분산시킬 수 있었다.

셋째, 제소 등 GATT상의 권리를 자제토록 하는 것을 명문화하여 일방적 보복 조치를 피할 수 있었다.

넷째, 완전 개방까지 8년이라는 장기간의 유예를 받아 내면서 중요한 품목을 개방의 후반에 둠으로써 구조조정 등으로 경쟁력을 키울 수 있는 시간적 여유를 갖게 할 뿐만 아니라, 우연히 UR이 동시에 진행됨에 따라 단계적인 자유화 일정을 중단하고 전반적인 UR협상에 편입시켜 이들 품목에 고율의 관세(참깨 700% 등)를 부과할 수 있게 되는 등 이점이 많았다.

다섯째, 본격적인 UR 협상 직전에 BOP 협의를 경험함으로써 그 후의 다자협상의 대응력을 향상시키는 계기를 마련하였다.

끝으로 농산물 개방에 대한 범부처적 노력과 국내적 관심을 높여 농어촌발전종합대책, 차액보상제도, 생산조정보상 등 새로운 정책도입과 이에 필요한 예산확보가 용이해진 점을 들 수 있겠다.

표 1. GATT에서의 농산물 양허내역

세번	품목명	기준세율	양허세율
	GATT 가입시 양허품목	%	%
01.02	소	10	무세
ex 01.05	가금류 B. 기타	10	10
ex 02.01	수육 A. 쇠고기 B. 양고기	35	25
10.01	소맥 및 메슬린	10	10
ex 11.01	곡분 A. 소맥분	35	35
ex 14.01	편조물에 주로 사용되는 식물성 재료 B. 대	10	10
ex 15.02	소, 면양, 또는 산양의 지방 A. 소지방	20	30
ex 15.16	식물성 유지와 그 분획물 A. 카르나우바 왁스		35
16.02	조수육류의 조제식료품	100	80
16.04	어류의 조제식료품	100	80
ex 21.07	조제식료품	70	50
23.07	배합사료기타의 조제사료 및 사료용조제품	20	20
24.01	엽연초	250	60
	케네디라운드에서의 양허품목	%	%
ex 02.01	수육 C. 돼지고기	35	25

	케네디라운드에서의 양허품목	%	%
ex 0901	커피와 대용물 A. 커피두 B. 커피 각과 피	80	60
2003	냉동과실(가당한 것)	100	80
	도쿄라운드에서의 양허품목	**%**	**%**
0201.01 0500	쇠고기 오팔	25	20
0202.01	가금류 도체	25	20
0203.00	가금류의 간장	25	25
0204.0200 0300	토끼고기 기타고기(고래고기 제외)	25	25 20
0705.ex03	완두	30	30
0805.0200	헤이즐넛	40	30
0500	잣	40	30
0600	징코넛	40	30
0812.ex04	자두	40	40
1003.0200	보리(맥아제외)	5	20
1101.0101	소맥분	30	30
1201.1000	유채 또는 평지씨	20	30
1202	채유용 종자의 분, 박 혹은 유	30	30
1501.0100	라이드	20	30
1502	소, 면양 또는 산양의 지방	20	20
1506	기타 동물의 지방	30	20
1507.0100 0200 0300 0400 0900 1000 1100 1400	대두유 면실유 땅콩유 올리브유 팜오일 코코넛오일 팜커널유 텅오일	30	30

세번	품목명	기준세율	양허세율
1510.03	지방성 알코올(fatty alcohols)	20	20
1602.0102 1902.0100	돼지고기 통조림 오트밀	60 60	60 60
1903	마카로니, 스파게티와 유사품	60	60
1905.0200 0300	옥수수칩 옥수수 플레이크	60	60
2002.ex0299	옥수수 통조림	60	60
2006.0202 0203 0205	밀폐용기의 백도(당 첨가) 밀폐용기의 황도(당 첨가) 밀폐용기의 과일칵테일(당 첨가)	60	60
2007	과일주스와 야채주스	60	60
2101	소스, 혼합조미료	60	60
2105	스프와 기타	60	60
2104.0101 0800	콜라 베이스 기타 식품조제품	60	40 60
2304.0100 0600	대두유추출 잔여물 유채 또는 평지씨유 추출 잔여물	20	20

주: GATT 가입 및 케네디라운드 양허 세 번은 BTN, 도쿄라운드 세 번은 CCCN으로 추정
자료: WTO, GATT bilateral negotiating material by Round

3. 우루과이라운드(UR) 농업협상

농업통상 담당 재직기간 동안 가장 오래고 힘들게 다루었던 업무이자 우리 농정사에 커다란 획을 그은 사건이 바로 우루과이라운드(UR) 협상이었다. 또한 GATT(General Agreement on Tariffs and Trade) 창설 이래 시작된 7차례의 협상은 주로 상품(공산품 위주)의 관세인하를 중심으로 진행되었다.

가. GATT 발족에서 PDE(푼타 · 델 · 에스테) 선언까지

UR 협상은 농업과 서비스를 포함한 광범위한 다자협상이었다. 본 장에서는 이에 대한 이해를 돕기 위해 GATT의 발족과 UR 이전의 라운드 협상, 그리고 우루과이 푼타·델·에스테(Punta Del Este) 선언까지를 설명하고자 한다.

GATT는 전후(제2차 세계대전) 세계 경제 질서 재편에서 시작되었다

GATT는 제2차 세계대전의 원인 중 하나였던 1930년대의 경제 불황을 타개하기 위하여 각국이 자국의 산업을 보호하고자 앞다투어 고율관세 부과, 수출입 제한과 외환관리 강화 등의 보호무역조치를 취함으로써 무역장벽이 생겨남에 따라 국가 간 이익이 상충되는 데에서 기인했다는 것이 정설이다. 전후 이에 대한 대안으로 미국을 중심으로 연합국이 모여 무역, 외환거래와 전후 복구개발의 원활화를 결정하고, 그 이행을 위해 세 개의 국제기구를 설립하기로 결정한 데서부터 시작되었다. 실제로 통화면에서는 국제통화기금(IMF, 1947.3.), 투자면에서는 국제부흥개발은행(IBRD, 현재 세계은행, 1945.12.), 무역면에서는 GATT(1948.1.)가 설립되었다.

미국은 원래 이를 국제무역기구(ITO) 설립 목적으로 추진하였으나 통상교섭권한 약화를 우려한 미국 의회의 반대에 부딪혀 관세와 무역에 관한 일반협정(1947.10.30., 제네바에서 23개국 합의)으로 하는 잠정적 조치 기구로 GATT가 세계무역을 관장하게 되었다.

특히 GATT는 2대 원칙인 최혜국 대우원칙과 내국민 대우원칙 하에 세계무역의 확대를 목표로 두었으며, 수량제한의 원칙적 철폐와 관세의 단계적 인하 달성을 수단으로 정하고, 이를 실현하기 위한 방법으로 대규모의 무역협상을 계속 진행하여 왔다.

UR 이전 7차례의 라운드는 관세인하 위주였다

GATT는 1948년 1월 1일 정식으로 발족하였으나 이미 1947년 10월 30일 23개국이 합의를 이룬 1차 협상이 그 시초라고 볼 수 있다.

GATT에서의 다각적 무역협상의 역사

시기	협상명	참가국 수	협상 결과
1947	제1차 협상	23개국	관세인하(약 4만5,000품목)
1949	제2차 협상	32개국	관세인하(약 5,000품목)
1950~1951	제3차 협상	34개국	관세인하(약 8,700품목)
1956	제4차 협상	22개국	관세인하(약 3,000품목)
1961~1962	딜론라운드	25국+EEC	관세인하(약 4,400품목)
1964~1967	케네디라운드	46국+EEC	관세인하(약 3만300품목) 반덤핑방지협정, 곡물협정
1973~1979	도쿄라운드	99국+EC	관세인하(약 3만3,000품목) 비관세조치 등에 관한 협정(10)
1986~1994	우루과이라운드	124국+EC	관세인하 · 양허(약 30만5,000품목) WTO 설립협정, 농업협정, 서비스, 지적재산권에 관한 협정 등

자료: ウルグアイ・ラウンド筑紫勝麿 編著 p.4

그리고 1차부터 5차 협상인 딜론라운드까지 관세인하에 대해서는 주로 2개 국가 간에 어떤 품목의 관세를 한 국가가 상대국에게 인하해 달라는(Request)데 대하여 상대국은 어느 정도 인하해줄 것(Offer)인가를 GATT의 협상장에서 동시다발적으로 협상하는 소위 리퀘스트·오퍼 방식이 행하여졌다. 초기에는 이 방식이 상당한 성과를 올렸지만 협상이 계속될수록 관세의 인하폭이 작아지고, 1~4차 때와 달리 딜론라운드에서는 협상기간이 2배 이상 소요되는 등 별

성과를 거두지 못하게 되었다. 이와 같이 기존의 리퀘스트·오퍼 방식으로는 소기의 목적달성이 어려워지자 미국과 EC가 새로운 관세 인하 방식을 강조하고 나서 1961년 GATT 이사회에서 '일괄인하방식(예: 전 품목 평균 몇 % 일괄인하하는 방법)'을 권고하게 되었다.

이와 같은 상황 하에서 케네디 대통령의 제창으로 1964년 5월에 개시한 케네디라운드는 3년여의 협상결과 1967년 6월에 종료하고, 종래와는 다른 '일괄인하방식'으로 현행 관세의 50%를 삭감하는 큰 성과를 거두었다. 그리고 1971년 8월 15일, 미국의 닉슨 대통령은 미국산업의 경쟁력 저하와 국제수지 악화를 이유로 달러의 금 태환 제도를 정지하고 모든 수입품에 10%의 수입과징금을 부과하는 조치를 취하였다. 이에 각국은 상응하는 보호무역조치를 취하는 등 국제무역이 상당히 위축되는 위기 상황을 맞게 되었다. 이와 같은 위기를 타개하기 위한 목적으로 같은 해 11월 27차 GATT 총회에서 일본이 새로운 라운드의 개시를 주장하였으며, 이어서 2년여의 준비기간을 거쳐 1973년 9월 도쿄에서 정식으로 도쿄라운드가 출범하게 되었다.

그러나 라운드 개시 후 발생한 중동의 오일쇼크로 인해 각국의 인플레, 국제수지 악화 등 국제정세가 변화된 한편, 미국 의회가 대통령에게 대외협상권한을 부여하는 통상법에 대한 논의는 워터게이트 사건, 제4차 중동전쟁 발발로 지연되게 되었다. 이는 1년 8개월이 소요되어 1975년 1월 3일이 되어서야 '1974 통상법'이 성립됨으로써 협상재개의 환경이 조성되고 협상이 본격화되어 1979년 4월에 실질적인 합의에 이르게 되었다. 그리고 1979년 11월에 열린 35차 GATT 총회에서 그 결과가 승인되었다.

이와 같은 도쿄라운드 성과의 첫째는 관세인하이다. 전체적으로 40% 삭감 합의 (Consensus)가 있었으나 주요 선진국의 공산품은 평균 33%의 삭감 결과를 가져왔다. 기존 라운드가 관세인하 위주라면 도쿄라운드의 또 다른 성과는 비관세장벽의 철폐, 경감, 규칙제정 등의 10개의 협정(보조금·상계조치협정, 정부조달협정, 반덤핑협정, 관세평가협정 등)을 마련한 것이었으며 아울러 개도국 우대, 보호조치 등 부수적인 성과도 있었다.

도쿄라운드 후 경기침체와 새로운 분야의 성장… 또 다른 라운드를 필요로 했다

도쿄라운드가 끝나고 1979년에 발생한 2차 석유파동은 국제경제의 장기적 침체로 이어지고, 특히 개도국들이 금융, 무역관련 투자, 지적재산권 등 서비스 부문에서 미국 등 선진국의 높은 경쟁력으로부터 자국 산업을 보호하기 위하여 새로운 보호무역조치들을 취하기 시작함에 따라 보다 자유스러운 국제 규율 제정의 필요성이 대두되었다.

이와 같은 환경을 배경으로 1982년 11월 GATT 각료회의에서 보호주의를 막을 수 있는 확실한 방안으로 향후 GATT가 나아갈 방향을 제시하는 17개 항목의 작업계획을 정하였다. 여기에는 관세, 수량제한과 비관세조치, 열대산품, 섬유 및 의류, 농산물 무역, Safeguard, 서비스, 개도국에 대한 GATT 규칙 등이 있다. 이는 나중에 결정된 UR 협상 Group의 작업계획과 비교해 보면 거의 내용이 비슷하여 사실상의 UR 작업계획은 이미 1982년 11월 GATT 각료회의에서 시작된 것이나 다름없다고 할 수 있다. 그 후 1983년 미국의 윌리엄스버그 정상회의 경제선언에 'GATT의 새로운 라운드를 향하여 각종 제안에 대한 협의를 계속해 가기로 합의했다'는 문구를 넣고, 동년 11월 미·일 정상회의에서 일본의 나까소네 수상이 뉴 라운드의 중요성을 강조하자 레이건 대통령이 이에 대한 지지를 표명함으로써 박차가 가해지게 되었다.

한편, 이와 같은 선진국들의 움직임에 대하여 인도, 브라질 등 개도국들 입장에서는 뉴 라운드의 장점이 분명하지 않았고, 과거의 라운드에서도 선진국들은 이익을 본데 비하여 개도국들은 혜택을 받지 못했었다. 따라서 개도국들은 선진국들이 먼저 개도국의 열대산품에 대해 무역 자유화를 실시하여 자신들에게도 이익이 된다는 것을 보여주어야 하며, 특히 경쟁력이 대단히 취약한 개도국의 서비스 부문을 뉴 라운드에서 취급해서는 안 된다고 주장하면서 뉴 라운드의 시작에 대해 선진국과 대립하는 형태가 되었다.

미국 등 선진국들은 뉴 라운드 발족을 강하게 밀어붙였다

1984년 5월 OECD 각료이사회가 뉴 라운드의 발족은 자유무역체제의 강화에 중요하며 조기에 철저한 준비가 필요하다는 데 의견일치를 보았을 뿐만 아니라, '85년 5월 독일 본 정상회의에서는 뉴 라운드 개시를 '86년 중에 실시하는데 다수의 국가가 찬성함에 따라 그 준비를 위한 GATT 고위급회의를 '85년 여름까지 개최하기로 합의하였다. 이에 힘입어 선진국들은 '85년 7월 GATT 이사회에서 GATT 고위급회의 개최를 제안하였으나 서비스 부문의 뉴 라운드 포함에 반대하고 있던 인도, 브라질 등 강경 개도국들의 반대로 회의 개최 합의에는 이르지 못하게 되었다. 이에 반발한 미국은 이사회 직후 GATT 특별총회 개최 여부를 기존의 만장일치(Consensus)에 의한 GATT 의사결정(GATT 규정 제25조) 방식에서 다수로 결정하는 투표로 변경할 것을 제안하였으며, 투표결과 당시 회원국 90개국 중 64개국의 찬성을 얻어 특별총회 개최가 결정되었다.

1985년 9월 30일에서 10월 2일까지 개최된 GATT 특별총회에서 뉴 라운드가 토의되어 동년 11월 41차 총회에서 ① 뉴 라운드의 준비위원회 설치, ② 준비위는 '86년 9월 개최된 각료회의에서 채택한 협상계획안을 '86년 7월 중순까지 준비할 것을 결정하였다. 이 결정에 따라 준비위는 '86년 1월부터 7월까지 ① 뉴 라운드의 협상 항목, ② 참가국의 범위, ③ 협상 진행방안, ④ 각료회의에서 채택할 각료선언문안의 검토 등을 준비하는 작업을 진행하였다.

그러나 서비스 부문의 뉴 라운드 포함을 반대하는 강경 개도국의 반발로 각료선언문의 단일안을 만들지 못하고 ① 선진국과 온건 개도국의 합동안, ② 강경 개도국안(서비스 부문 불포함), ③ 두 대립되는 안에 대한 아르헨티나의 절충안 등 3개의 안이 각료회의 테이블에 올라가게 되었다.

참고로 뉴 라운드의 개최 장소를 우루과이의 휴양도시인 '푼타·델·에스테'로 선정한 경위를 살펴보고자 한다. 당초 '뉴 라운드' 개최 신청을 한 나라는 우루과이 외에 캐나다(몬트리올), 벨기에(브뤼셀), 한국(서울), 싱가폴 등 5개 국가였다. 중도에 서울('86.9.20~10.5 서울에서 개최된 제10회 아시안게임과 일정 중복)과 싱가폴이 신청을 철회하였으며, 나머지 국가 중에서는 선진국이 뉴 라운드를 주도한다는 인상을 주지 않게 하기 위해 유일한 개도국인 우루과이로 결정되었다고 한다. 만약 우리의 요청으로 '서울 라운드'가 되었다면 어떻게 되었을까? 당시는 뉴 라운드 자체도 우리에게 큰 부담이었을 텐데 지금 생각해도 아찔한 대혼란이 되었을 것이 틀림없겠다.

'푼타·델·에스테' 각료회의는 결국 미국 등 선진국의 의도대로 진행되었다

1986년 9월 15~19일까지 우루과이의 휴양지 '푼타·델·에스테'에서 74개국이 참가한 가운데 'Punta Del Este 각료선언문'을 결정하는 논의가 있었다. 여기에서 가장 크게 대립된 두 부문은 '서비스 교역'의 뉴 라운드 포함 여부와 농업의 보조금 문제였다. 특히 서비스 교역의 규율을 정하고자 가장 강하게 주장한 국가는 미국이었다. 서비스 부문에 대해 전통적인 상품 교역보다 훨씬 높은 신장증가세를 보인 미국으로서는 이 부문에 대한 국제적인 규정이 없으면 각국이 필요에 따라 자의적인 조치를 취할 수 있다고 보아 반드시 이 부분의 규정 제정이 필요하다고 주장하고, 만약 포함되지 않을 경우 미국은 뉴 라운드에 참여하지 않겠다고 까지 하였다. 한편 강경 개도국들은 서비스 산업의 취약성을 들며 서비스 부문을 포함하는 것을 강하게 반대하고, 만약 협상하려고 한다면 GATT 범위 밖에서 논의해야 한다고 주장하여 양쪽이 팽팽히 맞서게 되었다.

한편, 농업부문에서 가장 큰 쟁점은 수출보조였다. EC가 공동농업정책에서 과잉생산에 따라 농산물 수출보조금을 지불하는 것과 관련하여 미국, 호주 등 보조금을 주지 않는 농산물 수출국들은 피해를 봄에 따라 수출보조 철폐를 주장하였으며, 이에 대해 EC는 강하게 반발하였다. 양측의 대치 상태가 지속되자 결국 일정을 하루 연기하고 타협안으로서 서비스 부문은 별도 협상을 동시에 진행하되 뉴 라운드 포함 여부는 협상 종료시에 결정하기로 하고, 농업부문의 수출보조 또는 철폐는 선언문에 명시적으로 언급하지 않는 대신 보조금 삭감(Phased reduction)을 명시하는 선에서 겨우 합의를 보았다. 이러한 과정을 거쳐 9월 20일에 포괄적이고 야심적인 우루과이라운드 각료선언문이 채택된 것이다.

돌이켜 보면 우루과이라운드 협상 최종 결과에는 별다른 이견 없이 서비스 부문이 포함되어 초기의 반발이 무색할 정도가 되어 전체적 협상 구도는 결국 초기에 미국이 의도한 대로 진행된 셈이다.

이 회의에 각국은 주요 장관을 수석대표로 하는 대규모의 대표단을 파견하였다. 미국은 USTR 대표, 농무·상무장관 등 각료 3명을, 일본은 외무·통상장관을, 우리나라는 상공장관을 수석대표로 하여 17명의 대표단이 참석하였다. 농림부는 사무관(손정수) 한명이 대표단에 포함되어 회의의 중요성에 비하면 너무 초라한 파견이었다. 물론 뉴 라운드에 농업이 포함되어 있다고는 하지만 당시에는 미국과 EC간 수출보조금에 관한 논쟁만이 심각한 것으로 알려져 있는 단계였기 때문에, 그 중요성에 대한 인식이 낮을 수밖에 없었다.

그러나 회의결과 보고서에는 '지금까지 GATT에서 예외로 취급되어온 농업부문에 대한 수입개방 압력이 우루과이라운드를 계기로 급증할 것으로 예상되며 이에 대한 생산성 향상을 통한 국제 경쟁력과 국내 농업보호정책이 동시에 요구된다'고 지적하고 있어 향후 국내 외 농업정책의 방향을 정확히 제시하고 있었다고 하겠다.

참고 1. 푼타델에스테 각료선언(농업부문)

Agriculture

CONTRACTING PARTIES agree that there is an urgent need to bring more discipline and predictability to world agricultural trade by correcting and preventing restrictions and distortions including those related to structural surpluses so as to reduce the uncertainty, imbalances and instability in world agricultural markets.

Negotiations shall aim to achieve greater liberalization of trade in agriculture and bring all measures affecting import access and export competition under strengthened and more operationally effective GATT rules and disciplines, taking into account the general principles governing the negotiations, by:

(i) improving market access through, inter alia, the reduction of import barriers;
(ii) improving the competitive environment by increasing discipline on the use of all direct and indirect subsidies and other measures affecting directly or indirectly agricultural trade, including the phased reduction of their negative effects and dealing with their causes;
(iii) minimizing the adverse effects that sanitary and phytosanitary regulations and barriers can have on trade in agriculture, taking into account the relevant international agreements.

In order to achieve the above objectives the negotiating group having primary responsibility for all aspects of agriculture will use Recommendations adopted by the CONTRACTING PARTIES at their Fortieth Session, which were developed in accordance with the GATT 1982 Ministerial Work Programme, and take account of the approaches suggested in the work of the Committee on Trade in Agriculture without prejudice to other alternatives that might achieve the objectives of the negotiations.

자료 : GATT/UR 협상결과 1990. 12. 농림수산부

나. 초기 단계 협상(개시에서 중간평가까지)

우루과이 푼타·델·에스테(Punta Del Este) 선언에서 캐나다 몬트리올의 중간평가(Mid Term Review, MTR) 각료회의('88.12.3~12)까지 2년간은 협상의 틀(Framework)을 정하는 중요한 기간이었다. 이 기간 동안에 제안한 내용이 향후 협상에서 기초가 되는 관계로 중요 협상국인 미국과 유럽공동체(EC)의 기 싸움이 대단하였다. 한국도 초기에는 관망하다가 협상 후반('87. 10)에는 우리 안을 제안하는 등 참여하기 시작하였다. 결국 미국·EC의 대립으로 몬트리올 각료회의는 실패로 끝났으나, 1989년 4월 회의에서 합의가 이루어져 협상 재개의 동력을 얻게 되었다. 이 회의에서 수입국에게는 비교역적 관심사항(Non Trade Concerns, NTC)이 포함되어 향후 협상에서 우리가 주장할 근거를 확보하기도 했다.

15개의 협상 Group 형성으로 본격적인 협상 틀(Framework) 작업에 들어가다

푼타·델·에스테(PDE) 선언에는 우루과이라운드(UR) 협상의 개시와 함께 무역협상위원회(Trade Negotiation Committee, TNC)와 산하의 상품협상그룹(Group Negotiation on Goods, GNG), 서비스협상그룹(Group Negotiation on Services, GNS)을 설치하는 등 협상진행에 필요한 큰 틀을 구성하는 데 합의하고 동시에 GNS협상계획을 1986년 12월까지 작성하도록 결정하였다. 따라서 GNG는 10월부터 공식·비공식회의를 열어 협상계획을 위한 각국 간의 협의를 계속하였으나 다시 선진국·개도국간의 의견대립으로 진행이 부진하다가 겨우 1987년 1월 말(제5차 상품협상그룹회의, '87.1.22~28)이 되어서야 14개 분야별 협상 그룹 확정과 협상계획, 그룹별 의장에 대한 합의가 이루어졌다. 확정된 분야별 협상조직은 참고 2와 같다.

당초 PDE 선언 1부의 협상항목(Subjects for Negotiation)은 13개 분야로 규정되어 있었으나, GATT 체제의 기능 강화에 대한 항목[1]과 서비스무역(Part Ⅱ, Negotiation on trade in service)을 더해 총 15개의 협상 그룹이 구성되었다. 전편에서 기술한 대로 대부분이 1982년 11월 GATT 각료회의에서 결정한 17개 항목에 포함된 것이었다. 그리고 향후 협상 계획으로 1987년 1년간은 본격 협상을 위해 데이터의 정비, 각국의 협상방법 제안 및 검토 등의 준비 작업을 하고

1) GATT의 기능강화

참고 2. 분야별 협상 그룹

- 무역협상위원회 (TNC)
  - 상품협상그룹 (GNG)
    - ① 관세 (Tariffs)
    - ② 비관세조치 (Non-tariff Measures)
    - ③ 열대산품 (Tropical Products)
    - ④ 천연자원산품 (Natural Resource-based Products)
    - ⑤ 섬유 · 의류 (Textiles)
    - ⑥ 농업 (Agriculture)
    - ⑦ GATT 조문 (GATT Articles)
    - ⑧ 긴급수입제한조치 (Safeguard)
    - ⑨ 도쿄 라운드 협정 (Tokyo Round Agreement)
    - ⑩ 보조금 · 상계관세 (Subsidies, Countervailing Measures)
    - ⑪ 분쟁처리 (Dispute Settlement)
    - ⑫ 자원관련지적재산권 (Intellectual Property Rights)
    - ⑬ 무역관련투자조치 (Trade-related Investment Measures)
    - ⑭ GATT의 기능강화 (Functions of GATT)
  - 서비스협상그룹 (GNS)

1988년 이후 본격 협상에 들어가기로 결정하였다. 또한 1987년 중 서비스 협상에 관한 작업계획을 합의하였지만 1988년 이후의 계획을 정하지 못하여 1987년 말에 다시 협의하기로 하였다. 따라서 UR 협상은 1987년 2월 이후부터 본격적으로 개시되었다. 이 GNG그룹의 5차 회의까지는 농림부 등 본부에서 참석하지 않고 모두 제네바 대표부에 일임하였다. UR 농산물그룹 1차 회의('87.2.16~18)는 제네바에서 열렸으며, 그룹의장으로 전 네덜란드 국장 출신인 Aart de Zeeuw가 지명되었다. 2차 회의('87.5.5~5.6), 3차 회의('87.7.6~7.7, 농림부 이용기 사무관 최초 참석)에서 중요한 미국, 일본의 서면제안이 있었다.

종합적 미국 제안, 향후 협상의 기초가 되다

< 미국의 제안 >

제3차 회의('87.7.6)에서 미국측 수석대표인 Amstutz 차관은 PDE 선언의 목표달성을 위한 모든 무역왜곡정책의 10년 내 철폐를 골자로 한 「Zero Option」을 제안하였고, 이 제안을 같은 시각에 레이건 대통령이 발표할 것임을 강조하였다.

Zero Option

첫째, 직접 또는 간접적으로 무역에 영향을 미치는 모든 농업보조를 10년간 단계적으로 폐지한다.

둘째, 수출보조금을 받는 수출 물량을 동결하고 10년간 단계적으로 폐지한다.

셋째, 모든 수입 장벽을 10년간에 단계적으로 폐지한다.

넷째, 보건 및 위생규정의 조화로 국내규정이 국제규정에 부합할 수 있도록 조정하는 것을 목표로 한다.

Zero Option의 이행방안으로 1단계에는 지지수준의 측정과 감축일정에 대한 합의가 포함되었는데 지지수준의 측정은 OECD에서 발표한 생산자 보조상당액(PSE) 지표를 이용하였다. 2단계에서는 보조금 감축 일정 이행을 위한 구체적 정책보조와 체약국에 의한 정책변화에 대한 동의를 구하고 이행 기간 중 매년 각국의 이행 상태를 점검하고, 각료선언 이후 취한 조치를 점진적으로 철회(Roll Back)하기로 한 것이었다.

동 제안은 이행기간의 최종단계가 되는 2000년에 실현하는 무역환경에 필요한 GATT 규정의 개정에 관한 협상을 시작하는 비교적 광범위하고 구체적인 제안이었다. 이에 대하여 호주, 캐나다 등 케언스 그룹 국가들은 야심적이고 포괄적이라며 환영한 반면 EC, 스위스, 일본 등은 지나치게 야심적이고 농업의 특수성을 무시하고, 식량안보 등을 고려하지 않았다며 반대 의사를 밝혔다. 또한, 인도와 중국은 개도국 우대를 명시하지 않았다고 반발하고, 우리는 식량안보 등 농업의 특수성, 각국의 상이한 농업여건, 개도국의 구조조정상의 어려움 등 중요한 요소가 결여되었다고 밝혔다. 이와 같이 미국의 첫 제안은 대통령이 직접 나서서 중요성을 강조하는 등 미 행정부의 강력한 의지 표명과 함께 강하게 반발하는 EC와 미국 간의 대립이라는 결과를 가져오게 되었다. 또 다른 한편으로는 다른 국가들의 반발, 동조 등 의견을 피력하는데 기폭제 역할을 하였을 뿐 아니라 그 후 실질적 협상의 기본 틀이 되었다.

이 제안에서 특이한 것은 시장접근분야에서 「모든 수입 장벽을 10년간 단계적으로 폐지한다」 라고만 되어 있고 방법론 제시는 없었다는 점이다. 그러나 미국은 제11차 회의('88년 10월)에서 획기적인 관세화(Tariffication) 방법을 제시하게 된다.

<EC의 제안>

EC는 미국 제안 후 이에 대응하는 안을 같은 달인 7월에 제시하였다. 동 제안은 국내정책의 왜곡보다는 오히려 세계 농산물시장에 영향을 주는 근본적 문제, 즉 수요와 공급의 불균형이라는 구조적 불

균형을 문제의 해결을 목적으로 가장 심한 타격을 받는 시장의 피해를 완화하고 가격지지 폭의 협조적인 인하 등을 위한 노력들이 제시되어 있다. 즉, 현존하는 불균형의 심화를 방지하기 위해 우선적으로 곡물, 설탕, 낙농품 시장에 대한 긴급 조치를 통해 가격지지 인하를 약속하고 나아가 GATT 회원국들에게 대외보호의 재조정과 함께 타 농산물에 대한 가격지지의 대폭 인하 또는 협조적 인하를 제시하고 있다. 마지막 단계에는 지지·보호 및 수출보조의 최고 수준을 고정하는 것이 가능하도록 되어 있다.

이를 통해 농업에 적용되는 GATT 규칙 내지는 규율이 플러스 기능을 할 수 있도록 한다는 내용이다. 이에 대해 워싱턴에서 처음에는 크게 환영한다고 발표하였으나, 제네바의 미국 협상 팀들이 이 안의 결함을 지적하면서 즉시 반대 입장으로 돌아섰다. 그러나 동 제시는 EC 내부에서의 반대에도 불구하고 CAP(EC의 공동농업정책) 개혁이 제기된 점에서 평가할 만하다.

<케언즈의 제안>

케언즈의 결성은 농산물협상이 미국과 EC라는 두 개의 메이저에 의해 결정되는 것에 대한 우려에 따라 미국과 EC의 수출보조 경쟁에 피해를 입고 있는 국가들이 1986년 8월 호주 퀸즐랜드 케언즈에 모여 결성한 협상그룹이다. 여기에는 호주, 캐나다, 뉴질랜드, 남미의 아르헨티나, 브라질, 우루과이, 칠레, 콜롬비아, 아세안의 태국, 필리핀, 인도네시아, 말레이시아, 유럽의 헝가리 등 13개 회원국과 비회원인 피지를 포함하여 총 14개국으로 구성되어 있다. 케언즈 그룹(대표국가 : 호주)은 1987년 10월 자신들의 안을 제시하였다.

케언즈 그룹의 농업협상에 대한 접근은 미국 정도로 급진적이지는 않았지만 농업 보호에 대하여 정면으로 공격을 가하였다. 제1단계로는 보호를 효과적으로 동결하고 그 후 가격지지 감축을 통해 무역왜곡 정책을 사실상 금지하는 일련의 규칙을 정하자는 것이었다. 초기 단계에서는 수출보조 동결과 함께 최소시장의 접근을 보장하고 확대하는 등 미국보다는 완화된 안이었으나 궁극적으로는 무역왜곡정책 금지라는 측면에서 미국안과 닮은 점이 많아 큰 주목을 받지 못했지만 14개국이 각자의 목소리를 냄으로써 하나의 영향력 있는 협상그룹(항상 그룹에서 3~4개국이 대표로 참석)으로 부각되었다. 캐나다만 퀘벡주(관세화 반대)의 반발로 사안에 따라서 다소 애매한 입장을 제시하곤 하였다.

필자는 전 UR 협상기간 그리고 그 이후까지 케언즈의 일원인 캐나다의 협상대표와 친분관계를 형성하여 정보교환과 함께 협조를 구하였다. 또한 후술하겠지만 1995년 APEC Osaka Action Agenda 협상 시 우리에게 유리한 문안 작성 등에 많은 도움을 받기도 하였다.

<일본의 제안>

제3차 회의('87. 7. 6)에서 미국과 함께 초기에 제출한 일본의 제안내용을 보면 효과적인 시장기능을 보장하고 식량안보, 환경보전 및 고용수준 등의 고려에 초점을 두고 있다. 동 정책은 세계농산물 교역의 예측

가능성과 수입 장벽완화에 의한 시장 접근의 개선을 모색하고 농산물의 특수성을 고려하여 보다 구체적이고 효과적인 조건하에 수입규제를 허용하고 농산물 수출규제의 원칙적 철폐와 국내보조는 농산물의 특수성을 고려하여 점진적으로 균형있게 완화해야 한다고 하였다.

초기 일본의 제안은 같은 날 발표한 미국의 제안으로 크게 주목 받지 못했으나, 식량 순수입국으로의 의견을 추가로 제시하는 등 초기부터 협상에 활발히 참여하였다. 특히, 쌀을 의식한 기초식량은 GATT 11조에 구애를 받지 않고 필요한 규격조정조치, 즉 수입식량 제한을 강구한다는 내용이 있다.

<한국의 제안>

한국은 중간평가가 가까워져 오는 1988년 10월 제11차 농산물그룹회의에 참여하여 처음으로 우리의 입장을 제시하였다. 수석대표로 이병석 제2차관보와 이준영, 소만호 사무관, 이관용 농무관, KREI 이재옥 박사, 농협의 서원호 부장 등 비교적 큰 규모로 구성된 대표단이었다. 우리는 한국이 개도국임을 강조하며, 협상에서 고려할 사항으로 농산물 무역자유화를 위해서는 농업구조가 취약한 국가에 대하여 구조조정에 필요한 충분한 시간 허용, 국내 시장 개방에 대한 적정 자급율 유지 및 식량안보 문제 고려, 농산물 무역 확대 및 자유화의 점진적 추진 등이 필요하다고 주장하였다. 이에 EC, 일본, 이집트, 멕시코, 자메이카는 환영 및 지지 입장을, 케언즈(호주, 캐나다, 뉴질랜드)는 반대 의사를 표명하였다.

<미국의 추가 제안에 관세화 제시>

제11차 회의('88년 10월)에서 미국은 협상 절차로 수입장벽 철폐에 대한 구체적 방안으로 관세화를 제안하였다. 즉, 모든 시장접근의 장벽(수입할당, 할당관세, 국영무역, 면제, 수입과징금 등)을 국제가격과 국내가격의 차로 환산하여 관세로 전환하자는 획기적인 안이었다. 이에 대하여 뉴질랜드 등 케언즈 그룹은 매우 매력적인 안이라고 찬성한 반면, EC, 유럽 북구는 예의주시하겠다는 유보 입장을 내비췄다. 우리는 당시 현안이었던 BOP(Balance of Payment) 품목의 처리에 대한 문의에 그쳤다. 결국 미국의 관세화 제안은 UR 농산물 협상에서 가장 확실한 결과물인 시장접근 방안으로 채택되었다.

〈표 1〉은 이미 미국이 관세화를 염두에 두고 주요국의 일부품목에 대한 관세화를 추진할 때의 관세를 미리 시산한 것으로 그들의 치밀한 사전 준비성을 엿볼 수 있는 대목이다.

표 1. 미국 계산에 의한 비관세 조치를 관세로 전환할 때의 관세율

국 가	품 목	% (1988)
일본	쌀	700
	버터	507
	탈지분유	144
EC	버터	165
	체다치즈	182
	탈지분유	179
	소맥	76
캐나다	버터	223
	체다치즈	228
	탈지분유	44

자료 : U.S. International Trade Commission, GATT 農業交涉 服部信司著(p 73)

<그 밖의 제안과 논의>

그 밖의 제안 국가로는 오스트리아, 유럽 북구, 스위스 등이 있었다. 오스트리아는 가격지지·보호 수준의 철폐가 아닌 점진적 감축, 가변과징금 제도의 유지 등 EC의 제안과 유사하였으며, 유럽 북구는 지지·보호 수준의 점진적 감축 면에서는 EC와 유사하였으나 관세화 허용 측면에서는 미국과 같은 입장이었다. 스위스는 식량안보 중시 등 일본, 한국과 유사한 입장을 보였으며, 특이한 것은 국내 소비량의 일정 비율의 수입을 허용하는 최소접근(minimum access)을 보장하는 제안을 하였다. 이는 결국 UR 최종합의에서 관세화에 의한 최소시장접근(minimum market access)으로 발전하였다.

이와 같은 각국의 제안을 종합해보면 크게 세 그룹으로 분류할 수 있겠다. 첫째는 국내·수출보조의 완전철폐를 주장하는 미국과 케언즈 그룹, 둘째는 가격지지와 보호의 점진적 감축을 주장하는 EC와 유사한 오스트리아, 북구 그룹, 마지막으로 식량안보 등 농업의 특수성을 강조한 일본, 한국, 스위스의 그룹으로 나누어 볼 수 있다. 이들 그룹은 UR이 종료될 때까지 대립과 타협을 거듭하였으며, 논의 결과를 구체화해 최종협정으로 발전시켜 갔다. 농업위원회는 제12차 회의('88.11.14~15)를 끝으로 중간평가 각료회의('88.12.4~12)에 돌입하게 된다.

미국·EC의 대립으로 중간평가회의(MTR) 실패하다

캐나다 몬트리올에서 개최된 중간평가 각료회의('88.12.4~9)는

1986년부터 1988년까지의 각 협상그룹의 협상성과를 평가하고 최종회의(브뤼셀, '90.12월)까지 향후 2년간의 협상방향을 결정하는 회의였다. 본 회의에서는 15개의 협상분야에 대한 논의를 통해 향후 협상이 탄력을 받을 것으로 기대되었다. 총 11개 협상분야에 대한 합의가 이루어졌으나 미국과 EC의 대립으로 인해 농업, 지적재산권, 섬유 및 긴급수입제한조치의 4개 분야에서는 합의를 보지 못하고 선언문 채택에 실패하였다.

농업분야에서 Aart de Zeeuw 의장이 토의 기초로서 의장보고서를 제시하였다. 먼저 장기조치로 무역을 왜곡시키는 지원 및 보조조치의 철폐 또는 상당한 감축을 제시하고 모든 비관세 조치는 관세화하며 수출보조는 점진적 철폐 내지는 감축토록하는 제안을 하였다. 여기에 수입국 입장을 고려한 식량안보와 사회적 관심사항도 협상에 고려해야 한다고 하였다. 단기조치로 새로운 조치의 도입은 억제하는 한편, 현행 농업보호 및 지원조치는 X년 수준으로 동결하고 이를 1990년까지 X% 감축하는 것에 대한 합의를 1989년 3월 31일까지 이루자는 내용이었다. 이에 대하여 먼저 장기목표에 대한 미국과 EC의 의견차가 심하였다. 이 PDE는 농업협상의 목표(Part Ⅰ, D의 Agriculture)인 'Greater Liberalization(GL)'에 대한 두 강대국 간의 해석 차이에서 비롯되었다.

미국은 GL의 뜻이 완전자유화라고 보고 일정 기간 후에 모든 보조·보호조치는 철폐(Elimination)되어야 한다는 이른바 Zero Option을 주장했다. 이에 반해 EC는 미국이 주장하는 완전철폐는 실현불가능하다고 주장하였다. EC는 12개국 농가 1,000만 호, 그중 경영규모 20㏊ 미만인 영세농가 800만 호가 있어 UR이 목표로 하고 있는 보조, 보호의 완전철폐는 받아들일 수 없다며, 특히 PDE의 Greater Liberalization은 완전 자유화를 의미하는 것이 아니라며 농업보호를 현저하게 또는 협조에 의하여 단계적으로 낮추어야 한다고 주장하였다. 일본은 농업의 비경제적 요인을 고려하고 어느 정도 식량자급도 인정해야 하고 생산자 보조상당액은 실험적으로만 사용할 것을 주장하였다. 우리는 농업 구조가 취약하므로 완전한 시장개방과 비교우위 원리를 적용할 수 없음을 지적하고 식량안보, 지역개발, 환경보전 등 농업의 비교역적 요인을 고려할 것을 주장했다. 그 밖에 유럽 북구, 스위스 등 수입국은 농업 보호를, 케언즈 그룹 국가들은 자유무역원칙을 주장하는 등 견해차가 좁혀지지 않았다.

비록 각료회의 선언문은 채택하지 못하였으나 무역협상위원회(TNC)는 협상의 지속을 위하여 다음과 같이 합의하였다. 첫째, 1989년 4월 첫째주에 고위급 TNC 회의를 개최한다. 둘째, 중간평가회의(MTR)에서 합의한 11개 분야의 실행은 고위급 TNC 회의까지 보류한다. 셋째, 1989년 4월까지 의장인 Dunkel 사무국장은 미합의 4분야에 대하여 협의를 계속한다.

각료회의에는 103개국에서 892명(각료급 90명)의 대표가 참석하고 우리나라는 상공부장관을 수석대표로 하여 대규모로 22명(농림부

손찬준 국제협력과장, 이준영 사무관)이 참석하였다. 수석대표인 상공부장관은 개각(12.5)으로 인해 중도 귀국하여 제네바 대사가 수석대표를 하는 웃지 못할 불상사도 있었다. 반면 미국, EC, 일본 등 주요국은 모두 농림장관이 직접 참석하였다.

1989년 4월, 고위급 TNC회의서 미국·EC 합의하다

일본, 한국은 농업의 비교역적 관심사항(NTC)을 얻다

한국(농림부 박상우 농업정책국장, 최대휴 참석)을 포함하여 주요 30개국만 초청된 고위급 무역협상위원회회의(제네바, '89.2.12~2.15)가 개최되었다. 농업부문의 장기 목표인 가격지지와 농업보호 수준의 철폐와 상당수준감축(Substantial Reduction)을 놓고 미국과 EC의 대립이 지속되었으며, 관세화에 대해 EC가 더 검토가 필요하다며 유보 입장을 보였다. 한편 일본, 한국, 자메이카, 스위스, 유럽 북구는 식량안보 등 비경제적 요인을 고려할 것을 강조하였다. 일부 진전이 있긴 했으나 회의는 결국 미합의로 끝나고 말았다.

제8차 TNC 고위급 회의('89.4.5~4.8)에서는 미합의 4분야(농업, 지적재산권, 섬유, 긴급수입제한 조치)에 대한 합의를 이끌어 내어 최종합의를 위한 향후 2년간의 협상진행 계기를 마련하였다. 농림부에서는 조규일 제2차관보(정준호 사무관, 제네바 주재 이관용 농무관)가 대표로 참석하였다. 그 동안 농업분야에서 가장 이견을 보였던 보호·보조 수준이, 감축 방안에 대해 미국과 EC가 양보하여 "상당수준 점진적 감축(Substantial progressive reduction)"으로 합의함으로써 향후 협상의 동력을 얻게 되었다. 미국은 'Substantial'을 얻고 EC는 'Progressive'를 얻어 체면을 세운 셈이 되었다. 그러나 미국과 EC가 합의하여야만 협상의 대세가 결정된다는 좋지 않은 선례를 남겨 그 후의 협상에서 두 세력이 대립하면 다른 국가들은 그들이 합의할 때까지 기다려야만 하는 것이 UR이 끝날 때까지 관례화되는 결과를 초래하였다.

이 본 회의에서는 우리에게 아주 중요한 사항이 협상결과에 포함되었다. 그동안 일본, 한국, 스위스, 오스트리아, 자메이카 등이 식량안보의 중요성을 강조하면서 주장한 비교역적 관심사항(Non-trade Concerns) 조항이 본문에 반영된 것이었다. 실제 이 조항을 넣은 것은 다자 경험이 많은 일본의 역할이 컸다고 한다. 필자는 1995년 APEC Osaka Agenda 작성을 위한 협상시 일본 대표였던 일본 외무성 우치다(内田) 대사를 만났다. 당시 일본 농림성 엔도(遠藤) 국제부장은 우치다 대사가 바로 무역협상위원회('89.4월)에서 NTC 조항을 넣게 한 주역이라고 소개했다. 필자는 그에게 APEC에서도 그때처럼 좋은 결과를 얻자고 요청하였다. 그리고 우리는 1995 APEC 회의(오사카)에서 선진국은 2010년, 개도국은 2020년에 전 품목의 완전 자유화(한국과 일본의 쌀 관세가 0%가 될 소지가 있음)를 명시한 보고르 선언에 "민감한 분야에서는 융통성(Flexibility)을 부여할 수 있다"는 조항을 넣는 데 성공하였다.

필자는 UR에서 우리와 일본에게 쌀 관세화 유예를 가져오게 한 이 89.4월 회의의 NTC 조항의 본문 반영에 대한 일본의 구체적 활동

내용을 최근 와세다 대학 선임 연구위원으로 있는 하야시 마사노리 박사(필자가 국제 농업 국장 당시 일본 농림성 국제 부장 역임)에게 문의하여 그의 회신을 받았다(2021.1.15. "A Memoire on the Birth of the Non-Trade Concerns" By Masanori HAYASHI). 그에 의하면 89.4 제네바 회의 전에 Dunkel 사무총장이 하타노 일본대사(1987.3-1990.1)에게 NTC 조항 삭제를 설득하여, 88.12. 중간평가 각료회의 실패에 이은 실패책임을 우려한 하타노 대사가 동의하고 이를 본부에 전달하였다. 이 결과를 전화보고 받은 당시 농림성 시와쿠 경제국장이 바로 외무성으로 달려가 구니히로 외무성 경제담당 특별대사(Counseller-Ambassader 88.7-89.10)와 사토 경제국장(88.1-89.7)을 만나 강력히 주장하여 외무대신 명의의 긴급지시를 제네바 하타노 대사에게 보내도록 하여 이를 하타노대사가 Dunkel 총장에게 달려가 강하게 주장하여 동문장(NTC)을 다시 넣게 되었다는 것이다. 전술한 APEC 대사였던 우치다 씨는 당시 외무성 경제국 부국장(1988.2-1990.1)으로 농업협상의 실무로서 중요한 역할을 한 것으로 알려졌다. 이 조항은 본회의(89.4.5~4.8)에서 한국, 일본, 스위스 등의 강력한 지지를 받은 것은 물론이다.

중간평가합의문 NTC 조항

Participants recognize that factors other than trade policy are taken into account in the conduct of their agricultural policies. In the negotiations to achieve the long-term objective, account will be taken of proposals aimed at addressing participants concerns such as food security.

다. 중기 단계 협상 ('89년 4월 중간평가 합의에서 브뤼셀 각료회의 전까지)

중간평가 각료회의('88년 12월) 실패가 '89년 4월 무역협상 위원회의(TNC)에서 겨우 매듭되면서 '89년 7월 TNC 회의에서 향후 협상 일정이 정해졌다. 이에 따라 각국의 추가 제안과 이에 대한 협상이 이어지고, '90년 초에는 의장초안이 제시되고 이에 따른 국별 보조현황표(Country List, C/L)와 감축계획(Offer List, O/L)의 제출, 그리고 마지막으로 협상결과의 문서화와 그 문서를 각료회의에 제출할 예정이었다. 그러나 미국과 EC의 커다란 입장차와 한국, 일본, 스위스 등 수입국들의 관세화에 대한 반발로 농업부문만 합의를 이루지 못한 채 '90년 12월 각료회의를 맞게 되었다.

UR은 1990년 12월 각료회의에서 종결하기로 합의하다

’89년 7월에 제네바에서 개최된 TNC회의에서 ’90년 12월 브뤼셀 각료회의까지의 일정이 제시되었다.

(1) 제1단계(’89년 9월~’89년 말까지)
각국은 자국의 협상 포지션을 명확히 하기 위해 자국의 의견을 가급적 상세히 제안한다.

(2) 제2단계(’90년 초~’90년 8월까지)
각 협상 그룹별로 실질적 협상을 진행한다.

(3) 제3단계(’90년 9월~’90년 11월말까지)
남은 문제에 대한 협상을 진행함과 동시에 협상결과를 법적 문서로 취합한다.

(4) 각료회의(’90년 12월 3일~7일)
UR 최종합의에 이른다.

이 일정에 따라 각국은 보다 활발하게 구체적인 제안을 하였다. 먼저 미국은 ’89년 7월 관세화에 대한 토의문서와 ’89년 10월 포괄적인 종합제안을 제시하였고, EC는 ’89년 7월에 AMS(Aggregate Measurement of Support) 측정방법을, 9월과 12월에는 각각 GATT 규범 및 종합제안을 제시하였다. 일본은 ’89년 10월 식량안보와 국내보조의 AMS에 관한 제안과 12월말에는 2차 종합제안을 하였고, 케언즈는 ’89년 12월에 종합제안을, 우리나라는 ’89년 11월 27일(제17차 회의 시)에 2차 종합제안을 하였다.

구체화된 미국의 2차 제안의 목적은 EC의 공동농업정책(CAP) 와해였다

’89년 10월 미국이 제시한 2차 제안은 분야별로 보다 구체적인 보호

와 지지에 대한 철폐를 목적으로 하고 있었다. 먼저 우리가 많은 관심을 가졌던 것은 비관세 국경조치의 관세화(Tariffication)였다. 그 관세화의 대상은 수입수량제한, EC의 가변과징금, 미국이 그간 향유하던 웨이버(waiver), 국영무역에 의한 수입제한, 수출자율규제, 제한적 수입허가제 등 모든 비관세조치를 대상으로 하였다. 그리고 수입제한을 예외적으로 인정한 GATT 11조도 폐지한다는 것이었다. 11조가 폐지될 경우 일본, 캐나다(우리나라도 추후 이 조문을 이용하려고 함)의 생산제한을 전제로 한 수입규제 근거가 없어지는 셈이었다(일본, 캐나다는 오히려 GATT 11조를 강화하는 제안을 함).

이와 같이 비관세조치를 관세율로 바꾸는 산정방식은 국내가격에서 국제가격을 뺀 수치에 국제가격을 나누어 퍼센트(%)로 표시하는 방식으로, 관세상당치(T.E, Tariff Equivalent)라고 하고 추후 이를 관세로 전환한다는 것이다. 이 관세상당치는 대부분 높게 계산되기 때문에 실제 수입이 이루어지기 어려운 것이 사실이었다. 따라서 이를 해소하기 위해 별도의 저율 관세로 국내소비의 일정량('91년의 경우 1%)의 수입을 허용하고, 국내외 가격차로 산정된 관세는 10년 동안 매년 동률로 삭감하여 최종연도에는 0% 내지 저율의 관세만 남게 되는 것이다. 다만 10년의 이행 기간 중 수입급증이 생길 때는 그해에 한하여 고관세를 인정(Safeguard)한다는 내용을 포함하고 있다.

두 번째는, 국내보조에 있어서 각종 국내정책을 교통신호등(Traffic Light) 방식에 따라 ① 철폐 대상정책(Red Light) ② 규제대상정책

(Amber Light) ③ 허용대상정책(Green Light)으로 나누었다. 특히, 철폐대상정책으로는 정부수매와 같은 정부관리 가격이나 생산 및 판매에 지원되는 농가소득 지원 등으로 한국과 일본의 쌀 및 과잉생산에 따른 가격안정용 수매정책이 여기에 해당된다. 규제대상정책은 품목별 생산 및 유통에 관한 예산지원(가격지지, 부족불지불, 정부보조 등)으로, AMS를 계산해 점진적으로 일정수준 감축한다는 내용이다. 허용대상정책으로는 품목의 생산과 가격에 영향을 미치지 않는 소득보장(Decoupling), 환경보존 및 유지, 재해보상, 선의의 식량원조 등이 있다.

셋째, 수출보조는 전회('87년 6월)에 제시한 10년에서 5년으로 단축하여, 과도기에는 정부직접지출액 또는 보조금을 주는 수출물량 중 하나로 철폐를 전제로 점차 삭감해 가는 방향으로 되어 있다. 이들 모두가 현재 EC에서 시행 중인 제도이기 때문에 결과적으로 미국 제안의 골자는 EC의 공동농업정책(CAP)의 해체에 있는 것이다. EC가 미국 제안에 강하게 반대하는 것은 당연하다고 하겠다.

EC의 제안은 총괄적 개념으로 공동농업정책(CAP) 유지에 근거를 두다

'89년 12월에 제출한 EC의 제안은 국경 조치와 국내농업 보호조치를 분리하지 않은 총괄적 개념(Global Concept)으로서 이를 점진적으로 감축해 나가자는 것이다. 이는 구체적으로 AMS를 통해 각국이 총괄적인 수량으로 계측하여 향후 5년간 단계적으로 감축하자는 내용이다. 또한 미국제안의 관세화에 대해서는 여전히 회의적인 태도를 보였다. 다만 재균형(Rebalancing)[1]을 인정할 경우 관세화 개념을 받아들이겠다는 것이었다. 즉, 일부 양허품목의 저율관세는 높이고 고율 품목은 낮추는 품목간의 관세 밸런스를 맞추자는 입장이다. 그러나 이를 인정할 경우 이들 품목의 미국 수출손해로 이어지기 때문에 미국이 이를 받아들일 리 없었다. 결국 그 시기까지의 미국, EC의 두 협상국의 의견차는 여전히 클 수밖에 없었다.

일본과 한국은 NTC에 의한 관세화 예외를 주장하다

<일본 제안>

일본은 국내 농업정책을 ① 무역왜곡효과가 없거나 미약한 것, ② 무역왜곡효과가 있는 것, ③ 지역, 환경정책으로 분류하고, ①과 ③은 협상에서 제외하여 ②만을 GATT에서 명시적으로 정의하자는 입장이다. 즉, 국내·외 가격차로 계산된 부족불지불(Deficiency Payment)만 감축대상으로 하고, 모든 국내보조는 허용정책으로 분류하겠다는 것이다. 또한 AMS 적용에 기반정비비, 구조조정비, 과잉농산물 대책비 등은 대상에서 제외하는 등 가급적 AMS를 축소하여 감축대상을 적게 하려고 하였다. 특히 기초식량(쌀)에 대한 국내생산유지를 위한 국경조치는 수입국으로서의 중요한 정책과제이므로 관세화 할 수 없음을 주장하고, 이와 관련한 국내생산유지, 비축, 안정적 수입확보가 필요함을 강조하였다.

1) 재균형(Rebalancing): EC는 딜론 라운드에서 유지종자를 영세율로 양허한 후 국내 생산이 늘어나 가공업자에게 보조금을 주고, 이를 미국이 GATT에 2차에 걸쳐 제소하고, 곧 EC의 패소로 이어져 EC가 어려움을 겪어 영세(0%)로 양허한 품목의 양허 인상이 필요하기 때문임

<한국 제안>

우리나라는 '89년 11월 27~28일에 개최된 제17차 회의에서 '88년 10월 제안에 이어 식량안보, 지역간 균형발전, 환경보전 등 농업의 비교역적 관심사항(NTC)을 전적으로 지지하며, 이를 위한 생산기반 유지와 식량자급률 또는 최저수입비율 개념의 도입을 제안하였다. 시장접근에 관해서는 농업무역 및 농업정책의 특수성과 정책수단의 다양성을 고려해 수출입국간 이익균형이 확립되어야 함을 강조하고, 관세화를 받아들일 수 없음을 분명히 하였다. 따라서 '88년 제안보다 각 분야에 걸쳐 상세하고 포괄적인 입장을 제시하였다.

드쥬 의장, 미국 안에 가까운 협상 초안을 제시하다

'89년 말까지 각국 제안과 토론을 거친 후, GATT 사무국은 '90년 2월의 제19차 회의에서 국별 및 의제별 주요 내용을 요약한 문서를 제시했다. 한편 우리나라 농림부에서는 통상조직을 농정국의 국제협력과 1개과에서 별도의 국(농업협력통상관 김정용 국장)으로 늘리고('90년 3월 20일) 국제협력담당관(최용규 과장)과 통상협력담당관(손정수 과장)의 2개과로 나누어 보강하였다. 드쥬 의장은 '90년 4월 제20차 회의(김정용 통상관, 윤장배 사무관 참석)에서 회의와 병행하여 주요국가와 비공식 협의를 갖는 등 결론 도출을 위해 활발히 움직였다. 논의 과정에서 일부 소득도 있었다. 국내 보조부문에서 미국이 제시한 교통신호등방식(Red, Amber, Green)의 철폐대상(Red)은 인정하지 않는 방향으로 의견을 접근하고, 관세화는 한국, 일본, 스위스를 제외한 대부분의 국가(EC는 조건부 수용)가 받아들였다. 다만 수출보조에 대해서는 미국과 EC가 첨예하게 대립해 의견 조율이 어려웠으며, 비교역적 관심사항(NTC)에 대해 한국, 일본, 스위스 등의 국가들이 강력히 반영을 요구('90년 5월 2일에 집중논의)하는 등 전반적인 협상 프레임에 대한 합의가 어려워졌다. 이에, 보고 시한('90년 7월 NTC 회의)에 쫓긴 드쥬 의장은 별도의 합의 과정을 거치지 않고 자신의 직권으로 미국 제안에 가까운 협상 초안(Chairman's Draft Text)을 만들어 사무국에 제출하였다('90년 6월 27일).

드쥬 의장 초안의 골자

(1) 농산물 교역 자유화 확대

- ㅇ 농산물의 관세는 현행 수준으로 양허한다.
- ㅇ 모든 비관세 조치는 관세상당치(TE)로 전환(Tariffication)하고 수입이 없는 품목은 저율관세할당(TRQ, Tariff Rate Quota)을 제공한다.
- ㅇ 합의 기간 중 관세와 관세상당치는 감축하고 최초 TRQ는 증량한다.

(2) 각국 농업정책의 개혁

- ㅇ 농산물 생산과 무역에 영향을 주는 국내보조정책은 감축한다.
  - 감축대상보조금(Amber): 농산물 수출보조, 농가소득보전, 가격지지 보조
  - 허용대상보조정책(Green): 특정품목과 연계되지 않는 보조, 환경보전, 재해구조, 식량안보를 목적으로 한 재고유지, 지역개발정책

(3) 농산물 수출보조

- ㅇ 농산물 수출보조는 다른 보조, 보호보다 더 빨리 감축한다.

(4) 개도국 우대

- ㅇ 개도국의 경제발전에 필요한 농업 개발정책 보조는 허용하나 엄격한 조건이 필요하다. 즉 무역왜곡의 효과가 없고 국내가격이 국제가격 보다 낮아야 한다.
- ㅇ 비관세 조치는 관세화에 있어 유예기간 및 이행에 신축성을 부여한다.

(5) 비교역적 관심사항(NTC)의 특별 고려

- ㅇ 식량안보, 고용유지, 환경보호, 지역개발 등을 위한 예외를 인정하되 관세화에 있어 특히 일부 품목에 한정한다.

드쥬 의장 초안에 대한 각국 반응은 찬·반으로 나뉘다

던켈(Dunkel) 총장은 90년 7월 TNC 회의에 앞서 '90년 7월 9~11일 미국 휴스턴에서 개최된 선진국 정상회의(G7 Submit)에 동 초안을 제출하여 정상들의 동의를 받고자 했으나, 논의 끝에 협상의 "기초(Basis)"가 아닌 "협상을 촉진시키는 수단(As a means to intensify the negotiation)"으로 공동성명에 반영하는 데 그쳤다. 이어서 7월 12~13일에 열린 제23차 회의(농림부 김정용 통상관, 윤장배 사무관)에서 의장과 미국, 케언즈 그룹은 이를 협상의 기초로서 채택할 것을 강하게 주장하였으나 EC와 한국, 일본, 스위스 등의 반대로 결국 합의에 이르지 못하였다. 의장 초안에 대한 주요국의 반응은 다음과 같다.

<미국>

다소불만이 있으나 전반적으로 찬성하며 G7 합의(7월 9~11일)에 따라 협상의 기초로 받아들여야 한다고 강조하였다. 그러나 AMS 사용에서 허용대상정책을 엄격히 적용할 필요가 있는 점과 개별국가의 특수상황을 고려한다는 점에 대해 불만을 표시하였다.

<EC>

EC의 주장이 전혀 받아들여지지 않았음을 지적하고 협상의 기초로 받는 것을 유보(Reservation)한다는 입장을 보였다. 특히 최소한의 소득보장을 위한 정책의 허용조건을 강화해야 하며 관세화에서 재균형(Rebalancing)의 필요성을 강조하였다. 또한 수출보조가 타 보

조보다 감축 속도가 빠른데 불만을 표시하고 Global 감축방식을 재강조하였다.

<일본>

수입국 입장이 반영되지 않았다고 주장하고, 농업개혁이 모든 국가에게 획일적으로 적용되는 것을 반대하였다. 또한, 기초식량의 관세화는 어렵다고 하였으며 GATT 11조는 유지 및 개선되어야 한다고 강조하였다.

<한국>

의장안이 선진 수출국 입장만을 반영하고 수입개도국의 입장은 거의 반영하지 않았다고 주장하고, '89년 4월 합의된 NTC 반영이 극히 미흡해 협상 진행을 어렵게 하고 있다고 밝혔다. 더불어, 국내보조는 무역 및 생산에 영향을 미치는 보조에 초점을 맞추어야 하며, 특히 NTC 이행에 필요한 보조는 허용되어야 한다고 주장하였다. 관세화에 NTC 관련 품목 및 11조 2항 관련 품목은 제외되어야 한다고 하였으며, 수출보조는 더 빠른 속도로 감축되어야 한다고 주장하였다.

한편, 의장은 제23차 회의를 7월 23일까지 연장하면서까지 초안 합의 도출을 시도하였으나 실패하고 말았다. 따라서 초안의 Cover Note에는 합의되지 않았음을 명기해 제12차 TNC 회의에 넘기게 되었다. '90년 7월 24~26일에 열린 제12차 TNC 회의(농림부: 조규일 차관보, 윤장배 사무관, 최양부 농촌경제연구원 부원장, 김한호 연구관)에서도 합의는 되지 않았다. 그러나 협상 진행상 각료회의에 제시할 결과물이 필요함에 따라 부득이 의장 초안에 입각한 각국의 보호·보조의 현황표(Country List)를 '90년 10월 1일까지, 그리고 감축계획(Offer List)은 '90년 10월 15일까지 제출하도록 결정하였다.

드디어 국내에서 UR에 큰 관심을 갖기 시작하다

한편, 드쥬 의장의 초안이 발표되고 '90년 10월 1일까지 각국의 현황표(C/L)를 제출하는 것이 알려지자 국내에서 UR의 심각성이 언론을 통해 알려지기 시작하였다. 특히 관세화는 전 품목의 자유화를 의미하므로 농민단체로부터 강한 반발이 나왔고, 정부가 관세화 예외로 가겠다고 하는 NTC 품목 선정 부분에 상당한 관심이 모이기 시작하였다.

정부는 '90년 10월 6일 1차 경제장관회의(부총리, 재무, 농림수산, 상공장관, 청와대 경제수석)를 열였다. 경제장관회의에서는 NTC 품목의 선정 기준(① 국민의 기본식량으로 식량안보차원에서 개방 불가 품목, ② 농업생산 비중이 높고 농가소득에 기여가 큰 품목, ③ 지역 비중도가 높은 품목으로 개방 시 적절한 대체 품목이 없는 품목)을 정하고, '87년~'89년 3개년간 연평균 생산액 2,000억원 이상 11개 품목 중 감귤, 대두를 제외한 9개 품목(쌀, 돼지, 소, 우유, 고추, 마늘, 닭, 보리, 참깨)을 선정하였으며, 국민 공청회를 거치기로 결정하였다.

'90년 10월 16일 축협 강당에서 열린 공청회에는 농·수·축협, 농민 대표, 학계, 언론계, 공무원 등 400여명이 참석했다. 열띤 토론과 농민들의 요구를 바탕으로 11개 품목(사과, 감귤, 배, 잎담배, 대두, 인삼, 고구마, 감자, 양파, 땅콩, 옥수수)을 추가 요청 품목으로 선정해 정부에 NTC 품목에 포함토록 건의하게 되었다.

이에 농림부는 공청회 결과를 반영한 3개의 대안[2)]을 마련하고 이를 경제장관회의에 올려 '90년 10월 28일 경제장관회의에서 제3안인 15개 품목으로 결정하였다. 3안의 추가 6개 품목 결정의 경우 공청회 추천 11개 품목 중 사과, 배, 인삼은 경쟁력 제고가 가능한 품목으로 보았고, 잎담배, 땅콩은 NTC로서의 명분이 약하다는 이유로 최종 선정에서 제외되었다.

결과적으로 볼 때 정부는 사실상 우리 농산물 생산의 85% 이상을 점유하는 NTC 15개 품목* 을 UR의 마지막 단계까지 관세상당치를 제출하지 않고 협상의 카드로 사용하였다. 그 결과 쌀은 최장 20년 동안 관세화 유예를 받았고, 돼지고기, 쇠고기, 닭고기는 낮은 세율의 양허를 인상하였으며, 나머지 품목의 상당수(참깨, 마늘, 고추, 양파, 감귤, 인삼 등)는 고율 관세를 받는 등 협상 전략상 괄목할만한 성과를 올렸다고 볼 수 있다.

---

2) ①안: 정부결정 잠정 9개 품목 + 공청회 결과 추가 11개 품목 + 매니옥의 21개 품목
②안: 1안의 21개 중 참깨, 보리, 돼지고기, 닭고기를 제외한 17개 품목
③안: 잠정 9개 + 감귤, 대두, 고구마, 감자, 양파, 옥수수를 포함한 15개 품목

* NTC 15개 품목: 쌀, 보리, 대두, 옥수수, 돼지고기, 닭고기, 우유, 고추, 마늘, 양파, 참깨, 고구마, 감자, 감귤

그리고 최종 각료회의를 앞둔 협상 대책으로 '90년 10월 24일 열린 부총리주재 경제장관협의회에서 다음과 같이 결정하였다.

(1) NTC 품목을 제외한 모든 수입제한품목은 관세화를 수용한다.

(2) 관세상당치(TE)는 10년간 30%를 감축한다.

(3) 개도국 우대원칙에 따라 관세화 전환에 일정한 유예기간을 인정해야 한다. (단계적으로 7년간 유예)

(4) UR 협상 개시후의 자유화 실적은 감축 약속의 추진 실적에 포함한다. (Credit인정)

(5) 시장 접근은 다음과 같이 보장한다.

o 관세화 대상품목은 86년~88년 3개년 연평균 수입량을 최초 쿼터로 부여하고 수입실적이 없는 품목은 국내소비량의 1% 범위 내에서 단계적으로 허용한다.

한편 우리의 C/L(Country List)과 O/L(Offer List) 작성에 앞서 우리와 비슷한 입장인 일본의 작성 방향을 알고자 실무팀(필자, 최대휴, 농경연 설광언 박사, 김동민 연구원)이 '90년 9월 20~21일 일본 외무성과 농림성을 방문했다. 그때의 방문에서 파악한 일본은 쌀, 전분, 낙농품 등은 관세화에 제외하는 강경한 입장으로 되어 있어 일본의 작성 방향은 추후 우리의 작성에 많은 참고가 되었다.

이와 같은 과정을 거쳐 한국은 '90년 10월 22일에 Country List를 GATT 사무국에 제출하였고 감축 계획인 Offer List는 10월 29일에 제출하였다. 그리고 이어서 조경식 농림수산부 장관, 김정용 국장, 필자 등 5명의 대표단이 워싱턴에서는 야이터(Yeutter) 농무장관,

힐스(C.Hills) USTR 대표를, 제네바에서는 던켈 사무총장을 만나 우리의 입장을 설명하고 협조를 요청하였다.

미국과 EC의 견해차로
'90년 12월 최종 각료회의는 실패를 예고하고 있었다

각국의 C/L과 O/L 제출 독촉이 이어지는 가운데 제25차 회의가 열린 10월 4일 현재 C/L 제출 국가는 불과 10개국(일본, 호주, 캐나다, 스웨덴, 스위스, 오스트리아, 아르헨티나, 핀란드, 싱가폴, 뉴질랜드)에 지나지 않았다. 10월 25일에도 C/L 제출국이 한국을 포함하여 26개국이였으며 O/L 제출국은 20개국에 불과하였다.

Offer List 중심의 협상 종결을 목적으로 10월 27일~11월 18일 TNC 회의(조규일 차관보, 윤장배, 배종하 사무관, 최양부 부원장)가 열렸다. 그러나 EC가 11월 7일에 가서야 겨우 O/L을 내는 등 협상이 전반적으로 부진해 11월 12일에는 모든 협상이 중단되었다. 다시 수입국 및 개도국들은 미국과 EC의 타협 결과만을 기다리는 형편이 되고 말았다.

결국 마지막 TNC 회의가 11월 19일에 소집되고 미국과 EC가 19~20일에 다시 한 번 마지막 접촉을 시도하였으나, 결국 실패로 끝나게 되어 던켈 총장은 11월 22일 밤 Green Room 회의를 소집해 각료회의에 3가지 문서제출 합의[3]를 요청하여 동의를 얻었다. 그리

3) ① 첫째, 의장 초안(Cover Note에 합의되지 않은 것을 명시), ② 둘째, 각국의 Offer 비교 분석자료, ③ 셋째, 각료들의 결심이 요구되는 핵심 사항

고 마지막 날인 11월 26일 회의를 끝으로 아무런 합의 없이 브뤼셀로 가게 되었다.

그렇다면 이와 같은 두 주요 협상국의 차이는 어디에 있었을까? 먼저 접근 방식에서 큰 차이가 있다. 3개 분야를 별도로 나누어 각 분야별로 접근하자(Separate Approach)는 미국에 비하여 EC는 3분야를 통합하여 하나로 접근하자(Global Approach)는 방식을 주장하고 있었다. 또한, 관세화에서 EC가 일부 품목의 재균형(Rebalancing)이 필요하다는 데에 비하여, 미국은 예외 없는 전 품목의 관세화를 주장하고 있었다. 마지막으로 감축 약속의 Modality(감축폭, 이행기간, 기산점, 허용정책의 범위)에 대해서도 서로 의견이 달랐다.

참고로 11월 7일에 제출한 EC의 O/L은 AMS(농업보조총량 : Aggregate Measurement of Support)는 5년간 30% 삭감, 관세화는 재균형을 전제로 수용했으며 수출보조는 상당 수준 감축약속을 하였다. 반면, 기제출한 미국의 O/L은 국내보조 10년간 75% 감축, 관세 역시 10년간 75% 감축, 수출 보조는 10년간 90% 감축으로 되어 있어 둘 사이의 간격은 애초부터 도저히 좁히기 어렵게 되어 있었다. 이 커다란 두 주협상 당사자의 간격을 어떻게 짧은 시간에 좁힐 수 있을까?

이로써 이미 브뤼셀 각료회의 실패는 예견된 것이었다. 다만 당시 누구도 확실히 인지하지 못했을 뿐이었다.

라. 브뤼셀 각료회의('90.12.3~7)의 실패와 책임문제

제네바에서 마지막 단계까지 문안 합의를 보지 못한 채, 협상종료를 위한 브뤼셀 각료회의가 열려(' 90.12.3) 최종합의를 위한 협의가 시작되었다. 그러나 여전히 미국과 EC 사이의 간격을 좁히지 못하자, 농업 TNC(무역협상위원회) 의장인 매트 헬스트롬(Matt Helstrom) 스웨덴 농업장관이 중재안(Non-Paper)을 제시하여 각국에 찬반 의사표시를 요구하였다. 이에 대해 미국과 케언즈 국가들은 찬성하였으나 EC, 한국, 일본의 반대로 결국 실패로 돌아가 협상은 기한 없는 연기 상태에 돌입하게 되었다. 비난의 대상이 된 EC, 한국, 일본에게 책임문제가 대두되고 이를 피하기 위하여 모두 전향적 태도 변화를 보이게 된다.

협상해결의 관건인 미국·EC의 합의 노력이 실패하다

1990년 12월 3일 브뤼셀 교외 헤젤에 있는 국제전시장(Exibition Center)에서 UR 종결을 위하여 개최된 각료회의는 95개국, 5개 국제기구에서 온 각료 117명을 포함한 약 1,500명의 대표와 취재기자단 등이 참석하여 그때까지 통상관계로는 가장 큰 규모의 회의였다.

우리나라는 박필수 상공부 장관을 수석대표(교체수석에 이상옥 주제네바 대사)로 35명의 대표단이 참석하였다. 농업부문 대표로는 조경식 농림부 장관, 조규일 제2차관보, 김정용 농업통상관, 최용규 국제협력담당관, 윤장배, 정승 사무관, 최양부 농촌경제연구원 부원장, 천중인 주제네바 농무관, 김종진 농무관보, 이관용 주EC 농무관, 협상지원으로 외무부 최혁 심의관, 경제기획원 하동만 과장이 참여하였다.

회의 첫날 8개 분야, 즉 ① 시장접근(Market Access), ② 섬유, ③ 농업, ④ 규제 분야(반덤핑관세, 보조금 상계관세조치, Safeguard, GATT 조문), ⑤ 도쿄라운드 협정(원산지 규정, 선적 전 검사제도, 관세평가, 정부조달, 라이센싱 등), ⑥ 지적재산권의 무역적 측면(TRIP) 및 무역 관련 투자조치(TRIM), ⑦ 제도적 측면(분쟁처리, 최종문서), ⑧ 서비스의 분야별 Green Room 회의(주요 30개국 대표회의)가 설치되어 협상이 진행되었다. 그리고 시장접근 분야에서는 실무급 2국간 협의, 비공식적인 양자간 장관급 협의, 헬스트롬 의장과 각국 수석대표와 면담 등이 활발하게 진행되었다.

진행된 협상분야 중 도쿄라운드 협정, Safeguard, 서비스 협상의 금융 서비스 분야 등에서는 성과가 있었으나, 핵심인 농업분야 협상의 진전에 관심이 더 집중되었다. 실제로 Green Room 회의보다 미국과 EC의 비공식적 합의 여부에 더 촉각을 세우고 있었다. EC는 긴급 수입제한분야에서 선별적인 적용요구 완화 등 일부 대안을 제시하였으나, 미국과 케언즈는 협상결렬을 시사하는 등으로 EC의 추가 제안을 압박하였고 결국 EC가 이를 거부해 협상이 지지부진하게 되었다.

이에 던켈 총장은 9개의 질문을 협상 참여국에게 주어 시한을 정해 회신할 것을 요구하였다. EC는 답변에서 정부보조 수출물량 축소와 함께 최소시장접근(MMA) 3% 보장안을 내놓았고, 여기에 미국 등 수출국들은 다시 추가적 요구를 하기에 이르렀다. 이에 EC는 더 이상의 추가 제안이 없음을 밝힘으로써 협상의 진전이 불가능해지게 되었다. 결국 헬스트롬 의장은 종료 전일인 12월 6일 16시에 자신의 책임 하에 중재안(Non-Paper)을 작성·배포하고, 같은 날 20시에 자신의 안을 받을지(Take it), 거절할지(Leave it)를 결정하라고 요구하였다.

한편, 농업분야 대표인 조경식 장관은 회의 중간에도 별도로 주요국의 수석대표들과 만나 공조 및 협조를 요청하였다. 그 예로 12월 3일 16시에 일본의 야마모토 후미오 농림대신과 만나 다시 한 번 공동보조를 약속(두 장관은 이미 '90년 11월 26~27일 서울에서 열린 정례 한·일 각료회의에서 공동대처를 약속한 바 있음)하였다. 또한, 휘슬러 오스트리아 농업장관(12월 4일 16:00), 맥쉐리 EC 농업담당 집행위원(12월 4일 20:30), 스위스 통상대표(12월 6일 11:00)와 공조를 협의하였다. 더불어, 헬스트롬 의장(12월 4일 15:30) 및 브레웨트 호주 통상장관(12월 5일 11:00)에게는 협조를 요청하였다.

Helstrom의 중재안(Non-Paper)을 받을지 거부할지를 강요받다

12월 6일 16시에 제시된 헬스트롬 중재안의 주요 내용은 다음과 같다.

① 국내보조 : '91년부터 5년간 30% 감축, 개도국은 '91년부터 5~10년간 15~30% 감축
② 시장접근 : 모든 농산물은 관세화하고 '91년부터 5년간 30% 감축, 또한 모든 품목의 시장접근 보장(수입이 없는 경우도 국내 소비량의 5% 보장)
③ 수출보조 : '88~'90년 평균보조지급물량을 5년간 30% 감축
④ 한국 · 일본의 관심사항인 Non Trade Concerns(NTC)와 이의 유예기간은 전혀 언급 없음

헬스트롬 의장은 배포한 지 3시간 반 후인 12월 6일 저녁 20시에 회의를 열어 각국 대표에게 간단하게 찬반(Take it or Leave it)에 대해 대답할 것을 요구하였다.

먼저 미국과 케언즈 국가들은 동 안이 만족스럽지는 않지만 이를 기초로 협상해 나갈 것을 촉구하였으며, EC는 정치적 현실이 감안되고 실천 가능한 수준에서 협상이 타결되어야 함을 강조하여 동 초안에 대하여 강력한 유보의사(Reservation)를 표명하였다. 일본, 핀란드, 이스라

엘 등은 비교역적 관심사항(NTC)이 반영되지 않음에 불만을 표시하고, 동 안을 협상의 기초로 받아들일 수 없다는 입장을 제시하였다.

한편 우리나라(조경식 장관)는 동 초안이 수출국 위주로 작성되어 균형을 잃고 있으며 NTC, 11조 2항(C) 등이 제외되어 있음을 지적해 성공적 협상 타결을 위한 기초로 수용할 수 없음을 분명히 하였다(발언 마지막 부분, **We can not accept** this non-paper as a basis for the successful conclusion of the Urguay Round of Agricultural Negotiation).

EC의 반대 배경에는 프랑스가 있었다

이와 같은 찬반의 의견대립으로 헬스트롬 중재안은 결국 협상의 기초로 채택되지 못하고, 타협이 무리라는 것이 판명되었다. 타 협상 분야도 농업분야에서의 타개 소식을 기다리고 있었으나 농업이 결렬되자 중단되고 말았다. 마지막 날인 12월 7일 각료회의 에스피엘 의장(우루과이 외무장관)은 TNC 전체회의를 소집해 의장성명을 내어, 던켈 총장에게 '91년 초까지 집중적으로 협의하여 사무총장이 적당한 시기에 UR 종결을 위해 TNC 회의를 재개할 것을 요청하고 회의를 종결했다. 따라서 UR 협상은 종료기한이 정해지지 않은 상태에서 연장되었다.

여기까지가 대외적으로 알려진 사실이나, 실제 EC가 6일 20시에 반대의사를 밝힌 배경에 또 다른 사연이 있었다. 사실 처음에 헬스트롬 의장은 중재안을 EC에 주면서 조속한 회신을 요청하였고, 이에 대한 EC 농업위의 첫 반응은 긍정적인 회답이었다고 한다. 짧은 시간이지만 타협의 실마리가 보이는 듯해 미국 대표는 급히 타 분야, 특히 서비스 분야의 작업에 들어갔다. 실제로 헬스트롬 안(각 부문 5년간 30% 삭감)을 자세히 보면 미국 제안(국내보조 10년 75%, 관세 10년 75%, 수출보조 10년 90% 삭감)보다는 훨씬 감축률이 낮은 수준이다. 헬스트롬 안은 오히려 EC안(국내보조 AMS 5년 30%)에 가까웠기 때문에 그런 EC 집행위의 잠정 회신이 가능했을 것으로 보인다.

그러나 이와 같은 EC 농업위의 초기의 긍정적 회신을 뒤늦게 알게 된 프랑스와 아일랜드 정부가 EC 집행위의 회신이 협상수권의 범위를 벗어났다고 강하게 이의를 제기하였고, 이에 결국 맥쉐리 위원이 같은 날 20시 회의에서 반대의사를 표하게 되었다는 것이다.[1] 실제 브뤼셀 각료회의 결렬의 가장 큰 원인은 프랑스의 반대였으며, 한국도 일본도 아니었다. 그만큼 농업강국 프랑스의 힘은 드러나지 않은 상태에서도 막강했다.

협상실패는 희생양을 찾기 마련이다

협상이 실패로 끝나면 항상 희생양을 찾기 마련이다. 특히 우리나라는 6일 20시 회의에서 조경식 장관이 헬스트롬안에 대해 가장 강한 어조(cannot accept)로 반대하였다. 보통 반대하더라도 에둘러서

1. GATT 50年史 : Tim Josling 外 2人 著 塩飽二郎 譯 p. 193

'유보(reservation)'한다는 표현을 많이 쓰는데, 우리는 직설적으로 '받아들일 수 없다'고 하여 대내외적으로 큰 문제가 된 것이다.

회의가 끝나자 외신들은 일제히 UR이 EC, 일본, 한국이 반대해서 결렬되었다고 보도했다. 특히 12월 7일 미국의 부시 대통령은 성명을 통해 "브뤼셀의 결렬은 충분한 경제력을 갖고 있는 한국, 일본, EC와 같은 국가들의 농산물 개혁을 위한 협상의사 부재에 기인"한 것이라고 공개적으로 비난하였다. 특히 한국을 가장 먼저 거명한 것에 대한 국내 반응은 컸다. 국내 산업계에서는 EC가 반대하여 결렬될 것을 알면서 괜히 우리가 나서서 비난의 대상이 되었다고 농업대표단에 대하여 불만의 소리를 내기도 하였다.

미국은 EC, 한국, 일본에 대하여 입장개선을 강하게 촉구하고 나섰다. 이에 협상 실패의 원인으로 분류된 EC, 일본, 한국이 가만히 있을 수 없게 되었다. 먼저 EC는 '91년 12월 14일 미국 야이터 농무장관과 면담했던 맥쉐리 농업담당 집행위원이 농산물 협상타결에 낙관론을 표명하였다. 12월 17일에는 주미 EC대표부 부대표가 보조금의 20%를 소농가에 지급하는 방안 등 현행 공동농업정책(CAP)의 재검토를 시사하고, 일본도 쌀을 제외한 수입금지 품목의 최소시장 접근, 즉 수입허용 3%를 보장하는 등 일부 입장변경을 시사하였다.

한국은 대폭적 입장 변경을 약속하다

특히, 미국의 한국에 대한 비난과 입장변경 요구가 강했다. 미국은 한국이 입장변경 의사를 보이지 않을 경우 더 이상 협의가 불필요하며, 더 나아가 미통상법 301조의 보복 가능성까지 시사하였다. 12월 13일 미국에 피견한 조순 특사에게 힐스(Hills) 무역대표는 "앞으로 UR 타결의 전망은 브뤼셀에서 협상진전을 거부한 국가의 행동에 달려 있으므로, 이들 국가의 정치적 결단이 매우 중요하다"고 언급하는 등 전방위적인 압력을 가했다.

결국 정부는 수석대표인 상공부장관을 경질하고 '90년 연말부터 서둘러 신축적 협상대안 마련을 위해 각 부처의 국내 작업에 들어갔으며, 우리의 15개 NTC 품목을 대폭 축소하는 작업이 시작되었다. '91년 1월 7일 농림부안의 결정, '91년 1월 7일 관계장관회의(부총리 주재)를 거쳐 '91년 1월 9일에는 대외협력위원회에서 다음과 같이 새로운 협상안을 변경·확정하였다.

NTC 품목의 축소

① NTC 품목은 쌀 이외의 2~3개 품목으로 축소한다.
(보리, 우유 및 유제품, 감자, 고구마 중 상황에 따라 농림부가 결정)
② 11조 2항 원용품목(생산통제를 전제로 수입제한)은 쇠고기, 고추, 마늘, 양파, 감귤로 한다.
③ 참깨, 돼지고기, 닭고기, 콩, 옥수수는 관세화를 수용한다.
④ 쌀을 제외한 모든 품목에 최소시장접근을 허용한다.
⑤ 개도국 우대조치를 적용한다.

'91년 1월 15일 제네바에서 열린 TNC 회의에서 수석대표로 참석한 주체코 선준영 대사(전임 제네바 이상옥 대사는 외무부장관에 기용)가 "협상 진전을 위해 농산물협상에 대한 아국의 입장을 전향적으로 재검토하였으며, 향후 협상 진전에 따라 구체적 내용을 제시할 용의가 있음"을 표명하였다(아래는 영문 발언문 중 일부).

> Although Korea's most serious difficulty exists in the area of agricultural trade, Korea is now in the process of seriously reviewing its offer on agricultural trade in a more positive manner for the sake of progress in the agricultural negotiations, and we are ready to submit a revised offer in due course depending upon future developments in the agricultural negotiations.

사실 EC와 일본은 대외적인 비난을 피하기 위해 일부분야에서 변경 입장만 밝혔을 뿐, 내부적으로 변경안을 마련하지는 않았다. 그러나 우리는 실제 변경안('91년 1월 10일)도 만들고, 이를 제시할 수 있다는 의사까지 대외적으로 표시('91년 1월 15일)함으로써 대폭적인 입장변경을 약속한 것이다. 이는 당시 한국의 대외협상력의 위치가 어느 수준인지를 보여주는 단적인 예라고 할 수 있겠다.

변경한 협상안은 실제 마지막 단계까지 제시하지 않았다

우리가 자발적으로 마련한 수정협상안은 실제로 그 후 협상기간 내내 한 번도 제시하지 않았다. 그 이유로 첫째, 이를 협상 중에 제시하는 것은 대외적 협상력 약화를 가져오므로 우리가 서둘러서 낼 필요가 없었으며, 둘째로는 그 이후의 협상 향방이 협정문안의 형식 등에 대한 의견차를 좁히는데 중점을 두어 진행되기 때문에 각국의 수정입장을 제시하는 시기가 아니기도 하였다. 만약 그 당시 우리가 수정을 제시하였다면 후일 본 협상에서 얻은 참깨, 인삼, 고추, 마늘 등의 고율관세 부과가 어려웠을 것이다. 실제 우리는 UR 협상의 마지막 단계까지 NTC 15개 품목을 고수하였다.

또한 브뤼셀 회의에서 보여준 우리의 강한 반대의사 표시(can not accept)는 다른 협상 참여국에게 우리의 어려운 입장, 특히 쌀에 대한 입장에 대해 알리는 좋은 계기가 되었다고 하겠다. 이는 결국 우리의 쌀 관세화 유예(농업협정문부속서 section B)를 얻는 데에 대한 다른 나라들의 이해(일본을 제외하고는 이의 제기가 없었음)와 연결되었다고 본다. UR협상 결과를 놓고 볼때 어쩌면 우리는 브뤼셀 각료회의에서 프랑스의 반대에 감사해야 하는 것이 아니었을까?

마. 협상체제의 재편과 Dunkel Text의 합의 실패

브뤼셀 각료회의('90.12.3~7) 실패 이후 '92년 1월 15일 비공식 TNC 회의에서 각국의 협상 재개 의지를 확인한 후, 협상은 기술적 의제를 중심으로 보다 활발하게 진행('91.3~6)되었다. 던켈(Dunkel) 총장은 이를 기초로 하여 '91년 6월 20일 협상대안서(Options Paper)를 내게 되었고, 여기에 우리의 관심사항(관세화 예외)이 포함된다. 특히 이 시기에 우리 대표단은 우리 쌀의 예외처리 문제, 개도국 우대, 식량안보제안 등 적극적 활동을 하게 된다. 연말시한에 쫓기는 던켈 총장은 그동안의 논의를 통하여 정치적 결정이 필요한 수치를 공란으로 처리한 작업초안(Working Paper)을 '91년 11월 21일에 제시하였다. 이어 각국, 특히 미국·EC의 빈번한 협의를 거쳤으나 결국 합의를 보지 못한 채 '91년 12월 20일 최종 협정문 초안(Draft Final Act)을 제시하게 되고, 이마저 회원국의 동의를 얻지 못하여 협상은 시한 없이 다음 단계로 넘어가게 된다.

새로운 협상체제 개편으로 다시 출발하다

브뤼셀 각료회의 마지막 날 열린 TNC 회의에서 의장인 우루과이 에스피엘 외무장관은 던켈 총장에게 협상재개를 위임한 바 있다. 던켈 총장은 먼저 브뤼셀을 방문('91.1.10)하여 실패에 가장 앞서 있었던 EC의 Delors 집행위원장과 안드리에센 대외담당, 맥쉐리 농업담당 집행위원을 만나 협상재개를 협의하였다. 그리고 '92년 1월 15일 비공식 수석대표(TNC) 회의를 열어 현황평가와 함께 각국의 협상재개 의지를 확인(한국은 선준영 주제코 대사 발언/84p 참조)한 후 '91년 2월 26일 전체 TNC 회의에서 협상재개를 선언하게 된다.

그리고 '91년 4월 25일 TNC 회의에서는 협상 그룹을 종래의 14개에서 7개로 재편성하여 각 그룹별 의장 주재로 쟁점사항 중심으로 한 기술적 토의를 통해 본격적인 협상의 진행을 하도록 하였다. 각 협상 그룹과 의장은 다음과 같다.

표 1. 각 협상 그룹 및 의장

	그 룹	의 장
1	시장접근 – 관세, 비관세, 천연자원산품, 열대산품	드니 캐나다 협상대표
2	섬유 · 의류	던켈 총장
3	농업	던켈 총장
4	규정분야 및 무역관련 투자조치 – 보조금 상계조치, 반덤핑관세, Safe Guard – 선적 전 검사(PSI), 원산지규정, 정부조달 – GATT조문 및 무역관련 투자조치(TRIM)	마쉘 브라질 대사
5	지적재산권의 무역적 측면	아넬 스웨덴 대사
6	제도적 문제 – 분쟁처리 및 GATT기능 강화, 최종문서	라카르테 우루과이 대사
7	서비스	라카르테 우루과이 대사

각 협상 그룹별 의장 중심으로 주요 의제에 대한 기술적 협의를 집중 실시하다

각 그룹은 그 동안 첨예하게 대립했던 문제점을 도출해 '91년 상반기 중 6차에 걸쳐 전문적이고 기술적인 협의를 실시하게 된다.

표 2. 기술적 의제 검토를 위한 비공식회의 일정과 과제

차수	일정	주요 의제
1차	'91.3.1~2	협상의제, 협상일정
2차	'91.3.15~4.15	국내보조
3차	'91.4.15~19	국내보조(AMS), 시장개방
4차	'91.5.13~17	시장접근(GATT 11조 2항C, NTC)
5차	'91.6.10~14	시장접근(식량안보), 수출경쟁, 국내보조, 던켈 총장의 경과 보고 및 향후계획
6차	'91.6.16~18	수출보조, 개도국 우대에 대한 비공식협의 결과

한편 던켈 총장은 회의 중간에 정치적 타결을 위한 셔틀 외교를 강행한다. '91년 4월 29~30일에는 워싱턴을 방문하여 매디건 농업장관, 힐스 USTR 대표를 만났으며, '91년 5월 2~3일에는 브뤼셀에서 EC의 안드리에센 대외집행위원, 맥쉐리 농업위원을 만나는 등 활발한 움직임을 보였다.

한편 미국의 부시 대통령은 의회에 UR협상과 미국·멕시코 FTA협상에 관한 신속처리 권한(Fast Track Authority, FTA[1])을 '92년 1월까지 연장하는 신청을 하는 등 새로운 협상재개 분위기를 조성하였다.

농림부는 '92년 2월 초 새로 조일호 농정국장을 통상관으로 보임하

1) 미국의 대외협상 권한이 헌법상 의회에 있어, 행정부가 협상권한 대행을 기간을 정해 의회로부터 위임받는 절차.

고, 농촌경제연구원 최양부 부원장을 장관 자문관으로 임명하는 등 전열을 정비했다. 또한 협상전략을 그 동안의 수세적 입장(개방 반대만을 주장)에서 공세적 방식으로 전환토록 하고, '91년 3월 개최되는 회의에서 우리 입장을 개진하는 등 협정문의 조문 작성에 적극 참여토록 하였으며, 그 동안 대사관에만 의존해왔던 해외 동향 정보를 보다 적극적 방법으로 수집하기로 하였다. 특히 입장을 같이 하는 일본과의 고급정보를 공유하기로 합의('91.2.9, 조일호 국장과 일본 아즈마 국제부장)하여, 최용규 국제협력담당관이 일본과 캐나다를 방문(1차 '91.4.8, 2차 '91.5.8)해 양국 간의 정보교환 및 일본(쌀)과 캐나다(11조2항C 개설)와 NTC 반영에 관한 공조체제를 강화키로 하였다. 이는 그 후 제네바에서의 긴밀한 3국협조의 기초가 되었다.

특히 우리나라는 '91년 2월 26일부터 시작되는 주요국 비공식 회의부터 협정문 작성에 중요한 고비가 되는 6차까지 기술적 의제 검토를 위한 회의에 일관된 팀(조일호 국장, 최양부 자문관, 최대휴 사무관)을 파견했다. 이를 통해 규칙(rule) 개정뿐 아니라 동조 국가들과의 공조체제 형성, 후발 개도국에 대한 협상 이해력 증진 등의 활동으로 상당한 기여를 하였다.

대표단, 쌀 관세화 문제를 협정문에 반영하고 개도국의 선도 역할, 식량안보의 중요성을 부각시키다

대표단(조일호 국장 외 2인)의 중요한 성과 중 하나는 관세화 예외를 협정문에 반영하는 문제였다. 한국(식량안보), 일본(기초식량), 캐나다(11조2항C 품목)의 대표인 한국의 조 국장, 일본의 아즈마 부장, 캐나다의 기포드 국장 셋은 제네바에서 수시로 회동하여 공동 대처 방안을 협의하였으며, 그 중 관세화 예외를 취급하는 문제를 구체적으로 논의하였다.

조 국장은 예외 없는 관세화를 기본원칙으로 받는 대신 그 원칙의 의무를 일탈(Derogation)하는 방안으로 본문에 부칙 처리하는 것을 제시하였다. 한편 아즈마 부장이 본문에 단서를 붙이는 방법을 제안하자, 기포드 국장은 캐나다팀 법제담당 전문가 의견이 다자 협정에서는 단서나 부칙으로 사용한 예를 찾기가 어렵다고 하였다. 그럴 경우, 협정 참여자 각자의 애로사항을 끼워넣기 하는 현상이 속출하여, 누더기 문서로 전락할 우려가 있으므로 협정문의 일부로 채택하는 별도의 부속서 또는 부록으로 접근하는 방식을 제안하였다.

특히, 기포드 국장은 단서나 부칙은 본문과 대등한 일반성을 갖기 때문에 그 효력을 특정국에게만 허용하기 어렵고, 다른 나라들이 이런 저런 부칙이나 단서에 대한 요구가 빈발할 우려가 있어 수출국들이 이런 방식을 수용하지 않을 것이 명백하다는 것이었다. 그러므로 부록이나 부속서로 특정 회원국의 특정 사안에 대해서만 별개 문서로 그 의무 일탈을 허용하는 경우, 매우 제한적인 분리취급이 가능하다는 것이다. 이는 수출국들이 협상 성공을 위하여 특수한 상황에 한정해 일탈을 허용하는 차원에서 오히려 쉬울 수 있다는 것이다.

셋은 향후 캐나다 제안을 공동 추진하기로 하였다. 조국장은 이를 박수길 대사에게 설명하고 협정문 작성에 참여하는 이성주 참사관에게 대응토록 요청하였다. 그리고 이는 실제 2년 후 합의한 UR 최종 농산물 협정문에 부속서(Annex) A(일본의 쌀), 그리고 부속서 B(한국의 쌀)로 반영되는 결과를 가져왔다. 그러나 결국 11조2항C에 의한 관세화 예외가 협상에 반영되지 못함에 따라, 실 제안자인 캐나다는 혜택을 받지 못하게 되었다.[2)]

두 번째 성과는 UR협상이 개도국에게 미치는 영향을 후발 개도국에게 설명하고, 개도국 우대 문제를 우리가 직접 나서지 않고 확보한 활동을 들 수 있겠다. 개도국 문제를 우리가 직접 나설 경우 당시로서는 우리의 개도국 지위를 인정하지 않는 미국·EC, 케언즈 국가들에게 심한 반발을 불러올 우려가 있어, 개도국 77그룹 대표 격인 인도를 전면에 활약토록 하고(박 대사가 인도 대사에게 제안) 우리는 이를 뒷받침 해주는 역할을 하였다.

구체적 방법으로 먼저 회의가 끝나는 시간을 이용하여 개도국들에게 "UR협상이 개도국에 미치는 영향"에 대한 설명회(최양부 자문관)를 개최하였다. 설명회에서는 관세화할 경우 국내외 가격자료 수집 문제와, 선진국에 비하여 초기 단계에 있는 개도국 구조 조정투자를 감

2) 캐나다는 수출국 협의체인 케언즈 그룹이면서 유일하게 관세화 예외를 주장하는 나라다. 캐나다는 생산통제 시 수입수량을 규제할 수 있는 현행 GATT의 규정 11조2항C의 개선을 통해 관세화를 반대하는 것으로 배경에는 유제품 등을 생산하는 퀘벡 주의 프랑스계의 농민을 보호하려는 데에 있었다.

축대상보조(Amber Box)로 분류할 경우 투자 기회를 상실하게 될 뿐 아니라 발전 가능성을 봉쇄당해 영원한 수입국 신세를 면치 못할 것임을 강조하여 명확한 개도국 우대가 필요함을 역설하였다.

그리고 사무국에게 국별 이행계획서 작성에 필요한 개도국 상대의 교육 요청을 하도록 권고하여 별도의 교육 기회를 갖게 해줌으로써, 개도국들 뿐 아니라 사무국으로부터도 감사의 표시를 받게 되었다. 던켈 총장도 몇 차례나 공식석상에서 한국의 기여를 치하하였다. 또한 우리가 직접 작성하여 던켈 총장에게 건네 준 개도국의 구조조정 투자리스트도 최종 협정문 초안(개도국)에 반영되었음은 물론이다.

세 번째 성과는 우리의 식량안보 중요성을 공식문서로 작성(영문 4 page)하여 제출('91.6.17, 아래 박스 참조)해 관세화 예외가 대안(Option)의 하나로 반영되는데 기여했다는 것이다. 물론 관세화 예외는 최종 협정문 초안(DFA)에는 빠지게 되었으나, 결과적으로 우리와 일본은 그 대안의 하나(일정기간 유예 후 관세화)를 얻게 되었으나 우리와 함께 초기에 관세화를 반대하였던 스위스, 멕시코, 오스트리아, 캐나다 등은 결국 관세화 유예를 얻지 못한 결과를 가져왔다.[3] 물론 검증 협상 과정에서 이스라엘은 일본 조항을, 필리핀은 우리 조항을 UR협상 종료 후('93.12.15) 활용하는 이득을 얻기도 하였다.

3) 멕시코는 미국과 FTA 협상 중이었으므로 미국의 압력에 의해 중도에 철회, 스위스와 오스트리아는 국내보조 분야 강화 조건부 철회, 캐나다는 11조2항C가 미국의 Waiver, EC의 가변부과금 등과 함께 동시에 삭제되어 결국 반영되지 못함에 따른다.

한국의 제안서(Food Security and Non Trade Concerns) 요지

- 총 식품자급도가 낮은 나라에 있어서는 소수의 기초식품만 관세화에서 제외토록 하고 원칙적으로 원조 등을 제외한 수출은 하지 않도록 하되 국내보조는 허용되어야 함
- 이 조치는 교역상대국에게 공개되어 감시의 대상으로 하여 남용을 방지할 수 있게 함
- 한국의 경우 식량안보를 위한 최소한의 기초식품은 관세화에서 제외, 특히 쌀은 최소시장 개방에서 제외
- 이 제안은 수출입국간의 균형 있는 해결 방안을 제시하는 것으로 협상에서 적절한 반영은 협상의 성공적 타결에 기여할 것임

던켈 총장, 기술적 문제 논의 결과 협상대안서(Options Paper)로 내놓다

던켈 총장은 UR 개시(PDE)선언과 중간평가(MTR) 합의 사항을 기초로 하여 논의할 협상 요소를 제시하는 한편, 각국의 제안 내용을 질문서 형태로 나누어 '91년 3월~6월까지 6차에 걸친 공식·비공식 회의를 통하여 실무적 토의를 진행하였다. 그리고 이 토의 결과를 토대로 의장 책임 하에 각 협상 요소별로 중시되는 여러 가지 대안을 나열한 결과물을 협상대안서(영문 11 Page)로 내놓았는데, 이는 각국의 정치적 입장을 기속하지 않는다는 조건으로 '91년 7월 30일 TNC 회의에 보고하였다.

그 내용은 어디까지나 선택 가능한 대안을 열거한 것에 불과해 반드시 채택된다는 보장이 없었으나, 실질적으로는 향후 협상에 상당한

영향을 준 것이 사실이다. 예를 들어 우리의 입장과 관련된 중요한 관세화 예외로 아래와 같은 세 가지 대안을 들 수 있다.

1) 관세화 예외는 없다. (미국, 호주 등 케언즈 국가 주장)
2) 일정기간의 유예 후 관세화 한다. (스위스, 오스트리아 주장의 중간 안)
3) 항구적인 관세화 예외로 한다. (한국, 일본의 주장)

본 세 가지 대안 중 우리에게 관심을 갖게 하는 2)항, 3)항은 그 후 던켈이 제시한 Working Paper('91.11.21)나 '91년 12월 20일에 배포한 최종 협정문 초안에는 없었다. 그러나 마지막으로 합의한 '93년 12월 15일 UR 최종합의문에 2)항인 일정기간 유예 후 관세화 하는 조항이 부속서 형태(부속서 A : 일본의 쌀 6년 유예 후 관세화, 부속서 B : 한국 쌀은 10년 유예 최장 20년 유예 후 관세화)로 살아남은 것을 보면 위의 협상대안서(Options Paper)가 중요한 영향을 끼쳤다는 것을 알 수 있다.

또한 여기에 다시 보완하는 추가 자료(Addenda, 영문 16page)를 제시하여('91.8.2) 이를 '91년 하반기('91.9~12) 논의를 통해 하나의 안으로 만들어 나가는 과정을 밟자는 의장의 의도가 담겨져 있기도 하였다. 그러나 압축된 내용들을 보면 수출국들의 입장(특히 미국)에 상당히 편향되어 있어, 이에 대한 수입국들의 반발을 어떻게 극복하느냐가 협상 종결의 관건이었다고 하겠다. 그리고 사무국은 '91년 9월 13일에는 기술적 의제의 추가 토의 자료를 배포하고, 다시 '91년 9월 16~19일에 주요국 비공식회의(조 국장 외 2인 참석)에서 논의하였으나 수출국과 수입국간의 의견이 팽팽히 대립해 결론을 내지 못하고 말았다. 이 회의에서 특히 11조2항C와 관련하여, 제안자인 캐나다는 물론 EC, 북구, 오스트리아, 한국, 일본 등은 존치와 개선을 요구한 반면, 미국·호주·아르헨티나는 반대였으며, EC, 북구 국가들은 국내보조로 해결해야 한다는 첨예한 대립을 보였다.

한편, 이어서 열린 '91년 9월 20일 회의에서 던켈 총장은 10월 중순, 늦어도 11월 초까지 합의 초안을 내겠다고 표명하였다. 이와 더불어 사무국은 이어지는 3차에 걸친 실무협의를 통하여 다시 마무리의 의견 수렴을 시도하였다.

– 1차(9.28~10.6) : AMS, CMA, MMA, TE 감축방법
– 2차(10.16~10.18) : Food Aid, Green Box, 개도국 우대
– 3차(10.29~10.30) : 수출경쟁, 허용보조, 대상품목

그리고 던켈 총장은 10월 30일 주요 8개국 대사를 만찬에 초대하여, 향후 4~5주 내 합의를 보지 못하면 UR 실패를 선언(Nothing is agreed until everything agreed)하겠다고 경고하였다. 이에 회원국들은 우려와 함께 브뤼셀에서 경험한 협상의 또다른 실패의 책임을 면하기 위해서라도 열심히 회동하는 모습을 보여 주었다(예: '91.11.1 미국·EC·일본·호주의 4개국 회의, 11.9 미국·EC 정상회담, 11.12~14 서울 APEC 회의, 11.19~20 미국·EC 차관급 회의, 11.20~22 8개국 차관급 회의).

한편, 우리 정부도 협상 종결이 임박해 올 것에 대비하여 대규모 정

부사절단(단장 이병석 농림부 차관, 김태연 국무조정실 2조정관, 김철수 EPB 조정국장, 최혁 외무부 심의관, 최양부 자문관, 최용규 과장, 이창범 사무관)을 '91년 10월 26일~11월 3일에 미국 워싱턴(USDA 차관, USTR 부대표 등), 브뤼셀(EC 통상이사회의장, 농업부총국장), 제네바(던켈 총장, 주요국 대사)에 파견하여 우리의 입장 개진과 공조 체제를 굳히는 활동을 전개하였다.

던켈 총장, 정치적 쟁점은 공란으로 하고 나머지는 단일안으로 한 작업초안(Working Paper)을 제시하다

연말 타결이라는 시한에 쫓긴 던켈 총장은 '91년 11월 21일에 열린 8개국 회의에서 정치적 쟁점사항인 감축폭, 이행기간, 기준연도는 수치를 제시하지 않고 공란으로 하는 작업초안(Drafting Working Paper on Agriculture)을 제시하였다.

그 주요 내용을 보면 다음과 같다.

- 시장 개방분야에서 관세는 1986년 9월 1일 수준에서 X% 인하(최소 Y%), 모든 비관세조치는 관세화하여 관세상당치(TE)로 X% 감축(최소 Y%), 최소시장 접근은 이행 초년도에 국내소비의 Z% 이상으로 W%까지 증대한다.
- 국내보조 분야에서는 허용보조를 먼저 정하는 방법을 택하고 정책 유형과 기준을 구체적으로 제시하고 감축 약속을 AMS를 기준으로 하되 AMS 계산이 불가능한 경우에는 정책별로 감축한다.
- 수출보조는 재정지출과 보조물량을 동시에 사용한다.
- 새로운 상품과 신규시장에 대한 수출보조는 금지한다.

이와 같은 내용이 보다 구체화되자 협상의 주요 국가들이 다시 바쁘게 협의하면서 의견 조율을 시도하였다. 이를 위하여 '91년 12월 3일 브뤼셀에서 미국(카츠 USTR 부대표, 졸릭 국무부 차관보)과 EC(페만 대외담당 부총국장, 라미 위원장보좌관)가 협의를 하였다. 12월 4일 헤이그에서는 미국 농무부 크라우더 차관과 EC의 르그라 농업총국장이, 그리고 12월 7~8일 워싱턴에서는 미국의 매디건 농업장관과 EC의 맥쉐리 농업위원이 만났다.

한편, 12월 8~9일 제네바에서는 케언즈 그룹 각료회의(성명서)를, 마지막으로 12월 11일 주요국 수석대표회의 및 미국·EC 간의 고위급 협의 등을 숨가쁘게 추진하였으나 결국 의견 차이를 좁히지 못하였다. 그럼에도 불구하고 던켈 총장은 '91년 12월 12일에 작업초안을 보다 법적 형식으로 한 합의 도출을 위한 초안(Draft Text on Agriculture)을 배포하였다. 이에 각국은 최종안이 나오기 전 자신들의 의견을 담고자 재차 막바지 제안을 서두르기에 이르렀다.

이에 대해 구체적으로 '91년 12월 16일에는 GATT의 11조2항C 개선에 관한 공동제안(캐나다, 한국, 일본, 스위스, 노르웨이, 이스라엘)을 하였고, '91년 12월 17일에는 한국은 식량안보 대상품목의 관세화 예외로 하는 Text의 수정 제안을 하였다.[4] 또한 12월 19일에는 전 품목 양허 불가, MMA 제외, 식량안보, 관세화 예외 허용, 허용

4) 협상초안 Annex 3, Para 3의 각주(foot note)에 "협상참여국들은 특히 민감한 농산물에 대하여 한정된 범위 내에서 시장개방 약속의 이행계획 확정시 관세화의 특별한 예외를 요청할 수 있다"를 반영

보조에 대한 입장에 대해 수정 제안을 연달아 하였다. 그리고 마지막으로 12월 18~20일에는 미국·EC 농무장관 간 협의를 진행하였으나 끝내 합의를 보지 못하자 던켈 총장은 12월 20일 저녁(17:45)에 비공식 TNC 회의를 소집하여 초안에 공란이었던 모든 부문에 구체적인 수치를 넣은 「최종 협정문 초안(Draft Final Act, DFA)」을 자신의 이름으로 배포하였다. 이는 그 후에도 회원국의 합의를 받지 못한 관계로 일명 「Dunkel Text」라 불리게 된다.

최종 협정문 초안(DFA), 회원국의 합의는 얻지 못했으나 향후 협상의 기초가 되다

'91년 12월 20일에 배포한 최종 협정문 초안은 던켈 총장 자신이 '92년 초 협상 종결을 위한 방안으로 협상 참여국의 동의 없이(특히 미국과 EC의 동의 없이) 내놓은 것이다. 회원국의 인정을 받지는 못하였지만 1년간의 토의 결과를 종합한 법적요건을 갖춘 단일안이었다. 그 내용은 실제 '93년 12월 15일에 합의된 최종 협정문(Final Act)에 기초가 된 것이므로 실질적으로 큰 의미를 갖는다고 볼 수 있다. 각 의제별 주요 내용은 표 3과 같다.

던켈 Text의 내용 중 우리와 관련한 내용으로는 먼저 시장개방 분야에 가장 큰 관심사였던 식량안보와 11조2항C에 의한 관세화 예외가 없어졌다는 점이다. 이는 결국 수출국의 의도대로 되었지만, 한국과 일본의 강한 반발을 가져오기도 하였다. 또한, 관세화에 따른 수입물량 급증 영향을 최소화할 수 있는 긴급피해 구제제도(Special

표 3. 의제별 주요내용

분 야	주요 내용
1. 시장개방분야 ① 기준년도 : '86~'88 ② 이행기간 : '93~'99	· 예외 없는 관세화(식량안보, GATT 제11조2항(c)의 예외불허) · 1993년부터 모든 품목에 국내수요량의 3%를 최소시장접근으로 허용(1999년까지 5%로 확대) · 모든 관세와 관세상당액을 양허하고 향후 7년간('93~'99) 평균 36% 감축
2. 국내보조분야 ① 기준년도 : '86~'88 ② 이행기간 : '93~'99	· 허용대상정책에 구조조정을 위한 투자지원이 포함됨 · 감축대상보조는 향후 7년간('93~'99) 20% 감축 · 생산액의 5%를 허용최소한도의 보조로 인정(De minimis)
3. 수출보조분야 ① 기준년도 : '86~'90 ② 이행기간 : '93~'99	· 수출보조 지원금액과 물량을 동시에 감축 · 이행기간 중 재정지원은 36%, 보조물량은 24% 감축 · 감축에 있어서 융통성 부여
4. 개도국 우대	· 감축률은 선진국의 2/3 수준

* 주 : 우루과이라운드 협상백서 1994.11. 한국농촌경제연구원

Safe Guard) 도입과 수입이 없는 품목의 수입 의무화(초년도에 국내 소비량의 3%를 저율 관세로 개방하여 7년간 5%로 확대)도 우리가 받기 힘든 제안(쌀시장 개방과 직결)이었다.

둘째로 국내보조분야에서 직접지불 분야의 구조조정을 위한 투자 지원을 허용보조로 분류함으로써 그동안 우리가 주장한 점이 반영되었다는 데 의의가 있었다.

셋째로, 우리와는 관계가 적은 수출보조 분야에서 미국의 10년 75% 삭감안과 EC의 10년 30% 삭감안을 절충하여 7년 36% 삭감안으로 조정한 점, 끝으로 개도국 우대로 감축률을 선진국의 2/3수

준으로 한 점, 허용 수출보조에서 개도국에게 유통비용을 포함시킨 점, 특히 미양허 품목의 상한 설정양허(Ceiling binding)를 허용한 점은 우리가 개도국 지위를 얻게 될 경우 상당한 혜택을 받을 수 있게 되었다. 실제 최종협상에서 우리는 개도국 지위를 이용해 많은 혜택(예: 참깨 700% 관세, 수출 농산물의 유통보조 확대 등)을 받았다.

Dunkel Text, 회원국의 동의를 못 받고 수정을 요구받다

'91년 12월 20일에 개최된 TNC 회의에서 던켈은 '최종 협정문 초안은 협상의 성과와 의장에 의하여 제정된 결과로서 라운드 전체로

미국 : 최종합의를 향하여 중요한 공헌을 하는 것으로 농업에 대하여 받아들일 수 있다. 그러나 서비스(Free rider 방지문제), 반덤핑(우회방지의 문제), TRIP(법인저작권, 개도국의 이행 기간 문제)에 대해서는 불만이 있다.

E C : 몇 개의 적극적 요소를 포함하여 전체로서의 균형이 맞지 않아 향후 협상이 필요하다. 첫째, CAP 개혁과 함께 도입한 농가의 직접소득보장을 국내지지의 삭감대상으로부터 제외할 것, 둘째로는 수출보조금 삭감에 대하여 보조금이 붙은 수출수량의 삭감은 폐지하거나 축소할 것, 셋째로 사료곡물 대체품(콘구루텐휘드)의 대가 없는 관세 인상을 할 것과 같은 사항이 있다.('91.12.23 EC 각료회의 결과 영국은 긍정 평가, 독일은 긍 · 부정적 평가, EC 농업개혁안 반영이 불분명, 프랑스는 전면적 반대 의사를 표함)

일본 : 협상이 성공리에 타결하기 위한 중요한 Step으로 인식하는 한편, 일본으로서는 곤란한 문제가 포함되어 있어 금후 추가 협상이 필요함. 농업에 있어서 수출보조금과 비교해 볼 때 국경조치의 취급 부분에서 균형이 결여되어 있으며, 특히 예외 없는 관세화는 받아들이기 곤란함.

한국 : 예외 없는 관세화를 받아들이기 어렵고 수출입국간의 균형이 맞지 않는 안임.

서의 Package를 나타내는 것'이라고 하면서 'TNC가 재개되는 1992년 1월 13일 사이에 전체 Package에 대해 각국 최고정치 Level에서 신중하고 긴급한 고려가 있기를 기대한다'는 뜻을 표명했다. 실질적으로 Take it or leave it(받을지 않을지)의 완곡한 표현이었다. 때문에 이미 브뤼셀에서 이를 경험한 회원국(특히 EC, 일본, 한국)은 전면적인 반대 보다는 내용의 수정요구를 하게 된다. '93년 1월 13일 TNC 회의의 주요국 발언요지는 앞에 내용과 같다.

결국 DFA 자체는 회원국의 지지를 받지 못하였으나, 향후 협상은 지속되어야 한다는 데는 합의를 본 셈이다. 협상은 기약 없이 또 다른 새해를 맞게 되었다.

농협의 쌀 수입 반대 천만 서명운동 협상에 도움을 주다

1991년 10월 제네바의 마지막 실무협상(10. 29~30)에서 돌아온 조일호 국장으로부터 긴박한 협상진행 상황을 알게 된 한호선 농협 회장은 긴급히 임시대의원회의(1991. 11. 9)를 소집하여 11월 11일부터 10일간 백만인을 목표로 쌀 수입개방 반대 서명운동을 결정하였다. 이 서명운동이 10일 간에 원래 목표를 훨씬 웃도는 222만 3천명의 호응을 얻게 되자 이를 연장하여 서명 종료일인 12월 22일(42일간)까지 1천3백만(13,893,500명)이 넘는 엄청난 결과를 가져왔다. (1992. 6. 11일자 기네스북에 '최단시일 내 최다 서명'의 기록으로 등재됨).

한 회장은 이 결과를 직접 내외신 기자회견과 GATT 사무국에 사본 전달 등으로 적극 활용하였다. 특이한 점은 던켈 사무총장이 1991. 11. 21일 개최된 농업위원회 마지막 비공식 4개국(미국, EC, 일본, 한국은 조일호 국장) 회의에서 한국의 서명운동을 거론하면서 그 숫자(당시 2백만)면 스위스에서 헌법 개정도 가능하다고 하는 등 큰 관심을 보였다.

우리는 이 결과를 협상 끝날 때까지 상대국 설득에 적극 활용하였으며 결국 쌀에 대한 특례 조치를 얻는 데 크게 기여하였다고 본다.

바. 미국 · EC의 대립에서 Blair House 합의(프랑스, 한국, 일본의 반대로 무산)

던켈(Dunkel) 총장의 야심찬 Text(Draft Final Act)가 EC와 한국, 일본의 동의를 받지는 못했으나 추후 협상 기초로 받아들여지자, 다시 새로운 협상체제(4 Track Approach)로 출발한다. 그리고 '92년 3월 1일까지 국별 이행계획서(Country Schedule) 제출이 요구되어 각국은 자국의 입장에 맞는 형태로 제출하게 된다.

한편 협상 진행의 열쇠를 쥐고 있는 미국과 EC는 지루한 협의를 계속하다가 드디어 '92년 11월 20일 워싱턴의 Blair House에서 합의(Blair House Accord, BHA)를 이끌어낸다. 이에 따라 협상이 '92년말 종결을 목표로 급진전되었으나, EC 내에서의 BHA 합의에 대한 프랑스의 강한 반발과 새로 출범하는 미국 클린턴 행정부의 부시 행정부에 대한 협상 중단 요구로 인해 또 다시 합의 없이 '93년을 맞게 된다.

새로운 4 Track 협상체제로 다시 시작하다

던켈 총장은 '91년 12월 10일에 자신이 제시한 최종협정초안(Draft Final Act, Dunkel Text)에 대해 EC, 한국, 일본 등이 자국의 관심 사항이 반영되지 않은 점을 들어 채택은 반대하였지만, 협상의 기초로는 받아들일 수 있다고 반응했다. 이를 바탕으로 '92년 1월 13일 TNC 회의(농림부 조일호 국장 외 3인)에서 향후 Four Track Approach 협상체제로 운영해 나갈 것임을 천명해 대부분 국가(39개국)들로부터 합의를 받아내었다. 다만 1~3번째 Track에 대해서는 이의가 없었으나, 네 번째 Track인 '특정사항의 조정 필요성 검토(Dunkel Text의 수정 협상)'에 대해 미국과 호주 등 케언즈 그룹 국가들은 극히 제한된 범위여야 하고 최종협정초안(DFA) 체제를 유지하는 조건이어야 한다는 발언을 했으며, EC는 대폭적인 개선이 필요하다고 하였다. 또한 한국, 일본, 캐나다 북구 등은 예외 없는 관세화에 대한 우려와 함께 자국의 관심 사항이 포함되어야 함을 강조하였다.

던켈이 제시한 4 Track Approach는 다음과 같다.

- 제1 Track : 관세의 인하, 철폐 등 시장접근(MA, 농업의 삭감 포함)에 대한 집중적 협상
- 제2 Track : 서비스 분야 협상
- 제3 Track : 법률 조문의 법률적 적합성을 위한 작업
- 제4 Track : Dunkel Text 내용조정에 대한 TNC 수준에서의 검토

따라서 던켈 총장은 앞으로 시장접근분야, 서비스 분야에 대한 협

상을 적극 추진함과 동시에, 각국이 2월 중에 양자협상을 추진할 것과 '92년 3월 1일까지 국별 이행계획서(Country Schedule C/S, 또는 Country List C/L) 제출을 요청하였으며, 3월말까지는 이를 최종확정한다는 지극히 실행하기 힘든 일정을 제시하였다.

특히, 1월 17일에 열린 Track 1(시장접근분야) 비공식회의에서 드니 의장은 향후 일정을 배포하면서 공식회의는 On Call 상태(항시 개최 소집에 응할 수 있는 상태)를 유지하고, 2월 28일까지 양자·다자 협의를 집중적으로 추진하겠다고 하였다. 또한, 3월 1일까지 협상 종료와 함께 결과(C/S)를 제시하고, 3월 31일에는 각국의 양허 Schedule을 Protocol에 첨부한다는 일정을 제시하였다. 이에 따라 조속한 협상진행을 위한 각국 간의 빈번한 접촉이 이어졌으며, 특히 가장 관심대상인 미국과 EC간의 협의가 급속하게 진행되었다.

'92년 2월 5일에는 제네바에서 Quad(미국, EC, 일본, 캐나다) 협상대표들이 회동하여 미국·EC간의 문제를 Track 1에서 해결할 것에 대해 논의했으며, 2월 14일에는 G8 회의가 개최되어 Dunkel Text의 기술적 사항에 대해 의견을 교환하였다. 이와 더불어 동일자에 브뤼셀에서 미국(크라우더 농무차관, 카츠 USTR 부대표)과 EC(르그라 농업총국장, 페만 UR 협상대표)의 고위 실무회담이 열렸으나, EC가 Rebalancing(유량종자(Oilseed) 관세의 재조정), CAP 개혁에 따른 소득보조를 Green Box로 해줄 것, Dunkel Text상의 수출보조 삭감율 24%를 완화해줄 것 등을 요구함으로써 협상이 결렬되었다.

그리고 2월 28일에 다시 브뤼셀에서 만났으나 별 진전은 없었다.

한편 우리나라는 이행계획서 제출과 관련하여 '92년 2월 11일에 관계부처 회의를 갖고 준비 작업과 제출 일정을 협의하였으며, '92년 2월 13일에는 이병석 차관이 일본을 방문하여 농림장관, 사무차관, 시와쿠 심의관(차관급)을 만나 양국 공동대처방안을 협의하였다. 한편 실무진(손정수 과장 외 2인)은 일본(미야모토 국제경제과장 외 2인)의 작성방법 및 제출일정 등을 파악하였다. 또한 '92년 2월 20일 UR 실무대책위원회와 2월 26일 관계장관 회의에서는 다른 나라의 제출내용, 일정 등의 동향을 먼저 파악한 후에 우리 이행계획서를 제출할 것을 결정하였다.

제네바에서는 던켈 총장이 각국에게 활발한 양자, 다자협의를 요청하였으나 대부분 국가들이 미국·EC간의 합의에 관심을 집중하여 양자협의는 그저 형식적인 만남에 지나지 않는 형편이었다. 우리나라는 1차(1.27~31)로 미국, 일본, 스웨덴, 뉴질랜드, 스위스, 핀란드와, 2차(2.23~28)로는 미국, 캐나다, 스위스, 아이슬란드와 양자협의(최용규 농무관, 배종하 사무관)를 가졌다.

이러한 상황 속에 GATT가 정한 제출시한인 '92년 3월 1일에 이행계획서를 제출한 국가는 한 나라도 없었다. 3월 중순이 되어도 미국, EC, 일본 등 14개국에 불과하였을 뿐이며, 내용도 상당히 부실한 상태로 제출한 나라가 많았다. 예를 들어, 일본은 쌀 등 상당수 품목의 관세상당치(TE)를 제시하지 않았으며, 캐나다는 11조2항C품목의 관세상당치를 제시하지 않았다. 특히 EC는 기초자료만 제출하는 등 매우 부실한 내용이었다. 이와 같이 상당수 국가가 제출시한을 넘기고도 제출하지 않는 경우가 계속되자 예정된 3월말의 협상 종료는 실질적으로 불가능하게 되었다.

미국과 EC, 협의를 다시 시작하다

그러나 미국과 EC는 모든 관심이 두 나라에 집중되어 있었으므로 그냥 있을 수만은 없었다. 이에 따라 '92년 3월 19~20일에는 미국·EC간 고위 실무회담을, '92년 3월 21일에는 미국 Camp David에서 부시 대통령과 콜 독일 총리 간 정상회담을 가졌으며, 3월 23~27일에는 G8 회의 등을 통해 미국·EC 양측 모두 협상의 동력을 잃지 않으려는 노력을 계속하였다.

한편, 제네바에서는 던켈 총장이 '92년 4월 8일에 주요 35개국 대사를 초치하여 현황 평가와 함께 향후 일정 등을 협의하였으며, 4월 13일에는 비공식 TNC 회의를 소집하여 각 의장별 상황보고를 하였으나 결국 미국과 EC가 문제해결의 열쇠를 가지고 있다는 결과만 인식한 셈이 되었다.

한국의 이행계획서, 우리에게 유리하게 작성 제출하다

우리나라는 '92년 4월 8일 국내적으로 Dunkel Text에 따른 이행계획서를 확정하여 4월 10일에 GATT에 공식 제출하였다. 우리가 제출하기 직전인 4월 9일까지 제출한 국가는 총 37개국으로, 전체적으로 볼 때 우리는 적당한 시점에 제출한 셈이었다. 한편, 우리의 내용 결정과정에서 부처 간에 작은 이견이 있었다. 우리가 지난 '90년 12월 7일의 브뤼셀 각료회의에서 "We can not accept"을 운운한 사건으로 대외적 비난을 크게 받은 것을 감안하여, '91년 1월 15일 TNC 회의에서 대외적으로 약속한 쌀과 일부 품목(+α로 2~3개만 포함)을 제외한 관세상당치는 제출해야 한다는 일부 부처의 주장이 있었다.

이에 대하여 농림부는 이미 제출한 다른 나라의 사례(일본, 캐나다, 스위스, EC 등)를 들어 15개 NTC 품목에 대한 자료를 제출하지 않고 추후 협상 진전에 따라 처리하자고 주장하였으며, 결국 농림부의 안으로 진행하기로 하였다. 따라서 이행계획서는 우리에게 유리한 방향으로 작성하였다.

한국이 '92년 4월 10일에 제출한 이행계획서(C/L)를 던켈 초안과 비교한 주요 내용은 표1과 같으며, 이행계획서의 서문에는 다음 사항을 명시하였다.

(1) 관세화 예외를 인정할 것
(2) 관세 및 보조금 감축뿐 아니라 최소시장접근(Minimum Market Access, MMA)에서도 개도국 우대를 인정할 것(Text에는 선진국, 개도국 모두에게 3~5% 제공토록 되어 있는 것을 우리는 2~3.3%로 제시)
(3) 전 품목 양허는 반대한다
(4) 국내보조 허용대상 정책 중 식량안보 허용요건을 완화할 것(쌀 수매제도를 계속할 것을 목적)
(5) 이행과정에서 발생하는 인플레이션을 반영할 것

표 1. 한국의 이행계획서와 던켈 초안 비교

분야별	던켈 초안	한국 제시 내용
1. 관세화	전품목 예외 없는 관세화	15개 NTC 품목(쌀 등)은 일체 공란으로 하고 나머지 품목 관세화
(1) 관세화 기준연도	'86~'88	'88~'90
(2) 농산물 양허	전 품목 100% 양허	74% 수준만 양허
(3) 평균 감축률	24%	24%
(4) 품목별 최저 감축률	15%	10% (개도국 우대적용)
(5) MMA(최소시장접근)	3%→5%	2%→3.3%
2. 국내보조		
(1) 감축보조 산출연도	'86~'88	'89~'91
(2) 허용보조		쌀, 보리는 식량안보 이유로 미제시
(3) 김축대싱보조	시장가격지지, 소득보조, 자재보조 지원 등	콩, 옥수수, 유채의 3품목만 제시
3. 수출보조	재정, 물량 감축	해당사항 없음으로 미제시

* 자료: 한국 이행계획서('92.4.10)와 던켈 Text 비교 작성

또한 동시에 제출한 이행계획서 Cover Note에 협상 진행에 따라 다음과 같이 계획서 내용을 수정할 권리를 유보한다고 명시하여 추후 수정이 가능하도록 이중 장치를 마련하였다("Korea reserves the right to modify or refine it's Draft Lists of Commitments developing upon further development in the agricultural negotiations").

이와 같이 한국이 '92년 4월 10일에 제출한 이행계획서는 결국 협상이 종결되지 못함에 따라 더 이상 사용할 수 없게 되었지만, 우리에게는 매우 중요한 의미를 갖고 있다. '93년 12월 15일 합의에 따라 제출한 최종 이행계획서는 이 계획서('92.4.10 제출)에서 공란이었던 쌀을 제외한 14개 NTC 품목의 관세상당치를 계산해 넣은 것이

고 국내보조도 추후 계산하여 써넣은 것으로, 그 틀이 '92년 4월 10일 제출한 이행계획서의 그대로이기 때문이다.

특히 관세상당치의 기준연도를 Text상의 '86~'88년이 아니라 '88~'90년으로 한 것은 내부적으로 여러 가지 연도를 조합하여 농림부가 시산해 본 결과 '88~'90년의 관세상당치(국제가격과 국내가격차를 퍼센트화)가 가장 높게 나왔기 때문이다. 또한, 국내보조의 감축보조 산출 역시 Text의 '86~'88년에서 '89~'91년으로 한 것은 '90년과 '91년도에 쌀 수매가를 대폭 인상함에 따라 금액이 크게 나타나게 되어 실제 이행시기에 대폭 감축해야 하는 부담 때문이었다. 심지어 쌀은 최종 C/S 제출 시 '92년도 기준으로 한 것과 함께 두 가지로 작성 표시하여 우리가 유리한 쪽을 선택하겠다는 대담한 방법도 구사하였다. 이는 후술하겠지만 추후 우리의 최종계획서 검증과정('94.3)에서 크게 문제가 될뻔 하였던 사안이었다.

이와 같이 기준연도 등을 우리 자의대로 변경하여 제출하였으나, 실제로는 우리에게 유리한 결과를 가져왔다고 할 수 있다. 대부분의 국가들이 기준연도 등 Text 내용을 충실히 사용하였지만 그중 일부 국가는 이를 자의로 바꾸어 사용한 나라들도 있었다. 솔직히 말하자면 우리의 이행계획서는 Dunkel Text상의 방법이나 다른 나라들의 이행계획서와 비교해 볼 때 다소 부실하고 자의적 방법으로 작성한 부분이 있는 것은 사실이지만, 결과적으로 국가의 이익에 크게 도움이 되었다고 생각한다.

또 다시 시작한 미국과 EC 협의는 부진하였다

이와 같이 협상의 4월 종결이 어려워지면서 제네바에서의 활동은 부진하고 미국과 EC의 협의 결과만 기다리는 모양이 되자, 다시 미국과 EC가 움직이기 시작하였다. 양국에게 쏟아지는 비난 때문이기도 했지만 미국의 경우 11월 대통령 선거를 앞두고 있어 UR 합의가 대선에 플러스가 될 것이라는 점, EC의 경우 미국과의 유량종자 분쟁에서 두 차례나 GATT 제소에서 패하여 보복 조치 단계에 이른 점 등으로 양국의 조기 협상 필요성이 대두되었다.

실제로 '92년 4월 24일 워싱턴에서 미국·EC 정상회담(부시 대통령, 드로어 집행위원장, 의장국인 실바 포르투갈 수상)이 있었으나, 별다른 성과 없이 협상을 계속할 것만 합의하였다. 또한 미국은 '92년 4월말이었던 미국 행정부의 Fast Track Authority 협상권을 '93년 3월 2일로 연기하였으며, 5월 18~19일 OECD 각료회의와 5월 21일 EC의 CAP 개혁안 합의에 따라 EC의 협상권한이 보다 유연해질 수 있게 되었다.

그리고 5월 27일에는 미국·EC간의 고위협의(미국의 베이커 국무장관, 힐즈 USTR 대표, 매디건 농무장관과 EC의 안드리에센 대외담당집행위원 간 CAP 개혁안과 Dunkel Text의 차이점 협의)가 진행되었다. 이에 따라 6월 17일에는 제네바에서 던켈 총장이 주요국 대표를 만찬에 초치하여 UR 현황과 전망을 협의하고 동일자 시장 접근(Market Access) 비공식 협의를 하는 등 급속한 진전을 보였다.

그리고 6월 18일에는 4국(미·EC·일·캐) 고위실무협의를 갖는 등 더욱 분주하게 움직였다.

또한 '92년 6월 28일에는 협상 주요 그룹 중 하나인 케언즈가 각료회의를 개최하여 UR의 조기 타결을 촉구하였다. 한편 던켈 총장은 미국과 EC의 긍정적 움직임에 따라 그 동안 또 다른 하나의 현안이었던 관세화 예외 주장국인 일본('92.8말)과 한국('92.9.2~4)을 방문하여 예외 없는 관세화를 받아들이도록 설득하는 노력을 기울이기도 하였다.

미국과 EC, 드디어 Blair House 합의를 이끌어내다

우루과이라운드 합의를 대통령 선거에 활용하고자 하는 미국(부시 대통령은 지속적으로 유럽 지도자들과 만나 설득과 압력을 행사해 왔다)과 미국의 유량종자 관련 보복 가능성을 우려해오던 EC는 협의를 계속해 오다가, 미국의 대선('92.11.3)에 임박하여 매디건 미국 농무장관과 맥쉐리 EC 집행위원(안드리에센 대외담당집행위원으로부터 전권을 위임받은 바 있다)이 시카고의 한 호텔에서 거의 합의 단계에 이르게 되었다.

그러나 그날이 선거 당일이어서 매디건 장관이 투표하러 잠시 자리를 비운 사이, 맥쉐리 위원은 드로어 EC 위원장으로부터 합의에 이른 협상내용이 EC 각료이사회가 부여한 수권 범위를 벗어났다는 전화를 받자마자 바로 브뤼셀로 돌아가 사표를 내버렸다. 이는 EC 집행위의 보증 없이는 회담장으로 돌아가지 않겠다는 뜻이었다. 이에 협상이 무산될 것을 예측한 미국은 11월 5일 자국이 EC의 유량종자 시장에서 손해를 보고 있다 주장하며 3억달러에 상당하는 EC의 수출 농산물(프랑스와 이태리산 백포도주, 유채유, 밀 글루텐 3품목)에 200%의 보복관세(패널에서 승소한 미국에 보복 권한이 있음)를 부과하는 조치를 취하였다. 만약 30일 내에 해결하지 못하면 미국이 이를 실행할 수 있었다.

이에 당황한 EC 집행위는 맥쉐리 위원에게 협상 전권을 주어 워싱턴으로 보내 11월 18~19일에 협의를 거쳤고, 11월 20일 워싱턴의 영빈관인 Blair House에서 역사적인 미·EC 합의(Blair House Accord 또는 Agreement)에 이르게 되었다. 이 합의의 주요 내용은 다음과 같다.

첫째, 국내보조금의 삭감을 개별 품목별로 하지 않고 전체로 묶어서 20% 삭감한다.

둘째, EC의 CAP개혁에 따른 농가에의 직접보상(생산제한을 전제로 한)을 국내보조금의 삭감대상에서 제외한다.(Blue Box)

셋째, 수출보조금의 삭감률은 보조금이 붙은 수출 물량을 Base로 24%(Dunkel Text상)에서 21%로 완화한다.

넷째, 라운드 합의 실시기간(6년간)은 GATT의 대항조치(제소 등)의 발동을 자제한다.(Peace clause, 평화조항)

다섯째, 미국의 Corn Gluten Feed(사료용 옥수수) 등의 수출이 EC에 급증할 경우 미국과 EC간의 협의를 한다.

BHA 합의의 내용을 구체적으로 보면 대부분 EC의 주장을 들어 준 것처럼 보이지만 미국으로서도 이익을 본 점이 적지 않다.

첫째, 국내보조의 AMS에 의한 감축 약속을 품목별이 아닌 모든 품목의 집계치(총량)로 적용할 경우, 엄격한 품목별 국내보조 시행에 있어 훨씬 융통성을 부여할 수 있게 되었다(이는 미국·EC뿐만 아니라 특정품목에 많은 보조금을 주는 국가에도 도움이 된다).

두번째로 농가에게 주는 직접보상을 국내보조 감축에서 제외하는 것은 이 지불이 생산제한조항과 관련된 정책이라는 이유로 삭감대상에서 피할 수 있도록 되어 있다(Blue Box로 불림). 이는 미국(부족불 지불, Deficiency Payment,이 허용대상으로 분류)과 EC 모두에게 이익인 셈이다.

세번째로 수출보조 물량 감축을 24%에서 21%로 완화하는 것은 EC가 그 동안 계속 주장해온 것을 미국이 들어준 것이며, 네번째 평화조항의 합의는 각종 분쟁에서의 제소 자제로 양쪽 모두의 이익이며, 다섯째의 유량종자 수입 급증 시 협의 조항은 EC에의 과다한 수입 증가로 이어질 때 재검토하는 신사협정으로 그 동안 장기간의 분쟁을 일거에 해결한 셈이다.

이에 따라 미국으로서는 EC 유량종자 작물 생산 최고 한도에 대한 합의를 얻게 되어 유럽의 유량종자 생산 확대를 저지(EC 생산면적 초년도 15%, 2차년도부터 10% 휴경에 의한 생산 감축)했다는 명분

던켈 최종 초안과 미국 · EC 합의내용 비교

구 분	던켈 최종안	미 · EC간 합의사항
시장개방 분야		
ㅇ 관세화 범위	예외 없는 관세화	던켈 초안 수용
ㅇ 최소시장 접근	3%→5% 총량	던켈 초안 수용
ㅇ 이행기간	1986~88기준년도 수입수준보장 1993년부터 6년간	1994년부터 6년간
국내보조 분야		
ㅇ 허용대상정책	공통기준 및 정책별 세부기준 충족하 허용화 제시	EC의 생산제한하 직접보조의 허용화 미국의 부족불지불제도의 허용화
ㅇ 이행기간	1993년부터 6개년간	1994년부터 6개년간
ㅇ 보조금 감축방법	품목별 감축을 원칙으로 함 (Product Specific AMA)	모든 감축대상보조를 합계하여 감축(Total AMS)
수출보조		
ㅇ 수출보조감축방법	제정지출 36%와 물량기준 24% 동시감축	재정지출 36%, 물량기준 21% 동시감축
ㅇ 이행기간	1993년부터 6년간	1994년부터 6년간
보호수준재조정문제 (Rebalancing)		
ㅇ 사료곡물대체품의 관세 조정	불인정	불인정 원칙하에 사료곡물 대체품의 수입이 급증할 경우 미 · EC 간 협의
분쟁해결절차규정 (Peace Clause)	GATT규정상 분쟁 조치	이행기간 내(6년) 제소와 일방적 보복조치 자제
유량종자(Oilseeds)	UR의제가 아닌 기존 GATT규정상 분쟁으로 인식	EC의 보조대상 생산면적 감축에 합의 – 초기년도 15% 감축 – 차기년도부터 10%씩 추가 감축

* 자료: UR농산물 협상백서 일부 수정

을 주었으며, EC에게는 그 동안의 분쟁문제(유량종자) 해결뿐만 아니라 CAP 개혁의 정당성을 미국으로부터 인정받았다는 주장이 가능토록 되었다.

이 합의는 사실상 Dunkel Text에 있는 제 규정을 두 나라만의 문제점 해결을 위해 해석 및 수정한 것이다. 결국 Dunkel Text는 이 합의에 의해 Text 자체가 갖는 영향력이 크게 약화된 것은 사실이며, 협상을 주도하는 두 나라의 힘이 전체 협상에 미치는 영향이 그만큼 큰 것을 알 수 있게 하는 대목이다. 그러나 그럼에도 불구하고 이 합의가 우루과이라운드 협상이 최종합의에 이르는 데에 커다란 분수령이 된 것 역시 사실이다.

제네바 협상 최종합의를 목표로 재개하다

'92년 11월 24일에는 케언즈 그룹이 BHA 평가와 대응에 관한 회의를 가졌고, 11월 25일에는 주요국 대사와 Green Room 회의를 가졌다. '92년 11월 26일에는 공식 TNC 회의가 소집되었으며, 본 회의에서 던켈 총장은 '92년 말까지 정치적 타결안 마련을 목표로 4 Track 협상에 기초하여 각 분야별 협상을 진척시킬 것을 천명하였다.

한편, 제네바 한국 대표부도 연말까지 협정 문안이 완료될 것으로 보고, 관세화 예외를 반영시키는 문제 해결을 위한 관심국과의 공동대응 방안, 특히 BHA의 문제점을 지적해 우리 관심사항을 Text에 넣기 위해 분야별 대책을 마련하였다. 그리고 그 중 특별히 예외 없는 관세화를 반대하는 일본, 캐나다, 스위스, 멕시코, 노르웨이, 이스라엘과 긴밀히 협조하기로 하였다. 특히 12월 7일 오후 5시 30분 스위스 대표부에 모인 협의에서 관세화를 반대하는 각국 대표들은 자국의 문제점과 솔직한 의사를 표시하였다.

- 노르웨이 : 사슴(reindeer), 낙농제품의 관세화 불가
- 일본 : 쌀 등 기초식품 관세화는 불가이나 최소시장 접근(MMA)에서 융통성
- 멕시코 : 장기적으로 관세화 수용하나 단기적으로 받기 어려움
- 이스라엘 : 닭고기, 유제품의 관세화 불가
- 스위스 : 예외 입장이 분명하나 장기적으로는 유예도 가능
- 한국 : 쌀 등 NTC 품목의 관세화 반대, 쌀은 MMA도 줄 수 없음
- 캐나다 : 11조2항C 품목 관세화 반대하나 이웃(미국)의 압력을 받을 가능성이 큼

여기에서 필자가 당시 겪었던 에피소드 한 가지를 소개하고자 한다. 협상이 한창 막바지로 치닫던 12월 8일, GATT 회의장에서 만난 일본측 수석대표인 시와쿠 심의관으로부터 식사 제의가 있어 12월 9일 저녁 로잔느에서 가까운 레만 호수가의 일식당 '우치노(內野)'에서 만났다. 그 자리에서 충격적인 얘기를 들었다. 그가 심각하게 "일본은 더 이상 한국과 같이 관세화 예외 공조를 할 수 없게 되었다. 한국도 별도로 살길을 찾길 바란다."라는 것이었다. 기존의 협상 공조체제에서 마지막 단계에는 각자의 이익을 추구하는 소위 각자도생(各者圖生)의 길로 가자는 것이다.

나는 속으로 '아 올 것이 왔구나. 일본이 드디어 미국과 우리에게는 말할 수 없는 모종의 합의를 이미 하고, 예의상 우리에게 알려 주는 것

이구나. 그렇다면 일본이 미국에 어떤 양보를 했을까?'라고 생각하며, 그 자리에서는 직접 물어보지 못하고 무거운 마음으로 돌아왔다.

이러한 상황을 어떻게 받아들여야 하고 우리는 어떤 행동을 취해야 하는지 아무리 생각해도 도저히 답이 나오지 않았다. 필자는 이 대화 내용을 상부에 보고도 하지 않았고, 전문 작성(통상 외국의 인사와 면담 내용은 보고하고 전문 작성이 상례이다)도 하지 않았다. 만약 그렇게 할 경우 다른 부처에서 당장 우리도 양보안을 작성하여 미국과 협상에 나서자고 할 것이 불 보듯 뻔하기 때문이다. 당시 회담장에서는 관세화 예외를 위해 각국이 치열하게 움직이던 시기여서 더욱 큰 충격이었다.

그 후 필자는 '96년 초 본부 국제농업국장으로 도쿄 출장을 갔을 때, 시와쿠씨(당시 축산진흥사업단 이사장)와 식사를 하면서 '92년 11월 그가 얘기한 각자도생의 배경을 물었다. 그는 당시 부시 행정부가 너무 강하게 밀어붙여서 일본으로서는 관세화 예외를 거의 포기할 단계였기 때문에 그래도 한국에게는 솔직히 알려주어야 할 것 같아서였다는 것이다.

지금까지 필자에게 남는 의문점은 '왜 그 당시 미국이 한국에게는 협상 요청이나 압력 행사를 하지 않았을까'이다. 아마도, 일본을 먼저 무너뜨리면 한국은 끝까지 반대하지 못할 것으로 평가하지 않았을까 생각해본다.

프랑스의 반대와 클린턴 팀의 협상중단 요구로 다시 연기되다

한편, EC는 '92년 12월 15일에 프랑스, 이태리, 스웨덴의 반대에도 불구하고 구체적인 이행계획서(C/L)안을 확정하여 '92년 12월 17일 수정안을 GATT에 제출했다. 그러나 같은 날 아침 Duma 프랑스 농업장관은 기자회견을 열어 프랑스는 미국·EC 합의사항을 인정할 수 없으며, EC의 C/L은 쓸데없는 것이라고 비난하는 등 EC 내부의 불협화음이 나타나고 있었다. 그렇지만 대외적으로는 미국·EC가 합의하였고, 그대로 EC가 수정된 C/L을 GATT에 공식 제출함으로써 협상은 12월말의 최종결정을 위해 속도를 내고 있었다.

각국은 마지막 단계에서 자국의 이익을 확보하고자 이해에 따라 양자·다자간 협력 및 협의 등으로 빈번하게 움직였으며, 특히 미국과 EC의 움직임에 신경을 곤두세우고 있었다. 그 과정에서 흘러나오는 불협화음은 하나라도 놓치지 않고 진위 확인 작업을 계속하였으며, 그 중 수정 제출한 EC의 C/L에 대한 미국의 불만, MTO(GATT의 국제기구화 문제로 추후 WTO로 성립됨) 설립에 대한 미국의 어려움, 인도의 섬유 문제 등이 불거지면서 정치적 결정이 내년 1월로 넘어갈 것 아닌가 하는 예측도 흘러나왔다.

그즈음에 각국의 정치적 변동도 적지 않았다. '92년 11월 3일 미국 대선 결과 부시 대통령이 낙선하고 민주당의 클린턴이 대통령으로 당선되었으며, 한국도 12월 20일 대선에서 김영삼 대통령(선거과정에서 쌀 한 톨도 수입하지 않겠다고 약속)이 당선된 점, EC 집행위가 부문별 집행위원을 교체한 점(대외담당집행위원에 안드리에센에서 레온 브리탄으로, 농업담당은 맥쉐리에서 스타이헨 룩셈부르크 재무장관으로 교체됨)점들이 있었다. 또한, 미국도 신행정부의 각료 임명으로 협상팀이 지명되었다(12.28 농무장관에 마이크 에스피, USTR에 미키 캔터, 상무장관에 론 브라운 등이 지명됨). 그러나 결국 아무런 정치적 결정 없이 크리스마스 휴가로 돌입하게 되었다.

'93년 새해를 맞아 1월 5일 필자가 GATT 사무국(볼터 농업국장)에 연락해 본 결과, 아직 구체적으로 향후 회의 일정이 잡힌 게 없다는 답을 받았다. 아무리 생각해도 이해가 되지 않았다. 마무리를 위해서는 1월 초부터 바쁘게 움직여도 시간적 여유가 없었을 터였다. 그리고 크리스마스 직전까지 그렇게 북적대던 제네바 시내가 새해 들어 조용한 것이 아닌가?

이곳저곳 확인해 본 결과 1월 중 마무리 협상을 해야 할 미국 협상대표들이 모두 워싱턴으로 철수하였다는 것이다. 이는 다름이 아니라 새로운 클린턴 행정부 인수팀으로부터 크리스마스 직전, 협상 중단 요청이 있었다는 것이다. 즉, UR 협상을 신정부에서 하겠다는 것이다.

이미 지나간 일이지만 '92년말의 협상 연기가 우리나라나 일본에게는 정말 다행스러운 일이 아닐 수 없다. 만약 부시 대통령이 재선되었거나 클린턴 행정부가 부시 행정부에게 마무리하도록 하였다면(신속협상권한인 FTA 기한은 '93.3.2까지였다). 우리의 쌀은 일본과 함께 그대로 예외 없는 관세화로 이행 즉시 바로 개방되는 상황을 맞이하였을 것이다.

이렇게 우루과이라운드 협상은 또 다시 '93년으로 넘어가게 된 것이다.

사. 재논의 부진과 사무총장의 교체

미국과 EC의 Blair House 합의(BHA) 이후, '92년 12월 20일까지 미국을 포함한 각국은 자국의 이해관계가 있는 분야에서 Dunkel Text의 수정제안을 하게 된다. 던켈(Dunkel) 총장은 다양한 회의체를 운영해 Text를 압축하려 하였으나 협상종료 시한이 임박하게 되어 미국은 다시 신속처리협상(FTA) 권한 기한을 '93년 12월 15일로 연기하게 된다. 한편, GATT 던켈 총장의 임기가 '93년 6월 30일자로 종료되고 강력한 추진력을 가진 후임 서덜랜드(Sutherland) 신임총장이 등장하였으며, '93년 7월 7~8일 도쿄 G7 정상회의에서 공산품 관세인하를 포함하여 합의를 이루어 냄으로써 막바지 협상으로 돌입하게 된다.

BHA에 의한 미국·EC의 수정제안과 각국의 수정제안 러쉬

잠시 '92년말의 Dunkel Text 수정문제로 되돌아가겠다.

미국은 EC와의 Blair House 합의('92.11.20)에 따라 DFA(Draft Final Act, Dunkel Text)에 13page에 달하는 수정제안을 하게 되고, 이에 대한 설명과 주요국 비공식 회의가 '92년 12월 18일 Denis 의장 주관으로 열렸다(한국측은 박수길 대사, 김광희 농림부 기획관리실장 참석). 미국의 수정배경 설명(EC는 미국이 합의 내용을 수정제안 하였으므로 별도로 발언하지 않음)에 대하여 대다수의 국가들은 이를 검토할 충분한 시간과 논의가 필요하며, 이 수정안 논의 시 여타 문제들도 논의되어야 함을 지적했다. 특히 포괄적 관세화(한국, 일본 등) 역시 같은 방식으로 처리해야 함을 강조하였다.
한편, 다른 여러 나라들도 자국의 이해가 있는 부분에 대해 12월 20일을 전후하여 일제히 수정제안을 하였다(한국, 일본, 인도, 인도네시아, 브라질, 파키스탄, 스위스 등). 그 중에서 우리와 관계가 깊은 관세화 예외 및 유예와 관련한 수정안 몇 가지를 살펴보면 아래와 같다.

먼저 12월 20일자로 제시한 한국의 수정제안은 Dunkel Text의 Page L 25, Section A Para 1에 "특별히 민감한 품목은 관세화 예외로 한다(For exceptionally sensitive agricultural products which should be carefully circumscribed, participants may request a special derogation from tariffication as part of the finalization of schedules of market access commitment)"를 포함토록 제안한 것이었다.

일본은 법적 수정제안이 아닌 Concept Paper 형태로 제안하였는데 그 내용은 Text의 Part B, Annex 3, Para 1의 본문에 다음 문장을 추가하도록 하는 것이었다. "회원국의 농업 또는 식량공급을 위하여 핵심적으로 중요한 품목(products of vital importance)에 대한 생산통제 정책을 시행을 위하여 필요한 국경조치는 관세화 대상에서 제외한다." 이는 다시 말해, 쌀을 핵심적으로 중요한 품목으로 표현한 것이다.

또한 스위스는 일본과 같은 Text의 Part B, Annex 3에 본문이 아닌 Footnote Para 1로 "가입의정서(스위스는 GATT 가입 당시 GATT 33조에 의해 일부품목의 예외를 인정받은 바 있음)에 의한 품목은 10년간 관세화 유예를 인정하고, 관세화 하지 않는 품목들은 이에 대한 보상으로 이행 초년도에 국내소비의 4%에 해당하는 물량(MMA, Minimum Market Access)을 수입허용(낮은 관세로)하고 최종연도인 10년차에는 8%까지 확대한다"는 내용이다.

그 밖에 인도네시아는 수정안이 아닌 대사가 던켈 총장에게 보내는 서신('92.12.17) 형식으로 쌀에 대하여 관세화 및 최소시장접근을 유예하는 조항을 요청하였다. 한편 그동안 예외를 주장하였던 캐나다와 멕시코는 구체적인 수정안 제시는 하지 않고 12월 18일 무역협상위원회(TNC, Trade Negotiation Committee) 회의에서 자국의 입장을 피력하는데 그쳤다.

다른 분야에 대한 수정안도 여럿 있었다. 미국은 반덤핑,

MTO(GATT의 국제기구화), SPS(동식물 검역)에 대한 수정안을, 이집트는 개도국 우대조항으로 최소시장접근(MMA) 삭감률을 2/3에서 1/2로 하고 이행 기간을 10년에서 15년으로 조정하는 안을 제시하였다. 이와 같이 막바지에 제출한 총 27건에 달하는 수정제안들은 1차적으로 '92년 12월 22일에 열린 Russin Group 회의*(주요 19개국 비공식 협의기구)에서 배포되었다.

* 주요 19개국 대표로 구성 : 아르헨티나, 헝가리, 캐나다, 싱가폴, 한국, 홍콩, 뉴질랜드, 인도, 모로코, EC, 일본, 스위스, 우루과이, 브라질, 미국, 호주, 칠레, 스웨덴, 태국

여기에서 특히 주목해야 하는 것은 스위스의 제안이다. 스위스는 협상초기에 한국, 일본과 함께 포괄적 관세화를 반대하여 예외를 주장하여 왔으나, 나중에 10년 유예에 최소시장접근의 4%~8%(Text상의 3%~5%)로 보다 합리적인 제안으로 입장을 바꾸었다.

그러나 결과는 어떻게 되었을까? 결국 스위스의 제안을 일본과 한국이 이용한 셈이 되었다. 협상의 마지막 단계까지 예외를 주장한 일본은 쌀의 관세화 6년 유예에 MMA 4%(초년도)~8%(6년째)를 얻었고, 한국의 쌀은 10년 유예('95~'04)에 초년도('95) 국내소비량의 1%에서 시작하여 10년째 4%(첫 5년은 1%에서 2%, 후반 5년은 2%에서 4%)가 되었다. 그리고 다시 2004년의 재협상에 의해 추가로 10년('05~'14) 유예에 최소시장접근 4%에서 7.99%로 결정(실제적으로 20년간 유예)되었다. 결과를 놓고 보면 한국과 일본은 스위스 제안을 향유한 반면 실제 제안자인 스위스는 아무것도 얻지 못

한 채 '95년부터 모든 농산물을 개방(물론 스위스는 관세화에 의한 고율의 관세를 부가하였다)하게 되었다.

던켈 총장, 다양한 협의체 운영으로 조기 합의를 시도하다

던켈 총장은 미국과 EC간 BHA('92.11.20) 합의가 이루어지자 조기 합의를 유도하기 위하여 기존의 Green Room 회의(의제에 따라 25~30개국 정도로 진행되는 수석대표 또는 대사 중심의 비공식 협의)와 공식회의인 TNC 외에, 비공식 협의기구인 Russin Group 회의를 '92년 12월부터 운영해 모든 문제를 내놓고 협상에 영향을 미치는 주요국들과 충분히 사전 논의를 하여 효율적 운영을 하고자 하였다.

'92년 12월 14일 Russin Group 회의에서는 미국이 제기한 반덤핑, SPS, 보조금 및 인도가 제기한 섬유(Textile) 문제를, '92년 12월 22일 회의에서는 한국을 포함한 각국이 제기한 수정제안 문제를 논의했다. 그리고 '93년 1월 15일 회의에서는 MTO 문제를 소그룹 전문가 회의로 구성하는데 합의하였으며, SPS 전문가 회의 보고, 미국·EC간 합의의 법적 여부를 검토하였다. 또한, '93년 1월 16일 회의에서는 관세화 예외 문제가 논의되었다.

이 회의에서 한국이 미국·EC의 합의는 본질적 문제이기 때문에 관세화 예외도 동시에 해결해야 한다는 발언을 하자 일본, 스위스, 멕시코가 지지했다. 또한 한국의 식량안보 발언에 대하여는 인도, 브라질이 지지하였다.

그리고 1월 12일에 예정되었던 MA(시장접근 분야) 평가회의는 1월 16일로 연기하였다가 다시 1월 18일로 연기되었으나 결국 무산되고 말았다. 이에 따라, 협상 종결의 2월말 시나리오의 전망은 점차 어두워져 가고 있었다.

한국 국회의원단 제네바 방문, 쌀 개방 반대 활동 전개하다

'93년 1월 14일에는 한국 국회 농수산위원회 정시채 위원장을 단장으로 하여 여야 합동 의원단(이영문, 김영진, 김장곤, 조일현 의원, 이한길 국회 입법조사관, 이명수 농림부 과장)이 제네바를 방문하였다. 의원단은 '93년 1월 15일 던켈 총장 면담을 시작으로 1월 16일, 17일에는 미국, EC, 일본, 호주, 캐나다 대사를 만나 우리의 관세화 반대 입장을 전달하였으며, 1월 18일에는 FT, AFP, AP, 로이터, 일본의 마이니치 등의 외신들과 회견을 갖는 등 활발한 외교활동을 전개하기도 하였다.

던켈 총장, Davos 회의에서 협상 종결 불가를 인정하다

던켈 총장은 1월말 Davos 세계경제포럼에서 처음으로 미국 신속협상권한(FTA, Fast Track Authority) 종료시점인 '93년 3월 2일 합의가 어려워진다고 인정했다. 여기에는 물론 제네바에서의 MA 협의 무산, 미국 신행정부의 불투명성 그리고 프랑스의 반대 등이 원인으로 평가된다.

필자는 1월 들어 협상 전망에 대해 각국 대사관의 지인 등 여러 사람을 만나 이야기해 보았다. 미국 USTR의 Thorn 참사관, 일본의 하야시 참사관, EC의 Lerbs 참사관, 스위스의 Meier 공사, 캐나다 Hansen 농무관, Henry 프랑스 농무관, Wolter GATT 농업국장, 미국의 로비스트인 Tom Kay 등과 오찬 내지는 별도의 만남을 기초로 한 필자의 1월 27일자 수첩에는 다음과 같은 향후 협상 전망이 적혀 있다.

"첫째 미국 신행정부의 정책방향이 아직 불분명하고, 둘째 EC 내에서 BHA에 대한 프랑스의 강한 저항, 셋째 각국이 제시한 Text의 수정안이 27개나 되는 점, 특히 미국으로서는 Text상 반덤핑, MTO, 지적재산권(IPR), SPS 등에서 어려움이 있으며, EC에서는 프랑스의 반대('93.3.28 총선)와 바나나 문제, 그리고 마지막으로 일본과 한국의 관세화 예외 문제가 해결되지 않아 '93년 2월말 타결 전망이 어두우며, 따라서 미국의 협상기한의 FTA 연장이 불가피하다. 그러나 '93년 2월 11일로 예정된 Kantor/Brittan 회담 결과에 따라 다소 달라질 가능성도 있다."

미국 Kantor 대표, EC의 Brittan 위원과 회담 후 미국의 FTA 연장 결정을 공표하다

'93년 2월 11일 미국·EC간의 워싱턴 회담 후, Kantor 대표는 미국의 FTA 연장을 의회에 요청하겠다고 하고 시기와 조건은 의회와 협의 후 결정할 것임을 공표했다. 한편 Brittan 위원은 일본 등 아시아 국가(한국을 지칭하지는 않았지만 포함하는 뜻임)들도 UR 성공에 공헌할 것을 요청해 UR 지연이 미국과 EC 때문만이 아닌 것을 강조하여 책임 분산을 시도하기도 하였다. 이에 이어서 GATT에서는 '93년 3월 5일

Russin Group 회의에서 여러 가지 가능성이 논의되었으며, 특히 FTA 연장과 연말까지 타결 가능성을 예측하는 발언이 중심이 되었다.

한국과 일본, 제네바 협상 대표를 교체하다

협상 연장이 기정사실화 되어 소강상태가 이어지자 각국은 협상의 일선 대표인 제네바 주재 대사를 교체하여 새로운 팀으로 정비하기 시작하였다. 한국은 '93년 3월 1일자로 박수길 대사를 외무부 외교안보연구원장에 임명하고, 외무부 허승 차관보를 제네바 대사('93.5.3 취임)로 발령하였다.

일본도 제네바 대표부의 우카와 대사 후임으로 엔도(遠實) UR 담당 대사를 임명('93.4.8)하고, UR 담당 대사에는 아카오(赤尾信敏)씨를 임명하였다. 또한 일본 농림성은 수석대표인 시와쿠 심의관의 임기를 다시 '94년 3월말까지 연장(4년째)하는 발령('93.2.16)을 내고, 아즈마(東) 국제부장을 축산국장으로, 그리고 국제부장에는 구마자와(熊澤)씨를 임명하였다. 제네바 참사관이었던 하야시(林)는 무역관세과장에, 후임 농업담당 참사관으로는 이토(伊騰)를 임명하였다. 특히 새로 국제부장에 임명된 구마자와는 필자가 도쿄 근무 시에 해외 농무관을 담당하던 국제기획과장으로, 친하게 지냈던 사이였다. 구마자와 부장은 그 후 경제국장, 대외담당 차관급 심의관을 거쳐 사무차관까지 지냈다.

한편 '93년 3월 28일 총선을 마친 프랑스는 새로운 농무장관으로 상원의원인 Jean Puech를, 외무장관에 Alain Juppe를 임명하였다. 특히 총선 후 프랑스 신임 총리인 Balladeur는 '93년 4월 7일 프랑스 농민 대표들과 만나 Blair House 합의의 재협상을 천명하여, 재협상이 없다는 미국 행정부와 EC 집행위원회를 난처하게 하는 동시에 BHA의 추가 협의가 필수적임을 강하게 인식시키기도 하였다.

미 행정부는 UR을 '93.12.15까지 종결하는 FTA 신청, 본격 가동 근거를 마련하다

'93년 4월 27일 미국 행정부는 상하양원에 UR을 '93년 12월 15일까지 종료하고 '94년 4월 15일까지 의회에 승인을 받겠다는 신청을 하여 UR 협상을 본격 가동하는 근거를 마련하게 되었다. 그리고 '93년 5월 3~4일 브뤼셀에서 이루어진 미국 Mike Espy 농무장관과 EC Steichen 농업담당 집행위원간 회담에서는 BHA는 re-open하지 않기로 하였으며, 다만 시장접근(MA)분야에서 양국간 이견이 있음을 확인하는 선에서 그쳤다.

Quad 공산품 합의로 UR 본격화하다

'93년 5월 14~15일 사이에는 Quad(미국, EC, 일본, 캐나다) 통상장관 회담을, 6월 4일 오전에는 Quad 조정관회의(미국 USTR의 Schumit, EC Peaman 대외담당 총국장, 일본 아카오 대사, 캐나다 Denis 수석대표)를 가졌으며, 오후에는 통상장관회의(파리)를 열고 그 자리에 GATT의 던켈 총장과 후임으로 내정된 서덜랜드를 초청했다. 한편, 다시 6월 14~17일에는 미국·EC간의 MA 협의를, 6월 23~24일에는 다시 Quad 각료회의를 열어 G7 정상회의(7.7~8, 도쿄)까지 MA에 대한 기본합의를 목표로 의견 조율을 시도하였다. 그리고 정상회의 전날인 '93년 7월 6일에 각료들은 철야 협상을 통해 공산품의 관세철폐(무세화, zero for zero)를 포함한 MA에 관한 합의를 이루어냄으로써 G7 정상회의에서 UR을 연말까지 종결한다는 선언을 하게 되었으며, UR 협상이 최종 타결을 위한 본 궤도에 오르도록 하였다.

표 1. Quad(미국, EC, 일본, 캐나다) 시장접근 합의내용

분야	주요 합의 내용
○ 공산품	
– 관세철폐(무세화)	맥주 및 증류주, 농업장비, 의약품, 철강, 가구, 의료기기, 건설장비 등 8개분야
– 관세조화	저세율로 관세의 일률적 인하 : 화학제품류
– 관세인하	최고 50%의 관세 감축을 목표로 협상을 계속 진행 : 관세율 15% 이상의 고관세품목(섬유, 의류, 신발, 세라믹, 유리제품 등) 나머지 품목에 대해서는 적어도 현행관세의 1/3 수준을 감축목표로 협상 계속(전자제품, 과학기기, 목재, 종이, 비철금속 등
○ 농산물	다자차원의 농산물 시장접근협상을 조속히 재개
○ 서비스	금융, 기본통신, 시청각, 법률, 회계서비스 등에 대해서 협상을 계속 추진

자료 : UR 농산물협상 백서 1994.11 한국농촌경제연구원(p.89)

GATT 사무총장, 던켈에서 서덜랜드로 교체하다

1980년 10월부터 1993년 6월까지 12년 9개월을 역임한 던켈 총장은 임기가 6월 30일로 되어 있었으며, 본인이 유임을 고사하고 있었다. 다른 한편으로는 UR이 계속 지연되면서 보다 적극적인 인물이 총장으로 바람직하다는 견해와 여론이 제네바를 중심으로 지배적이었다. 이에 따라 과거 EC 집행위원회에서 경쟁정책 담당 집행위원을 역임한 바 있는 아일랜드 출신 피터 서덜랜드(Peter D.

Sutherland)를 선정하여 '93년 6월 9일 GATT 특별총회에서 차기 사무총장으로 선출하였다.

'93년 7월 1일 취임한 서덜랜드 총장은 마침 '93년 7월 7~8일 도쿄 G7 정상회담의 공산품 중심의 합의 결과에 힘입어, 7월 14일과 7월 28일의 2차에 걸친 무역협상위원회(TNC)를 소집하여 의욕적인 추진일정을 제시하며 각국에게 협상시한인 '93년 12월 15일까지 타결을 위한 정치적 결단을 요구하였다.

표 2. 하반기 UR 협상 추진일정

일 시	주요 협상 일정
1993. 8.30~9.13	농산물분야 양자/다자간 협상 추진
9.1	서비스그룹(T-2) 최종협정안 수정안 제출
9.17	시장접근그룹(T-1) 전체회의 : 협상 진전상황 평가
9.13~10.15	전체분야에서 양자/다자협상 추진
10.15	시장접근그룹 전체회의(T-1) : 협상 진전상황 평가
10.15~11.15	협상결과에 따라 수정 이행계획서 제출
12월 초~12.15	최종 협상타결

자료: UR 농산물협상 백서 1994.11 한국농촌경제연구원(p.91)

한편 클린턴 행정부가 의회에 제출한 FTA 연장안은 6월 22일 미국 하원을 통과(찬성 295, 반대 126)하고 6월 30일에 상원 전체회의에서 행정부 원안대로 승인을 받았다. 이로서 GATT는 93년 12월 15일 최종 타결을 향하여 양자(bilateral), 다자(Multi-lateral), 복수국(plurateral)간의 협상을 본격화하게 되었다.

아. 최종 협상 전반기와 미국 · 일본의 쌀 관세화 유예 합의(6년, 4%~8%)

새로 부임한 아일랜드 출신 피터 서덜랜드(Peter Sutherland) GATT 사무총장은 전임 던켈(Dunkel) 총장의 회의 운영방식(각종회의를 통한 의견수렴)을 지양하고, 문제가 있는 국가간 양자 협의를 통하여 해결해 오도록 하는 방식으로 전환하였으며, 12월 15일까지의 일정 제시를 통하여 협상 종결을 재촉하였다. 이에 따라 미국과 EC는 BHA 재협상에 들어가고, 10월초에 미·일이 일본의 쌀을 6년간 관세화 유예를 하도록 했으며 그 대가로 MMA를 늘려 주도록(3%~5%→4%~8%) 합의하였다. 이로써 UR의 마지막 남은 문제 단계는 한국과 미국의 쌀로 압축되었다.

신임 서덜랜드 총장, 새로운 회의 운영방식을 구사하다

'93년 7월 1일 새로 GATT 사무총장에 취임한 피터 서덜랜드 총장은 과거 던켈 총장이 주로 운용해 오던 방식(주요 비공식 19개국 협의체인 Russin Group 회의, 34개국 수석대표로 구성된 Green Room회의, 미국·EC·일본·캐나다를 포함한 G8 회의를 통한 의견 수렴)을 지양했다. 그 대신 DFA(최종합의초안)상에 문제가 있는 국가들이 그 문제를 제기하는 국가들(예를 들어 미국과 EC, 쌀에 관하여는 미국과 일본, 한국 등)과 양자 또는 복수국간의 합의를 통하여 해결하도록 하였으며, 그 결과를 각 그룹별 회의(시장접근분야, 서비스 분야 등)를 통하여 DFA에 반영하는 빠른 결과물 도출 방식으로 전환하였다.

그리고 "의장의 친구들"(Friends of Chair)로 드니 시장접근그룹 의장, 라카르테 제도문제 협상그룹 의장, 호스 서비스 협상그룹 의장, 커트란드 전 보조금 협상그룹 의장 등 4인을 지명하여 이들과 수시로 협의하는 한편, 사무총장 주관의 전체회의보다 각 협상 그룹별 의장 중심으로 문제를 해결토록 하는 방법을 구사하였다. 그리고 문제해결이 부진한 경우는 자신이 직접 당사국 대표들을 불러 조속한 합의를 강하게 독촉하곤 하였다.

사무총장, 최종 합의를 위한 7월 일정과 회의 운영 지침을 제시하다

서덜랜드 총장은 7월 8일 도쿄 G7 합의 결과에 힘입어 7월 14일 무역협상위원회(TNC)에서 향후 작업계획을 발표하고, 7월 중 다자·

양자 협상을 촉구하였으며, 7월 28일까지 각국에게 국별 이행계획서(Country Schedule, C/S)를 개선하여 제출토록 요청하였다. 또한 7월 중 일정으로 7월 14일 오전에는 TNC 회의, 오후에 시장접근(MA) 평가회의, 7월 15일 서비스 협상회의, 그리고 7월 28일 다시 TNC 회의를 열어 협상 진전 상황을 평가하고 가을 협상일정을 논의하겠다고 하였다. 한편, 그때까지 각국은 양자간, 복수 국가간 회의를 집중적으로 진행토록 요청하였으며, 협정초안(DFA)은 큰 변경(Major Change)의 대상이 아니라고 못박아 협정문의 확대 해석과 새로운 문제제기를 하지 못하게 하였다.

또한, 회의 운영의 효율화를 위하여 발언은 5분 이내로 할 것과, 케언즈 그룹 등 각 그룹은 대표국가만 발언하고 침묵은 동의로 간주한다는 등의 회의지침까지 제시하였다. 특히 7월 14일 한국의 허승 대사와의 면담에서는 한국의 쌀 관세화 불가 입장에 대하여 최소한의 DFA 수정을 원칙으로 하나, 관련 당사국과 합의(Consensus)를 받아오는 경우에는 수락하겠다는 뜻을 나타내 당사국(특히 미국)과의 조속한 협의를 종용하였다.

미국, 한국의 이행계획서(C/S)에 문제를 제기하다

7월 22일 처음으로 한국은 미국과의 양자협의(미국측 : 농무성 리차드 슈로터 해외농업처장, 짐 구루에프 다자협상과장, 무역대표부 바바라 채틴 과장 등, 한국측 : 최용규 농무관, 이창범 농무관보)를 제네바의 GATT 회의실에서 가졌다. 이 자리에서 미국측은 우리의 이행계획서상과 관련한 여러 가지 문제를 제기하였다.

"첫째, 한국이 관세화 예외로 제시한 NTC(Non Trade Concern) 15개 품목은 한국 농산물 생산의 75%에 해당되어 한국의 관세화 자료의 내용이 상당히 부실하며, 둘째, 한국의 개도국 지위를 인정할 수 없고, 셋째, 한국의 BOP(Balance of Payment) 품목('89년 연차적 자유화를 약속한 쌀 등 일부 품목을 제외한 대부분의 주요 품목이 해당)의 관세화(국내외 가격차에 의한 고율관세)는 협상초안의 Part B Annex 3 주석 조항에 의거, 인정할 수 없다. 넷째, 이행계획서(C/S)상의 341개 품목에 대하여 양허(Concession, GATT상 더이상 관세를 인상하지 않겠다는 약속)하지 않은 점(협상초안에는 농산물은 100% 양허토록 규정)과 관세상당치(Tariff Equivalent, TE, 국내외 가격차를 관세로 전환)·최저 감축률(10%)·평균감축률(24%)을 선진국 수치가 아닌 개도국 수치를 적용한 점, 다섯째, 기준연도 사용에서 협정초안(DFA)에는 모두 3개년('86~'88) 자료를 사용토록 하였는데, 한국은 관세상당치(TE)는 '88~'90년의 3개년을, 국내 보조는 '89~'91의 3개년으로 임의로 바꾼 것은 협정초안(DFA)과 일치하지 않는다."고 지적하였다.

이에 대하여 필자는 먼저 "미국과 EC가 지난해('92) 11월 합의한 BHA(Blair House Agreement)는 자신들 문제만 해결한 것으로써, 우리가 제기한 식량안보 등 관세화 예외 문제(쌀 등 NTC 15 품목)는 아직도 해결되지 않아 협상의 불균형이 심화되었다고 지적했으며, 둘째, 미국측이 지적한 한국의 개도국 지위 문제는 한국이 아직 77그룹(개도국 모임)의 일원일 뿐 아니라 GATT상 개도국은 자기 선언(Self Declaration) 원칙이므로 우리가 개도국이라고 선언하는 한 아무 문제가 없고, 셋째, 한국은 이미 BOP를 중단한 상태여서 동 조항의 적용을 받지 않으며, 넷째, 농산물 전 품목의 양허의 경우 공산품도 아직 100% 양허하지 않은 상태이므로 DFA의 100% 양허규정을 인정할 수 없기 때문에 그렇게 하였고, 최저 감축률과 평균 감축률의 개도국적용은 우리가 개도국임으로 이는 당연한 권리이며, 다섯째, 기준년도의 임의사용(DFA와 달리)은 자료의 한계 때문이다."라고 대응하였다.

이 회의에서 미국측이 제기한 문제들은 추후 다른 나라들과의 양자협상에서 계속하여 우리에게 제기한 문제들이었다. 그러나 협상의 최종 결과를 놓고 볼 때 상기 다섯가지 문제 중 BOP 품목의 관세화만 우리의 뜻대로 되지 않았을 뿐, 나머지 문제들은 우리의 주장 그대로 관철되었다고 할 수 있다.

먼저 개도국 지위 문제는 협상이 거의 끝나가는 단계까지 미국·EC, 호주, 뉴질랜드, 남미국가들이 문제 삼았으나, 끝까지 무시하거나 굽히지 않아 더 이상 문제 삼지 않게 되었다. 뿐만 아니라, 협상의 마지막 단계에서 쌀 협상 결과를 Text에 표시하는 과정에서 "협정문 부속서 B"가 개도국 조항이므로 자연스레 개도국으로 인정된 셈이 되었다. 특히 개도국과 선진국은 이행과정에서 기간, 이행률 등에서 엄청난 차이가 있기 때문에 우리의 개도국 지위는 필수적이었다.

한편 BOP 품목의 관세화 문제는 우리에게 중요한 품목을 개도국에게 적용되는 한도양허(Ceiling Binding)로 적용하여, 관세화와 다름없는 고율의 관세를 적용(예: 고추 300%, 마늘 400%, 참깨 700%, 탈지분유 220% 등)하는 큰 수확을 얻기도 하였다. 그러나 일부 품목은 양자 협상(특히 미국과의)에 의하여 100% 미만의 비교적 낮은 한도양허(오렌지 90%, 일부유제품, 과일 등)를 적용하는데 그친 점은 아쉬운 부분이다.

한편, GATT 가입당시 양허하였던 품목 중 쇠고기는 20%에서 44.5%, 돼지고기는 25%에서 37%, 닭고기는 20%에서 35%로 양허세율을 인상하는 성과를 올리기도 하였다. 특히 쌀에 대하여는 20년 동안 관세화 유예('95~'14)를 받았으며, 2015년부터 513%의 고율의 관세로 개방하게 되었다.

또한, 기준연도도 DFA상의 '86~'88년과 다르게 제시하여 끝까지 우리의 의사대로 반영하였다. 심지어 마지막 검증 작업에서 쌀의 국내보조를 '90~'92년 자료를 괄호 안에 써넣은 대담한 작업을 하여 말썽의 소지가 있었으나, 결국은 그냥 넘어가 '95년 이후의 이행 과정에서 쌀의 수매 보조를 운용하는 데 크게 도움이 되었다(이는 검증 작업에서 후술하겠다).

여기서 7월 22일 미국과의 양자 협의 중에 있었던 일화 하나를 소개한다. 그날 회의가 거의 끝나갈 무렵 그때까지 조용히 앉아 있던 미국측 무역대표부(USTR)의 바바라 채틴 과장이 느닷없이 필자에게 질문을 던졌다. 한국이 작성한 자료 중 bovin semen(소의 정액)과 cow semen(젖소의 정액)의 관세상당치 가격 자료를 왜 live cattle(살아있는 일반소)의 가격으로 사용하였느냐는 것이다. 너무 구체적이고 사실 내용도 잘 알지 못하여 당황한 필자는 "그 문제는 너무 전문적 문제(Technical issue)니까 전문가에게 확인해 보겠다." 라고 대답하였다. 그러자 그 자리에 있던 다른 미국측 대표들(남성)이 일제히 크게 "그렇다. 그것은 전문적 문제다(That's right. That is a technical issue.)"라고 웃었다.

7월 28일 TNC 회의에서 최종협상 일정을 제시하다

서덜랜드 총장은 본격적인 협상을 앞둔 7월 마지막 TNC 회의(7.28)에서 다음과 같이 12월 15일까지 최종협상일정을 제시하였다. 그리고 8월 한 달은 휴가기간으로, 그 북적대던 제네바 시내가 갑자기 조용해졌다.

TNC 회의에서 최종협상 일정

8월 1일~9월 10일	농산물 양자협상
9월 13~16일	시장접근분야(MA) 전체협상
9월 17일	시장접근분야(MA) 비공식 협상
9월 13~17일	우루과이라운드 전문분야 양자 협상
10월 15일	TNC 회의, 오후 시장접근분야(MA) 회의
10월 15일~11월 15일	수정이행계획서(C/S) 제출
11월 15일~12월 초	수정이행계획서 분석
12월 15일	협상 종결

'93년 9월 한 달간 활발한 양자협상이 전개되다

9월에 들어서자 각국은 먼저 제출한 국별 이행계획서(C/S)를 중심으로 양자협상을 요청하여 바빠졌다. 먼저 우리와 EC간의 양자협상은 EC의 농업담당 부총국장 Moller가 주로 제네바에 올 경우에 필자와의 협의를 요청하였으며, 별도의 본부 대표와의 협의 없이 진행되었다. 9월 3일(Olsen 담당관), 9월 16일(Moller), 9월 30일(Moller) 협의에서는 주로 우리의 관세화 예외 불인정, 개도국 지위 불인정 등 미국과 비슷한 내용을 거론하였으며, EC의 관심사항인 유제품, 과일의 관세 수준과 인하 등을 문의하는 정도였다. 그 밖에 호주(7.23), 뉴질랜드(9.15)와의 양자협의도 미국과 EC와 비슷한 관세화 예외, 개도국 지위 등에 관해 진행되었다. 미국과도 9월 10일(슈로터 처장, 천중인 국장 등)에 다시 협의를 가졌으며 내용은 7월 22일과 별 다르지 않았다.

한편 캐나다와는 9월 16일, 9월 17일(Gifford 농업부 국장, 천중인 농림부 국장 외)에, 스위스와는 9월 16일에(마이어 공사, 천국장, 필자), 9월 27일에는 이스라엘(Glover 참사관)과 관세화 예외에 관한 입장을 협의하였다. 그러나 이 협의과정에서 일본을 제외한 국가들(캐나다, 스위스, 이스라엘)의 입장이 점차 약화되어 간다는 인상을 받게 되었다.

특히, 10월 1일(오전 9:30~11:30)에 필자는 캐나다 대표부의 요청에 따라 퀘벡주 농업장관과 20여명의 주 의회 의원들에게 한국의 관세화 예외 입장을 설명하면서, 한국은 이를 관철하기 위하여 마지막 단계까지 싸우겠다는 취지를 밝혔다. 필자의 설명이 끝나자 일부주 의회 의원들이 바로 자리를 박차고 일어나 큰소리로 캐나다 대표부 직원과 본부 직원을 맹비난하는 것이 아닌가. 다시 말해 "캐나다 정부는 한국처럼 끝까지 관세화 예외를 관철시키려는 의지가 없다"는 것이었다. 이런 퀘벡주 의원들의 행동에 대하여 동석하였던 캐나다 정부 대표나 대사관 직원들이 묵묵히 그냥 앉아 있는 것을 보았을 때, 캐나다 내에서 퀘벡주의 정치적 위상을 실감할 수 있었다. 그때까지 캐나다가 관세화 예외를 주장한 배경에는 퀘백주가 있었던 것이었다.

남은 문제는 미국과 EC와의 BHA, 그리고 미국과 일본·한국과의 쌀 문제로 압축되다

9월이 지나자 농업분야에서 최종 협상을 앞두고 해결해야할 문제는 점차 3가지로 압축되어 가고 있었다. 먼저 협상주도국인 미국과 EC간의 Blair House 합의의 재협상 문제였다. 프랑스의 즉각적인 강한 반발로 애매한 입장이 된 EC와, 재협상은 없다는 미국과의 의견 일치가 가장 큰 난제였다. 한편, 관세화 예외를 주장한 일본과 한국의 문제, 특히 쌀 문제의 해결이 남아있게 되었다.

EC, 9월 20~21일 합동위원회에서 BHA 재협상을 결정하다

그 동안 Blair House Agreement(BHA, '92.11.20 합의) 재협상을 꾸준히 요구해온 프랑스는 Balladur 수상이 베를린을 직접 방문

('93.8.26)하여 독일의 Kohl 총리의 동조를 얻은 후, 9월 20일부터 21일 새벽 3시까지 열린 EC 외무·농업각료합동위원회(Jumbo Council)에서 EC의 공동농업정책(CAP, Common Agricultural Policy)이 Blair House 협정과 양립할 수 있도록 EC 집행위원회가 미국과 다자 협상 차원에서 협의를 계속한다는 선에서 합의를 보게 되었다. 이는 실질적으로 그동안 미국이 그토록 반대해온 BHA의 재협상(Reopen)과 다름없는 것이었다.

결국 '93년 9월 27일의 미국의 Kantor USTR과 EC의 Brittan 대외담당집행위원간의 회담을 시작으로 다시 두 Major간의 협상은 계속되었고, 협상 종결 직전인 12월 6일에서야 최종합의를 보게 된다.

미국과 일본, 10월 초 드디어 쌀의 관세화 유예를 합의하다

'93년 9월 들어 제네바의 외교가에서는 일본과 미국이 쌀의 관세화와 관련된 협의를 하고 있다는 소문이 돌았다. 한국이 이를 처음 확인한 것은 허승 대사가 미국 출신의 Laborel GATT 제1차장(※전통적으로 사무총장은 유럽 출신, 제1차장은 미국 출신, 제2차장은 미국과 유럽이 아닌 제3국출신을 뽑아 왔다)과 면담하는 자리에서였다. 그는 허 대사에게 이미 지난달부터 미국과 일본은 쌀 관련 협상을 하고 있고 합의 가능성이 아주 높으며, 만약 두 나라가 합의할 경우 결국 한국만 남게 되어 상당히 어려운 처지에 봉착하게 될 것이기 때문에, 한국도 늦어도 10월 중, 하순경에는 쌀 문제 협의를 해야 할 것이라고 언급한 데에서 미국과 일본 두 나라 사이의 쌀 협상 진행상황을 알게 되었다.

그리고 '93년 10월 8일 오전 허 대사에게 제네바주재 일본 엔도대사로부터 한통의 전화가 왔다. 일본과 미국이 쌀 관세화의 6년간 유예를 합의하였으며, 그 대가로 쌀의 최소시장접근물량(MMA)을 최종협정안 초안(초년도 국내소비량의 3%에서 6년차인 최종연도에 5%를 제공)보다 더 주었다는 것이다.(※ 한국의 외교와 외교관 허승대사 국립외교원 발행 2016.6.10. Page 83)

그러나 정확하게 얼마를 더 주었는지에 대한 숫자는 얘기해 주지 않았다. 허 대사는 필자에게 양국간 합의한 구체적인 숫자를 알아보도록 요청하였다. 이에 필자는 바로 USTR의 Thorm 참사관에게 전화로 확인하여 초년도에는 규정(3%)보다 1%를 더한 4%의 MMA를, 그리고 최종연도인 6년차에는 규정(5%)보다 3%를 더한 8%로 합의한 것을 알려 주었다. 물론 본부에도 이를 연락하였다.

그 날이 10월 8일이었으므로, 어쩌면 우리가 일본, 미국 두 나라를 제외하고는 가장 먼저 알게 된 나라가 아닌가 생각된다. 그만큼 당시에는 어느 나라보다 우리가 미·일간의 협상에 제일 큰 관심을 가졌기 때문이리라. 그리고 나중에 알려진 이야기이지만 일주일이 지난 후인 10월 15일에 열릴 예정인 GATT의 시장접근(MA)회의에서 미국과 일본의 합의가 아닌 MA 협상그룹의 드니의장의 제안으로 다자화할 예정이었다고 한다.

그러나 이 양자합의 결과는 당사국인 미국도 일본도 아닌 한국에서 제일 먼저 언론에 터져 나왔다. 바로 '93년 10월 14일자(목) 동아일보 1면 톱기사로, 「일본 쌀 시장 개방」 제하에 '이달 초 미국과 일본의 비밀협상에서 합의하였다고 익명의 정부 고위관리에게 얻은 자료로, 일본 정부의 통보와 함께 공동보조를 하여온 한국에게 미안하다는 뜻을 전해왔다'고 보도하였으며, 이를 외신들이 받아 거꾸로 당사국인 일본과 미국의 신문에 나게 되었다.

그리고 몇 시간의 시차로 별도의 소식통에 의하여 미국의 「Journal of Commerce」 '93년 10월 14일자로 1988년부터 제네바에 주재한 프리랜서인 존 사로코스타 기자(미국과 유럽의 유력지와 계약)의 기사가 나왔다. 「일본·미국과 근일 중 합의」 라는 제하에 '쌀 관세화 유예대가로 MMA를 보장하는 것으로 일본과 미국이 거의 합의 단계에 이르렀다'는 내용으로, 동아일보의 보도처럼 그다지 단정적이지는 않았다. 그러나 이 보도 내용은 10월 15일자 미국(Wall Street Journal, New York Times)과 일본(毎日)에 나게 되었고, 특히 일본에서는 정부가 전면 부인하는 등 큰 소동을 일으켰다. 호소가와 총리는 "정부로서 제안한 일도 합의한 일도 없다"라고 하였으며, 하다 농림대신은 "전해진 것과 같은 교섭을 미·일간에 하였다는 사실도 없으며 생각도 없다"고 발표하였다.

그리고 10월 15일 오후 제네바의 GATT에서 열린 시장접근 회의에서 한국대표는 의장으로부터 동 보도에 대한 비난성 유감의 발언을 조용히 듣고 있어야만 하였다. 아마도 동 합의 내용을 의장의 중재안으로 제안하려는 GATT의 계획이 동아일보 건으로 무산되었기 때문이리라.

이로 인하여 미·일간의 쌀 합의 내용은 그 후 수면 하로 내려가고, 최종 타결이 임박한 12월 6일 회의에서야 드니 MA 의장이 이를 중재안으로 제시하여 12월 14일 호소가와 총리가 받아들이는 발표의 수순으로 일본의 쌀 관세화 유예는 매듭짓게 되었다.

일본, 쌀 수입량의 절반 정도를 미국산으로 구매하다

그렇다면 여기에 미국과 일본의 협상 결과인 MMA는 규정(3%~5%)보다 약간 많은 양인 4%~8%로만 결정하였을까? 하는 의문이 남는다. 이 4%~8%의 MMA(의무수입 물량)는 Global Quota(어느 나라부터라도 공개경쟁입찰에 의해 구매할 수 있는 양)로서, 특정국가에만 구입하는 물량(Country Quota)이 아닌 것이다. 그러나 실제 일본이 '95년부터 구매한 MMA의 매년 47%~48% 정도의 양이 미국으로부터 구매한 것임을 알 수 있다. 즉 미국이라는 특정국가로부터만 절반 정도 사들인 것이다.

결국 미국산 쌀을 일정부분 사주겠다는 약속이 있지 않았나 하는 점이다. 특히 일본이 '94년초 GATT에 제출한 국별 이행계획서에는 어디에도 특정국가로부터 얼마를 구매하겠다는 내용이 없다. 필자도 이를 오래 전부터 인식하고 있었으나 대외적으로 별도의 코멘트는 하지 않았다(사실 그후 여러 일본 학자들이 필자에게 미·일 협상 내용에 대하여 문의한 바 있었다). 그러다가 몇 년전 이를 뒷받침하는 일본의 보도를 접하게 되고서야 필자는 이제 대외적으로 말할 수 있게 되었다.

즉, 일본 농업신문 2015년 2월 7일자 2면에 「미 국산 쌀 쉐어 보증의 암거래」라는 제하에 '지금까지도 살아 계속되는 밀약'이라고 하고 당시 미국 측 농업부 수석 협상대표였던 죠 오마라씨와의 인터뷰(2014년 11월 하순)에서 '일본 정부가 미국산 쌀을 절반을 사 줄 것을 제안하였다. 약속은 문서로 하지 않고 구두였을지 모르겠으나, 미국은 일본 정부의 명확한 약속을 받아들였다.'고 하였다. 또한, 당시 일본 정부 대표였던 시와쿠 지로(농림성 차관급 심의관)씨는 2015년 2월 3일에 '당시, 일·미간에 어려운 협상을 하고 있었고 그 최종단계에서 미국산 쌀을 반 정도 사주어도 되겠다고 제안했다.'고 부분적으로 인정하였다는 것이다.

필자도 1999년 3월 21일 워싱턴에서 만난 전 미농무부 당시 실무 수석대표였던 해외농업처장 리차드 슈로터와의 저녁식사 자리에서 그 점을 문의한 바 있었다. 그는 간단히 '신사협정(Gentlemen's Agreement)이었다'고 답변하였다. 역시 협상에서는 그에 상응하는 대가가 따르기 마련이다.

이제 UR 협상이 종반으로 치닫고 있는 '93년 10월 하순이 되자

Laborel 차장의 말대로 농업분야에서 해결해야 할 문제로 한국의 쌀만 남게 되었다.

*참고 : 일본과 미국간의 쌀 협상에 관한 내용은 UR 최종합의 당시 일본 시사통신사 워싱턴 특파원이었던 가루베 겐스케(輕部謙介)씨가 쓴 『일 · 미 쌀 교섭』(日米コメ交渉, 中央公論社 1997.9.25.)이라는 책에서도 확인했다.

자. 최종 협상 합의, 한국 쌀 관세화 유예(10년, 1%~4%)

마지막 남은 한국과 미국의 쌀의 관세화 유예협상은 최종단계('93년 12월 13일)까지 가는 집중협상을 통해 합의에 이르렀다. 쌀 관세화 10년 유예(10년 더 연장 가능)에 최소시장접근도 협정(3%~5%)보다 낮은 수준(1%~4%)으로 하는 대신, 쇠고기, 돼지고기, 오렌지 등 미국 관심품목의 시장접근 확대를 허용하는 결과가 도출되었다. 이로써 '93년 12월 15일, 7년 3개월에 걸친 UR 협상이 종료되었다.

일본·미국의 쌀 관세화 유예 합의는 우리에게 어떤 영향을 주었을까?

전술한 바와 같이 '93년 10월 초순경에 합의한 일본과 미국의 쌀 관세화 유예 합의 내용을 보면 6년간('95~'00) 쌀 관세화를 유예하는 대신, 최소시장접근(MMA, 저율관세에 의한 의무수입량)을 협정에서 정한 초년 3%, 최종연도 5%를 각각 4%, 8%로 늘린다는 내용이다. 물론 이면에는 약 절반 정도의 미국산 쌀 구매(구두 약속) 혜택이 있다.

나중에 알려진 구체적 조건으로 이 품목은 첫째, 수입이 '86~'88 기준 국내소비량의 3% 미만일 것, 둘째, 수출보조를 주지 않을 것, 셋째, 효과적인 국내 생산통제 조치가 시행될 것을 요구하고 있다. 이러한 일·미합의가 향후 우리의 쌀 협상에 어떤 영향을 미쳤을까.

먼저 부정적인 면으로는 이제는 우리의 쌀만 미결 문제로 남게 되어 전체 협상의 종결 단계에서 우리만 고립될 가능성이 높아졌으며, 이에 따라 계속 예외 요구만 할 경우 전혀 혜택을 받지 못하고 GATT 탈퇴요구에 이르게 될지도 모른다는 점이 있었다.

한편 긍정적인 면을 보면 일본이 먼저 협상을 마쳤기 때문에 나중에 협상을 진행하는 우리는 일본보다 훨씬 유리한 조건으로 협상 결과를 도출할 수 있었다. 실제로 마지막 단계에서 서덜랜드 총장뿐만 아니라 각국으로부터 관계국(미국)과의 강력한 합의 촉구를 받게 되었으나, 협상 결과는 일본보다 훨씬 유리한 조건으로 결정되었다.

쌀 협상 관련 두 협상 베테랑의 조언과 예측

잠시 필자의 부임초기였던 '92년으로 되돌아가 쌀 협상과 관련하여 필자에게 인상적이었던 두 전문가의 조언을 소개하겠다. 필자가 제네바 농무관으로 부임('91.11월 말)한 후 박수길 대사는 각국 대사나 사무국 주요인사와의 만남(오찬 등)에 필자를 자주 대동하여, 조기에 협상의 흐름이나 전문가의 다양한 의견을 접할 수 있는 기회를 만들어 주었다. 특히 그 중에서 쌀 협상과 관련한 두 사람의 조언과 코멘트가 인상에 남았다.

먼저 '92년 1월 22일(13:00, Noga Hilton)에 만난 EC의 트란 대사(Tran Van Thinh)는 베트남 출신 프랑스인으로, 당시 10년 넘게 제네바 주재 EC 대사로 근무해 다자 협상에 일가견이 있는 베테랑이었다. 그는 자신이 베트남 출신이어서 쌀에 대한 한국인의 정서는 충분히 이해한다고 언급하며, 앞으로 쌀 협상 시 한국은 미국과 직접 협상을 하되 UR 합의의 최종단계에서 직접협상을 진행할 것을 제안하였다. 또한, 자신이 EU 대사로 있는 한 한국과 미국의 합의내용에 대해 이의를 제기하지 않겠다고 하였다.

실제 그의 말대로 한국과 미국은 협상종결('93.12.15) 이틀 전인 12월 13일이 되어서야 마지막으로 합의하였다. 아울러 UR 종결까지 재임한 트란 대사는 물론 EC 역시 한 번도 한·미 쌀 협상 결과에 대해 이의를 제기하지 않았으며, 오히려 우리가 미국·EC 합의인 BHA(Blair House Agreement)에 여러 차례 이의 제기를 하였다.

두 번째 인상 깊었던 인사는 '92년 11월 22일(13:00, Fu Long)에 만난 당시 GATT의 칼라일(Carlyle, 미국 출신) 사무1차장이었다. 그는 우리의 쌀 문제 이야기가 나오자, 한국이 최소한의 상징적 양만이라도 내어 주면 안 되겠냐고 제안하였다. 그리고 '93년 12월 4일부터 13일까지 진행한 미국과의 최종협상 결과(이행 10년 중 첫 5년은 1%~2%, 나중 5년은 2%~4%)를 놓고 볼 때, 아주 적은 양인 1%로 시작하는 것은 1년 전 그가 제안했던 대로 된 셈이었다. 그도 미국 관료 출신임을 감안할 때, 어쩌면 당시 미국 고위 관료들 사이에 한국에게는 소량의 시장 접근만 받는 것으로 관세화 유예를 해주고, 대신 타 분야에서 실리를 챙기자는 공통된 사전합의(consensus)가 있지 않았을까 하는 생각을 해본다.

미국과 쌀 및 여타 NTC 품목의 협상을 본격적으로 시작하다

'93년 10월 8일 일본과 미국이 쌀 협상을 합의한 직후, 필자는 본부에 다음과 같이 건의(장관에게 사신)하였다. 먼저 미국·EC의 재협상(BHA)은 어려움이 있으나 UR 종결 전에 합의에 이를 가능성이 높고, 그동안 문제가 되었던 일본과 미국이 관세화 유예합의에 이르러 우리의 쌀 문제만 남게 돼 부담이 커지게 되어 이제 우리도 협상에 나서야 할 시기가 되었다는 점을 언급했다. 아울러, 우리가 일본보다 유리한 조건으로 협상이 가능할 뿐 아니라 개도국 지위를 얻게 될 경우 훨씬 좋은 결과를 도출할 가능성이 높고, 앞으로 남은 시간이 얼마 없어 이제는 곧바로 협상을 해야 하며, 특히 미국과의 협상에 나설 시간이 되었다고 하였다.

그리고 '93년 10월 15일(10:00) 국장급 한·미 양자협의(미국 측 : 슈로터 해외농업처장, 구루에프 과장, Thorn 농무참사관, 한국 측 : 천중인 농림부국장, 필자 외 2인)에서 11월 첫 주에 처음으로 쌀 관련 차관보급 회담을 갖기로 합의하였다. 필자는 그 후 미 대표부의 손(Thorn) 참사관과 협의하여 김·오마라 회동을 11월 3일에 갖기로 합의하였다. 한편, 10월 27일에 미국 와싱톤에서 에스피(Mike Espy) 농무장관이 한승수 대사에게 일본과 성공적인 쌀 협상을 하였다고 하면서 한국과도 진지한 협의를 희망한다는 메시지를 보내왔다.

'93년 11월 3일(15:00, Hotel De la Paix)에 처음으로 양국 고위급(김광희 차관보, 오마라 차관보) 공식회합(단독)이 있었다. 이 자리에서 오마라 차관보는 협상시한이 얼마 남지 않은 점을 강조하고, 현재의 프레임워크를 전제(관세화 인정)로 한국이 구체적 대안을 제시하면 언제라도 협상할 용의가 있다고 하였다. 그는 가능하면 빠른 게 좋다고 하면서 이행상의 융통성은 가능하나 예외는 불가능하다고 다시 한 번 강조하였다. 이에 김 차관보는 한국의 입장은 변함이 없다고 하여 더 이상의 진전은 없었으나, 두 사람은 11월 중순경 재회합을 갖기로 하였다. 이 회합은 쌀 문제로 양측 고위급의 첫 의견교환을 가진데 의의가 있었다고 할 수 있으며, 우리로서는 GATT측에 이 문제의 협의를 시작했음을 알려 대외적 압박을 감소시키는 효과도 있었다.

미국, 처음으로 개도국 지위 부여 언급하다

'93년 10월 29일(10:000, Noga Hilton Hotel)에 열린 한·미 고위급

실무회담(한국 측 : 천중인 국장, 이성주 참사관, 필자, 김종진 사무관, 미국 측 : 슈로터 처장, 구루에프 과장, Thorm 농무참사관 외 1인)에서 슈로터 처장은 미농무성(USDA) 견해라는 전제 하에, 한국이 농산물을 100% 양허할 경우 개도국 인정을 고려해보겠다는 발언(무역대표부(USTR)에는 비밀로 해달라 당부)을 하여 처음으로 개도국 인정을 비추었다. 그러나, 그 후의 협상과정에서 미측은 쌀 협상이 끝나는 단계까지 개도국 인정을 협상의 지렛대(leverage)로 사용하였다.

또한 이미 양허한 품목(쇠고기, 돼지고기, 닭고기, 오렌지 주스) 외에는 관세화 수용 가능성을 비추기도 하였으나, 이 역시 마지막 협상과정에서 미국 측의 반대로 한도 양허(Ceiling Binding)쪽으로 갈 수 밖에 없었다. 역시 협상에서 미국 측의 힘은 USDA보다 USTR이 강하다는 것을 알 수 있는 대목이었다.

"사람의 이동을 관세화 할 수 없듯이, 쌀을 관세화 할 수 없다"는 허 대사의 발언이 파문을 일으키다

GATT 사무국은 11월 초부터 본격적으로 움직이기 시작하여 잇달아 무역협상위원회(TNC, Trade Negotiation Council) 회의를 개최(11.1, 11.10, 11.19, 11.26)하는 동시에 비공식 수석대표회의를 개최(11.11, 11.18, 11.20, 11.28)하여 한국과 캐나다에 대한 관세화 수용을 압박했다. 또한, 미해결 문제의 조정, 개선된 국별현황표(C/S, Country Schedule)의 11월 15일까지 제출 촉구, Text 내용 확정 등으로 사항들을 압축해 나갔다. 이중 11월 19일의 TNC 회의에서 허승 대사가 발언한 "국경에서 사람의 이동을 관세화 할 수 없듯이, 한국은 쌀을 관세화 할 수 없다"며 쌀을 사람에 비유한 발언은 커다란 파문을 일으켰다.

> "We Koreans consider that rice is vital, and that rice is life. Therefore, we have great difficulties in tariffing rice in trade. In this connection, I would like to invite the attention of this committee to the fact that we have not yet reached an agreement, nor have we discussed how to tariffy the movement of people across boarders, and like-wise we are not able to tariffy rice."

이와 같은 강성 발언에 놀란 서덜랜드 총장은 11월 22일 특별히 허 대사를 초청하여 강력한 우려를 표명하였으며, 지속적인 대미 대화와 함께 15개 NTC 품목의 축소를 촉구하였다.

김 차관보와 시와쿠 심의관의 회동을 주선하다

필자는 향후 있을 막바지 협상에 대비해 김 차관보가 미국 측 오마라 차관보에 대한 상세한 정보(협상 태도, 능력 등 종합 정보)를 알아야 할 필요가 있다고 보아, 오마라 차관보와 장기간에 걸쳐 쌀 협상 후 합의를 이루어 낸 일본의 시와쿠 심의관이 적임자라 생각하였다. 필자는 11월 10일 GATT의 TNC 회의에 참석한 시와쿠 심의관에게 직접 11월 하순경 하루 동경에서 김 차관보와 회동할 것을 제안하였고, 회동 날짜를 11월 25일로 정하였다(당시 시와쿠 심의관의 일정은 일본 대표단도 모르고 있을 정도로 철저히 보호되고 있었다).

그날 하루 일본 출장으로 김 차관보의 부재를 확인한 모 기자가 무슨 비밀 협상이라도 하는 듯한 추측성 기사를 톱 기사로 실었으나, 실제로는 앞으로 있을 미국의 전략과 협상의 파트너에 대한 정보 파악이었다. 그때의 시와꾸 심의관의 조언은 우리의 대미국쌀 협상 종결에 큰 도움을 주었다고 하였다(허신행 저 : 우루과이라운드와 한국의 미래. 95.10.10 범우사. P.92-93).

한·미 협상 이원화(쌀은 장관간, 여타 품목은 차관보 간)로 진행되다

'93년 12월 1일, 농림수산부 허신행 장관을 수석대표로 하는 정부대표단(경제기획원, 외무부, 재무부, 농림수산부, 상공자원부의 5개 부처 차관보로 구성)이 구성되어 서울을 출발하여, 12월 3일 오전에는 슈타이헨 EC 농업담당 집행위원을 면담(브뤼셀)하고, 오후에는 GATT 서덜랜드 사무총장을 만나(제네바) 우리나라 농업의 어려운 실정과 UR에서의 우리 입장을 설득하고 협조를 구하였으나, 두 사람 모두 관세화 원칙을 수용하고 그 안에서 융통성을 확보하는 것이 바람직하다는 반응을 보였다. 그리고 한·미간에는 먼저 쌀에 관해서 허 장관과 에스피 농무장관 간의 직접회담으로 결정하고, 나머지 품목(NTC 14품목 위주)에 대해서는 고위급(차관보급) 회담으로 이원화하여 진행하기로 합의하였다.

쌀 관세화 10년 유예, 최소시장접근 초년도부터 5차년도까지 1%~2%, 6차년도부터 10년차까지 2%~4%로 잠정합의하다

허 장관과 에스피 장관은 1차로 12월 4일(토) 10:30부터 30분간 회동하였다. 허 장관은 한국 농업의 어려운 실정을 설명하고, 쌀에 대한 관세화 예외를 인정할 수 있는지에 대한 여부를 문의하였다.

이에 대하여 에스피 장관은 미국·EC의 브뤼셀 회담(12.1~2)이 기대 이상의 성공적 진전을 보이고 있고, 미·일간의 합의로 7년간 끌어온 UR협상이 타결될 전기가 마련됐다고 하며, 한국의 어려움은 충분히 이해되나 관세화 원칙 예외는 불가하다고 언급(116개 협상 참여국 중 115개국이 받아들이고 있다고 덧붙임)하였다. 아울러 현 협정초안 테두리 내에서 쌀과 같은 민감 품목은 특수한 해결방안을 강구할 수 있다고 하며, 미·일 합의사항이 곧 공식화되고 한국과도 특별취급(Special arrangement)으로 해결할 용의가 있다고 하였다. 이어 두 장관 간 1시간 가까이 별도로 단독 회담을 가져 이해를 높였다.

그리고 두 장관은 그날(4일) 저녁 19:00에 2차 회담을 갖고, 12월 5일(일) 10:00부터 2시간에 걸친 3차 회담을 통해 잠정적으로 합의를 이끌어냈다. 즉, 10년간의 관세화 유예와 함께 최소시장접근물량(MMA)을 협정초안(DFA)인 초년도 3%에서 최종년도(10년차) 5%보다 상당히 낮은 수준인, 초년도 국내소비량의 1%에서 5년차까지 2%, 6년차 2%에서 10년차까지 4%로 하였다. 이는 다른 품목의 협상이 끝나는 것을 전제로 하였기 때문에 이들 협상이 끝나기 전까지는 대외적으로 공론화하지 않기로 하였다. 이와 같이 일본과 비교하여 파격적인 대우를 하는 것도 한국 쌀의 어려움을 배려하는 한편, 쇠고기 등 여타 품목에서의 이익을 취한다는 복선이 깔려 있다고 보겠다. 이는 이후 난항을 겪은 여타 품목의 협상에서 여실히 드러났다.

미국·EC, 12월 6일 합의를 이끌어내다

그동안 프랑스의 집요한 반대로 부진하던 BHA 재협상 문제는 11월 30일 실무적으로 EC 르그라 농업총국장과 미국 오마라 차관보 회담에 이어, 12월 1일과 2일에 있었던 캔터 대표-브리탄 부위원장 회담(브뤼셀)에서 기대 이상의 진전이 있었다. 특히 농산물과 시장접근분야 등 주요 쟁점사항에 대한 최종협상 타결의 윤곽(Outline agreement)에 대해 사실상 합의를 보았다. 즉 EC는 미국으로부터 BHA에 대한 양보를 얻어내고, 미국은 농산물시장접근에서 EC의 양보를 얻음으로 인해 일괄타결이 가능해졌다. 다만 시청각, 해운, 반덤핑 등 3~4개의 주요 쟁점에 대해서는 주말(12.4~5)에 실무협상을 집중하여, 12월 6일 캔터-브리탄 회담(브뤼셀)에서 최종합의에 이르렀다.

이를 통해 EC는 수출보조 수정으로 수출 감축을 완화하고 평화조항 연장(6년에서 9년)으로 상당기간 EC 농업정책에 대한 일방적인 제3국의 공격이나 간섭을 배제할 수 있게 되었으며, 미국은 시장접근 기회의 확대로 실리를 확보한 셈이다. 그러나 EC로서는 프랑스 때문에 남부 회원국(과채류)과 북부 회원국(돼지고기)의 양보를 가져와 일부 내부 갈등도 있었다.

표 1. 미국 · EC 합의 주요내용(BHA 수정)

수출보조물량 감축	ㅇ기준년도를 '86~'90년에서 '91~'92년으로 변경. 단, 원칙적으로 기준년도는 '86~'90년을 유지하되 일정한 조건을 충족시킬 경우 '91~'92년을 기준년도로 사용 가능 – 이러한 기준년도 조정을 통해 증가한 재고물량의 대폭적인 감축을 완화
평화조항 연장	ㅇ연장기간을 6년에서 9년으로 수정
시장접근분야	ㅇ품목군별로 MMA물량 제시 – 단, 돼지고기, 닭고기, 칠면조, 과실류 등 미국 측 관심품목에 대해서는 품목별 접근 허용 ㅇ곡물류, 육류, 치즈, 과채류 등에 대한 미국 측 입장 반영 – 곡물류 : EC가 스페인, 포르투갈에 대한 옥수수 200만톤, 수수 30만톤의 수입의무 확인 – 육류 : EC의 육류 쿼터 설정(돼지고기 3만9,000톤 등) – 치즈 : Cheddar 치즈 수입량 확대 – 과채류 : 지중해산 과실류에 대한 관세율 대폭 인하(평균 40%)

*자료: 농산물 협상백서 p.106

김영삼 대통령, 클린턴 대통령에게 쌀 개방 5년 유예를 요청하다

12월 7일 김영삼 대통령은 미국 클린턴 대통령에게 전화를 걸어 쌀의 5년간 수입 개방을 중단하는 완전 유예(Moratorium)를 요청하였다. 클린턴 대통령은 이를 에스피 농무장관과 캔터 USTR 대표에게 검토할 것을 지시하였다. 이와 같은 양국 대통령간의 통화와 관련하여 별도로 12월 9일 열린 한·미 고위급회의(한국 측 : 5개 부처 차관보, 미국 측 : USTR 부대표, 오마라 차관보)에서 미국 측은 이미 미국이 한국에게 쌀에 대한 특별대우를 해주었기 때문에 5년 완전 유예는 어렵다고 밝히며, 오히려 한국 측이 여타 부문에서 추가적으로 양보해줄 필요가 있다고 하였다. 또한 BOP 품목은 '89년에 결정한 대로 '97년 7월에 양허관세 내지는 실행관세 수준으로 개방할 것을 요청하였다.

한편 허 장관은 12월 9일 캔터 USTR 대표를 만나 우리의 입장을 다시 한 번 강조하였으나, 쌀 협상 결과의 확정은 기타품목이 끝나는 12월 13일까지 기다려야만 했다.

기타 품목의 협상, 미국 측 입장 변경으로 난항을 겪다

쌀과 별도로 진행된 양국 차관보를 대표로 하는 실무협상은 12월 2일 한국 측의 천 국장, 미국 측의 슈로터 처장간의 회담으로 시작되었다가 12월 3일부터는 양국의 차관보(김광희, 오마라)를 수석으로 하는 실무회담으로 본격화되어 12월 4일(17:30), 12월 5일(10:00)에 연이어 진행되었다. 12월 6일 열린 회담에서 우리는 그동안 주장해왔던 내용으로 다음과 같이 미국 측에 제안하였다.

◆BOP 품목에 대하여,

– 고추, 마늘, 양파, 참깨는 TE 수준의 높은 한도양허(Ceiling Binding)를 인정하고, MMA는 실행관 세를 인정한다.

– 쇠고기는 잠정조치 6년간('95~'00) TE에 버금가 는 고관세를 유지하고, CMA(현행 시장접근, 현 재수준의 수입량)는 한 · 미 체결 협정 결과보다 확대한다. 또한 5년 후 재검토한다.

◆돼지고기, 닭고기, 우유 및 유제품, 오렌지류에 대하여,

–양허품목은 쇠고기와 유사한 잠정조치를 설정 한다.

– 향후 6년간 양허관세보다 높은 수준의 관세를 설정한다.

– CMA는 양허관세 수준으로 한다.

–오렌지주스, 유제품 일부는 특별시장 개방을 확대한다.

◆미양허 BOP 품목은 TE 수준으로 고율의 한도양허

(MMA 인정)를 인정한다. 다만 신선 오렌지에 대 해서는 시장 개방을 확대한다.

그러나 미국 측은 12월 7일 협상(14:00, GATT rm. X)에서 전날의 제안과는 완전히 다른 입장을 제시하였다. 미국 측은 쌀 문제 이외의 잔여 쟁점을 에스피 장관에 보고하고, 그 결과에 따라 쌀 문제가 최종 마무리될 것임을 강조했다. 미국이 쌀 문제를 특별히 양보하였기 때문에 쇠고기, 돼지고기 등 BOP 품목에 대한 추가적인 시장접근 기회가 필요하며, 구체적으로는 '89년 협의 결과에 따라 '97년 7월에 개방하고, 고추, 마늘, 양파, 참깨는 100%~150% 수준의 한도양허만 인정한다는 내용이었다.

우리는 이를 받아들일 수 없다고 하여 협상이 결렬되었다. 그리고 12월 8일 열린 양자회담에서는 양측이 각자의 주장만 하고 헤어졌다.

12월 8일, GATT 농산물 협정문 Text 배포, 한국조항은 빈칸으로 제시

드니 의장(MA)은 12월 8일(17:00) 열린 G-17회의에서 일본 조항은 숫자를 제시(4%~8%)한데 비하여, 한국 조항에는 초년도 ( )%, 최종년도 ( )% 등 빈칸으로 Text를 배포하고 양측(미·한)이 조속 합의해 줄 것을 요청하였다. 특히 한국의 MMA 수준이 공란 처리된 것에 많은 국가들이 관심을 표명하였다.

12월 9일, 김영삼 대통령 대국민 사과 담화를 발표하다

미국과의 쌀 협상이 잠정적으로 결정(10년 1%~4%의 개방)된 단계에서 12월 9일 김 대통령은 대선 공약이었던 「쌀 개방 저지」를 지키지 못하게 됨에 따라, 「고립을 택할 것인가 세계로 나아갈 것인가」의 제하의 대국민 사과 담화를 발표하고 국민의 이해를 구하였다.

12월 9일에 이어 12월 10일 한국 측 역제안하다

우리는 12월 10일(15:30, Forum Hotel) 회의에서 12월 9일의 구두 제안을 구체화하여 서면으로 정식 제시하였으며 이는 다음과 같다. 그러나 미국 측이 전반적으로 불만을 표시하여 더 이상의 협의가 진행되지 못했다.

- ◆ 돼지고기 : ' 97년 7월 이후 관세 25%에서 50%로 인상하고, ' 00까지 25%로 감축, CMA ' 97년 1만 4,020톤, '97년 7월 1만1,690톤
- ◆ 닭고기 : '97년 7월 이후 관세 40%에서 '04년 20%, CMA '95년 4,760톤, '97년 7월 3,760톤
- ◆ 쇠고기 : ' 95년부터 관세 150%, '00년까지 125%, CMA '95년 11만3,000톤, '97년 7월 15만3,800톤
- ◆ 신선오렌지 : 관세 '95년부터 200%,'04년까지 10% 감축, CMA ' 95년 1만2,154톤, ' 97년 7월 1만 129톤
- ◆ 오렌지주스 : ' 97 이후 관세 120%,'04년 108%, CMA '95년 4만톤, '97년 7월 이후 25만톤
- ◆ 유장 : '95부터 자유화하되, 200% 한도 양허

12월 11일, 미국 측이 다시 강경입장을 표시하여 결렬되다

'93년 12월 10일 협상에서 입장 제시를 보류하였던 미국 측은 12월 11일 협상(10:00, Forum Hotel)에서 다시 구체적 숫자로 강경한 입장을 제시하였으나, 우리가 이를 받아들일 수 없다고 하여 또 다시

결렬되었다. 미국 측의 요구 조건은 다음과 같다.

◆ **BOP 품목은 협의 결과대로 이행해야 한다.**
- 양허품목은 양허관세대로 자유화(예: 쇠고기 20%로 자유화)
- 미양허품목(예 : 고추, 마늘 등)은 관세 수준조정 (너무 높은 것은 곤란)
- 쇠고기는 2000년까지 수입제한을 유지하나 수입 쿼터로 '93년 9만9,000톤에서 ' 00년에는 28만 3,000톤으로 증가 –돼지고기(' 95년 2만1,930톤, ' 96년 2만9,240톤), 닭고기, 신선오렌지, 오렌지주스 등 CMA(현행수입량) 증가
- 우유 및 유제품 중 미국 관심품목 6개는 낮은 실행세율(20%~40% 수준)로 '95부터 자유화
- 기타 미국 관심품목 36개에 대하여 50% 관세 인하

결국 미국 측의 과도한 요구로 협상이 또다시 결렬되었다.

서덜랜드 총장, 12월 11일 농산물 Text 확정을 시도하다

한편 12월 11일 UR 수석대표 비공식회의(21:00)에서 서덜랜드 총장은 농산물 Text를 확정하려고 시도하였다. 이에 한국 측의 12월 12일까지의 연장요청이 채택되어 연기되었으나, 계속해서 한국·미국에게 압력을 가하였다.

12월 12일 오전 GATT 사무국이 미국·한국 3자 협의 시에 서덜랜드 총장은 자신이 괄호 안 숫자를 3%~5%로 직접 써 넣겠다고 강하게 언급하였으나, 한·미 양측 반대로 무산되었다. 그리고 12월 12일(21:00), 12월 13일(01:00)에 속개된 회의에서 일본 측의 강력한 반발로 한국조항은 결국 빈칸으로 남겨진 채 협정안이 채택되었다.

미국의 협상 대표들, 자국의 민간업자에게 협상내용을 설명하다

양자협상이 한창이던 '93년 12월 12일(17:00)에 열린 미국과의 2차 협상이 끝나고, Forum 호텔 회의실을 나와 대표부로 돌아온 필자는 회의실 내 필자의 탁자 밑에 가방을 놓고 나온 것을 깨닫고 급히 되돌아갔다. 그리고 회의실에 다시 들어선 순간, 방안 가득히 사람들이 모여있는 광경을 목격하였다. 그 자리에서 미국 협상 대표들은 미국의 민간 관련업자들을 모아놓고 협상 내용을 설명하고 있었다. 우리는 상상도 할 수 없는 관민 유착이 아닌가? 미국의 입장이 갑자기 강경한 태도로 바뀌는 이유가 이러한 설명회를 통한 업자의 요구에 있는 게 아닐까 싶었다. 국익을 위한 관민 협력의 전형을 이날 보았다.

12월 12일, 3차에 걸친 협상 끝에 13일 05시 기타 품목에 합의하다

12월 12일, 미국 측이 보다 완화된 새로운 안을 제시하여 3차에 걸친 협의(11:00, 17:00, 21:00~13일 05:00까지 철야) 끝에 기타 품목의 합의에 이르렀다. 쌀 이외 기타 품목에 관하여 미국과 합의한 내용은 다음과 같다.

1. BOP 품목 중 양허 품목
- 쇠고기 : 관세 43.6%('95), 40%('04), 수입쿼터 12만3,000톤('95), 22만3,000톤('00)
- 돼지고기 : 관세 37%('95), 25%('04), 수입쿼터 2만1,930톤('95), 1만8,275톤('97.7 개방) – 닭고기 : 관세 35%('95), 20%('04), 수입쿼터 7,700톤('95), 6,500톤('97.7 개방)
- 오렌지주스 : 관세 60%('95), 54%('04), 수입쿼터 5만톤('95), 3만톤('97.7 개방)

2. 비양허 품목
- 유장 : 관세 99%('95), 49.5%('04)
- 치즈류 : 관세 40%('95), 36%('04)
- 버터 : 관세 99%('95), 89%('04)
- 신선오렌지 : 관세 99%('95), 49.5%('04), 수입쿼터 1만5,000톤('95) 5만7,017톤('04)
- 고추, 마늘, 양파, 참깨는 한도양허로 한다.

시와쿠 심의관, "자네들 생각 대로야"

시와쿠 씨와의 에피소드이다. 1993년 12월 13일 밤, UR협상 마지막 의제인 한국과 미국의 쌀 관세화 유예조치(쌀 최소의무수입물량(MMA) 10년간 1%~4%)에 대한 안건을 상정하는 시장접근그룹 회의(의장 드니)가 끝나고 나서였다. 이 회의에서 일본의 시와쿠 심의관은 한국이 일본과 너무 차이가 많다고 하며(일본 6년 4%~8%인데 비해 한국은 10년 1~4%로 차이) 이의를 제기하였다. 그동안의 공조 체제에도 불구하고 이의제기(Reservation)를 건 것은 의외였지만, 양국 간 차이가 너무 많이 난 데에 대한 일본 국내의 정치적 고려(당시 관세화를 반대하는 사회당과의 연립내각) 및 자국대표단 협상력에 대한 국회와 언론의 비난을 염두에 둔 것으로 이해가 갔다.

사건은 회의가 끝난 다음에 일어났다. GATT 본관 입구 쪽 1층 홀은 상당히 넓다. 그날 회의가 끝난 시간은 다음날 새벽 한시쯤이었다. 그 시각 1층 홀 안은 일본의 기자단, 특파원, 방송 카메라맨 등으로 발디딜 틈 없이 꽉 차 있었다. 2층에서 1층 홀 안으로 내려오는 시와

쿠 심의관에게 어느 일본 기자가 소리쳐 물었다. "韓國との差は何ですか?(한국과의 차이는 무엇입니까?)" 이는 일본으로서는 가장 큰 관심사항인 한국과 일본의 쌀 의무수입량에 대한 차이가 얼마나 되느냐는 질문이었다. 이에 대한 그의 대답은 "君たちの思った通りだよ(자네들이 생각한 대로야)"이었다. 나는 내 귀를 의심했다. 아니, 어떻게 저런 대답을 할 수 있을까?

먼저 "君たち"는 "자네들"이라는 뜻으로, 아이들이나 부하 등 아래 사람에게 반말할 때 쓰는 호칭이다. 그보다는 조금 나은 "あなたたち"(당신들)나 다소 정중한 말인 "皆様"(여러분들)도 아닌 그런 말을 쓸 수 있을까? 또한 "한국과 차이가 무엇인가?"라는 질문에 "자네들이 생각한 대로"라니, 나로서는 상상도 안 되는 대답이다. 그리고서는 유유히 사람들 틈을 헤치고 나가는 것 아닌가. 내가 더욱 놀란 것은 그가 긴 홀을 지나 문밖을 나갈 때까지 그의 대답에 대해 반론을 제기하거나 소리를 지르는 사람이 아무도 없었다는 점이다. 새벽 1시까지 몇 시간을 기다렸다가 말도 안 되는 한 마디 답변을 듣고 뿔뿔이 흩어지는 그 많은 일본 언론인들을 어떻게 보아야 할까? 만약 우리나라였다면 어떤 반응이 나왔을까?

그리고 약 3개월 후인 '94년 3월 23일 저녁 우리 대사관저에서 제네바 주재 외신기자들을 초청하여 리셉션을 한 자리가 있었다. 그 자리에서 나는 평소 안면이 있는 일본 매일신문(每日新聞) 제네바 이토 요시아키(伊藤芳明) 특파원을 만나 그날 그 자리의 상황에 대해

물었다. 직접 그 자리에 있었던 그의 대답에 나는 다시 한 번 놀라지 않을 수 없었다. 즉, 그는 "과거에는 관리와 언론기자와의 관계가 그보다 더 심했었는데, 지금은 그래도 많이 좋아진 것이 그 정도"라는 것이다. 1996년 동경 출장시 만난 시와쿠 씨에게도 그 당시의 상황을 묻자 "내가 그렇게 얘기했었나?"라고 대답했다. 정말 일본은 우리에게 가깝고도 먼 나라인가 보다.

에스피 장관, 일본 반대 이유로 쌀 초기 물량 1.5% 제시했으나 허 장관 반발로 원래대로 하다

12월 13일 10:00에 열린 4차 한·미 농무장관 최종회담에서 에스피 장관은 한국의 쌀 우대조건(1%~4%)에 대하여 일본이 강하게 반대한다고 언급하며, 초기('95) 시장접근물량을 1% 대신 1.5%에서 시작하자고 제안하였다. 이에 허 장관은 강하게 반발하여 그 동안의 전체 합의사항을 무효화하겠다고 목소리를 높였다. 그러자 에스피 장관은 이를 다시 받아들여 원래 합의한 1%로 하기로 하였다. 그리고 12월 13일(14:00, USTR)에 한·미 합의사항 수치 재확인을 거쳐 최종확인 행사(21:00, Forum Hotel)를 가진 후, 마침내 한·미 협상을 마무리하게 되었다.

미국 외 여타 국가와의 양자협의도 소홀히 할 수 없었다

GATT의 다자협상에서는 한 회원국이 다른 회원국에게 양자협의를 요청할 경우, 반드시 응해 주어야 한다. 농산물 수입이 많은 우리는 미국 외 여타 농산물 수출국에게도 아주 중요한 상대이어서 상당

수 국가들이 양자협의를 요청하였다. 짧은 기간에 미국과의 협상을 우선시 하고 여타 시간에 다른 요청국들과 협상을 해야 했기 때문에 이른 시간과 밤늦은 시간을 가리지 않았으며, 때로는 식사를 거르는 경우도 많았다. 심지어는 협상 종결일인 12월 15일에도 양자협의(EC, 호주, 우루과이)를 하기도 하였다.

EC와는 10월 이후 6차(10.19, 11.5, 11.26, 12.10, 12.11, 12.15)에 걸쳐 협의를 가졌으며, 호주와는 7차(10.27,11.16, 12.1, 12.12, 12.13, 12.14, 12.15), 캐나다와 6차(11.2, 11.26, 12.3, 12.12, 12.13, 12.14), 뉴질랜드와 4차(11.26, 12.1, 12.12, 12.13), 일본은 우리의 요청으로 3차(12.3, 12.7, 12.11), 스위스와 2차(11.17, 12.14), 태국(12.14), 칠레(12.14), 우루과이(12.15)와는 1차 협의를 가졌다.

특히 필자는 EC의 묄러(Ralf Moller) 농업 부총국장과 11월 5일 진행한 양자협의시 몇 가지 EC 관심품목(유제품과 과실류)의 관세인하를 고려해 주는 조건(사실 정부 방침으로 이미 정해진 내용)으로, 한국의 개도국 지위(그때까지는 매 회의시 미국에 이어 우리의 개도국 지위를 꼭 거론) 문제를 더 이상 거론하지 말 것을 요청했다. 그러자 그는 그 이후의 회의에서 이를 일체 거론하지 않았다. 필자는 그 이후에도 브뤼셀 방문시마다 은퇴한 묄러와 식사를 함께하면서 그의 고견을 들었다.

UR 협상 종결하다

12월 14일 10:00부터 최종문안 배포에 따른 협의와 뒤이어 열린 수석대표회의에서 한국조항은 원안(1%~4%)대로 채택되었다. 다만 일본만 "일본의 수락은 국제정치적으로 어려운 결정이다. 한국조항의 경우 MMA에 대한 과도한 우대로 문제가 있으나, 그럼에도 불구하고 전체적 동의(consensus)가 이루어진다면 반대하지 않겠다." 고 발언하여 추인하였다. 그리고 지금까지 관세화를 반대해왔던 스위스, 캐나다, 멕시코가 관세화 예외 입장을 철회하였다.

서덜랜드 사무총장과 드니 의장은 최적의 타협(Big Deal)이라고 한국을 축하해 주었다. 일본도 14일 호소가와 총리가 담화문을 발표하고 6년간 관세화 유예의 GATT 제안을 받아들인다고 하였으며, 이어서 한국 정부는 12월 14일자로 일본 정부에 한국 우대조항에 대한 협조 요청을 하였다. 예정된 UR 종료일인 12월 15일 오전(10:30) 수석대표 비공식회의와 오후(17:00) TNC 회의가 개최되었으며, 19시 36분 서덜랜드 사무총장이 의사봉을 휘둘러 7년 3개월에 걸친 우루과이 라운드의 협상 종결을 선언하였다.

차. 국별이행계획서(C/S, Country Schedule)의 검증 파동

’93년 12월 15일에 끝난 UR 협상은 각국이 합의한 결과를 어떻게 이행할 것인가에 대해 구체적으로 작성 제출한 이행계획서(C/S)와 관련해 회원국들의 동의를 얻어야 했다. 우리는 합의한 결과에 일부 자의적 해석을 상당부분 추가한 것이 문제가 되어 검증(Verification) 과정에서 회원국들의 심한 비판과 함께 국내적인 파동을 겪었다. 다행히 2주간의 집중협상을 통해 원만한 협의 결과로 마무리할 수 있었다.

미국, 쌀의 최소시장접근물량 중 일부 자국산 구매를 요청하다

UR 협상이 끝난 이틀 후인 '93년 12월 17일, 미국 농무성 실무대표인 구루에프 다자협상과장이 필자에게 급히 만나자는 전갈을 보내왔다. 미국 USTR 대표부에서 만난 그는 에스피 장관이 최종 협상과정에서 허 장관이 약속한 사안이라며, 일정 부분 미국산 쌀 구매에 대한 별도의 합의서(Side Letter)를 작성하자고 말했다. 이에 대하여 필자는 전날에 귀국한('93.12.16) 허 장관으로부터 그러한 이야기를 들은 바 없을 뿐 아니라, 우리는 이미 다른 분야에서 미국 측에 양보했기 때문에 더 이상의 양보는 해줄 수 없다고 하였다. 이에 그는 그 자리에서 취리히 공항에서 미국행 비행기를 대기 중이었던 에스피 장관에 직접 전화를 걸어 확인하고는 더 이상 문제 삼지 않았다. 그러나 이 문제는 그 후 여러 차례 미국 농무성 슈로터 해외농업처장이 3차('94년 11월 3일 제네바, '95년 11월 11일 일본 동경 뉴오타니 호텔, '96년 3월 9일 과천 그레이스호텔)에 걸쳐 필자를 찾아와 거론하였으며, 2004년 쌀 관세화 유예 재협상 때까지 거론하는 계기가 되었다.

GATT, 국별 이행계획서(C/S) '94년 2월 15일까지 제출 요청 우리는 '94년 3월 11일에 제출하다

'93년 12월 15일에 열린 마지막 TNC 회의에서 서덜랜드 총장은 각국에서 협정문에 있는 작성원칙에 따라 이행계획서를 작성하여, 2개월 후인 '94년 2월 15일까지 제출토록 요청하였다. 그리고 '93년 3월 중에 각국이 제출한 국별 이행계획서(C/S, Country Schedule)

가 '93년 12월 15일에 합의한 내용과 일치하는지, 협정문의 작성 지침대로 하였는지를 검증하는 전체회의를 거쳐, 이의가 없을 경우 이를 첨부하여 마라케시 각료회의('94.4.15)에서 서명하는 절차로 UR 협상을 완료하는 것으로 되어 있었다.

이에 본부는 전담팀을 구성하여 UR 농업협정, C/S 작성 지침(Modality)과 양자협의의 합의내용을 따르면서, 해석의 여지가 있는 사항에 대해서는 국내 농업보호 차원에서 우리에게 유리한 방향으로 해석하여 작성하였다. 작성은 시장접근분야(MA, Market Access)와 국내보조분야(Domestic Support) 그리고 수출보조분야(Export Support)로 나누어 작성하는데, 우리는 수출보조를 주지 않기 때문에 이를 제외하고 두 분야만 대상으로 하였다.

특히 개도국 지위를 얻은 우리는 시장접근분야(MA)에서 관세인하계획(쌀을 제외한 모든 품목을 관세로 전환, 10년 평균 24% 인하, 최소 10% 감축)과 품목별 저율관세 허용물량(TRQ, Tariff Rate Quota)의 품목별 허용량(수입이 없는 경우 국내소비의 초년도 3%에 해당하는 최소시장접근물량, MMA(Minimum Market Access)를 설정하고, 기존에 수입이 있는 경우는 현행시장접근물량, CMA(Current Market Access)와 관세를 명기하도록 하였다. 특히 이 TRQ는 대부분이 수입이 거의 불가능한 수준인 고율관세구조(관세화, 한도양허, Ceiling Binding으로 몇백%에 이르는 경우가 많음) 하에서 농산물 수출국들에게는 아주 관심이 큰 분야이다.

다음의 국내보조(선진국 6년 20% 감축, 개도국은 선진국의 2/3 수준인 10년에 13.3%만 감축) 분야에서 우리는 쌀의 이중곡가제에 의한 수매보조가 대부분으로 구성되어 있다.

이렇게 작성된 우리의 농산물 이행계획서(C/S)는 공산품과 서비스 부문의 C/S와 합하여 '94년 2월 14일 대외협력위원회에서 확정하고 각국의 제출 동향을 보아가면서(제출시한을 넘긴 '94년 2월 17일에도 제출국은 EC, 캐나다, 스위스 3국뿐이었으며, '94년 2월 28일에도 일본, 미국 등 36개국이 제출하는 등 전반적으로 부진) 검증일주일 전인 '93년 3월 11일에야 제출하였다.

미국, 한국 이행계획서(C/S)의 사전 협의를 강력 요청하다

농림부는 '94년 2월 9일 미국에 인맥이 많은 이상무 농업구조정책국장(미시간주립대 박사)을 파견하여 미국의 동향을 파악(오마라 차관보를 포함해 광범위하게 접촉함)하는 한편, 우리의 C/S 작성계획을 알려주어 미국 측의 반응을 알아보도록 하였다. 특히 미국 측은 관심이 많은 주요 품목의 저율관세물량(TRQ)과 관련해 우리의 작성 방안을 알려달라고 하였으며, 귀국 후 이를 보내주자 미국은 그 내용에 '93년 12월 15일 한국과의 최종 합의에는 없는 상당수 품목의 국영무역과 이에 의한 부과금(Mark-up) 징수 방안이 포함된 것을 알고 우리에게 이행계획서 C/S의 제출 전에 사전협의를 하자고 강하게 요청하였다.

그러나 본부는 사전협의가 어렵다고 이를 거절하였다. 당시 국내적으로 UR 협상 결과가 잘못되었다는 비판이 거세었던 정세 하에서 미국과 사전협의을 하게 될 경우, 이에 대한 또 다른 비난(추가 비밀 협상을 한다는)이 우려되었기 때문이었다. 그러나 미국 측은 장소는 한국이 아닌 동경이나 홍콩에서까지도 할 수 있다고까지 언급하며 만나줄 것을 요청하였다. 심지어 제네바에 있는 필자에게까지 면담 주선을 요청하였으나 농림부는 이를 거절하였다.

그러자 '94년 2월 24일에는 제네바에서 그동안 격의 없이 친하게 지내던 미국 USTR 제네바 대표부의 손(Thorn) 참사관이 정색을 하면서 필자에게 우리의 면담 거절에 대한 외교적 항의인 디마쉬(Demarche)를 필자에게 한다고 하였다. 마지막으로 2월 28일에는 미국 측이 C/S의 상호교환까지 제안하였으나 본부는 이 역시 거절하였다. 어쩌면 일체의 사전협의 없이 3월 11일에 우리가 제출한 한국의 이행계획서(C/S)에 대하여 3월 15일에 가진 첫 번째 한미 양자협의에서 미국 측의 분노가 폭발한 것은 이미 예견되어 있었던 것이다.

미국과의 양자협의와 GATT에서 한국의 1차 검증회의, 한국 이행계획서에 대한 성토장이 되다

본부는 실제 '93년 12월 15일 합의한 협상과는 달리 원칙에 따라 작성된 이행계획서(C/S)는 간단한 검증절차로만 가능하다고 판단하여, 단출한 실무대표단(이명수 과장 외 3인)을 3월 14일에 파견하였다.

한편, 필자는 2월 말 우리의 이행계획서를 처음 받아 본 순간 앞으로의 검증과정이 순탄치 않을 것임을 예견하였다. 거기에는 '93년 12월 15일 합의에 없었던 사항들이 상당수 포함되어 있었기 때문이었다.

먼저 ① 이미 '92년 4월에 양허한 많은 품목의 관세를 인상(GATT에 양허한 관세는 회원국의 동의를 얻어야 인상이 가능)한 점, ② 저율관세물량(TRQ)의 품목에 국영무역을 도입하고, 수입가격과 국내가격의 차이를 부과금(Mark-up)으로 부과한 점, ③ 상당수 품목(97개 품목)에 종량세와 종가세를 병기하고, 양자를 비교하여 큰 쪽으로 부과하겠다고 한 점, ④ 한도양허 품목을 대폭 확대한 점, ⑤ 국내보조를 괄호 안·밖의 두 가지 숫자로 적은 점 등이었다.

이중 가장 치명적인 것은 GATT 원칙에 위배되는 양허관세의 인상이었다. 우리는 '92년 4월 우리에게 그다지 보호가 필요 없는 품목들을 양허(GATT에 더 이상 올리지 않는다는 약속)하여 주었던 것인데, 이들 품목과 '93년 12월 15일 협상결과인 NTC 15개 품목을 합산하여 보니 실제 27.2%의 관세 삭감이 되어 개도국 평균 의무삭감률인 24% 삭감보다 높게 나오자, 이를 24% 삭감으로 맞추기 위하여 382개의 품목의 기 양허관세를 일률적으로 단순 인상하였던 것이다. 이는 우리에게는 거의 실익이 없는 것으로, 오로지 국내 비난(개도국 평균이 24%인데 27.2%로 더 삭감해 주었다는)을 피하기 위한 것이었지만, 회원국 동의가 필요한 양허관세를 광범위하게 올려버렸으니 이들 품목과 이해관계가 있는 다수 국가들이 가만히 있을 수가 없었던 것이다.

이 문제가 GATT의 한국의 이행계획서 첫 검증날(이미 기제출국에 대한 검증은 3월 1일, 3월 8일 실시하였음)인 3월 17일에 여러 나라들의 집중 성토 대상이 된 가장 큰 이유였다. 또한 저율관세물량(TRQ)은 고관세 구조에서 수입국에게 가장 확실히 수출할 수 있는 품목들인데, 여기에 국영무역을 도입하고 국내외 가격차에 해당하는 부과금을 부과하는 것은 수입 제한적 효과가 있다고 볼 수 있으며, 종량세와 종가세를 병기하고 관세가 큰 쪽을 선택토록 하는 것도 수입 제한의 효과가 있는 것 역시 사실이었다. 아울러 일부 품목의 한도양허를 인상한 것도 비난의 이유가 될 수 있었다.

마침내 3월 15일 15시 열린 미국과의 양자협의(미국 측 슈로터 처장, 구루에프 과장 외, 한국 측 이명수 과장 외 3인)에서 그동안 여러 차례 사전협의 제의를 모두 거절한 데에 대한 분노가 터져 나왔다. 즉, 우리가 '93년 12월 15일 합의 사항을 침해하였다고 하며, 그 사례를 하나하나 구체적으로 지적하면서 한국의 C/S는 전적으로 수락할 수 없다는 것이었다.

3월 16일 오전, 사무국의 후세인 차장보로부터 만나자는 연락이 왔다(11:00~12:00). 그는 한국의 C/S에 대하여 미국뿐 아니라 다른 나라들도 문제 제기를 하고 있다고 하면서 ① 양허관세의 인상, ② 국영무역의 도입, ③ 저율관세물량(TRQ)의 물량 등이 양자협의를 침해했다고 언급하였다. 그는 미국과 우선적으로 문제를 해결할 것을 권고하고, 3월 21일까지는 양자협의를 마친 후 다자화 할 것이라고 말하며, 그때까지도 합의를 못할 경우 큰 문제가 될 것이라고 상당한 우려를 표하였다. 그리고 그날 오전에는 호주와, 오후에는 미국과 두번째 양자협상을 가졌다. 호주(피터 메이 참사관)는 우리의 이행계획서가 12월 15일 약속에서 가장 후퇴된 것으로 한도양허의 인상, 국영무역과 부과금, 종량세 신설 등과 관련해 미국과 같은 주장을 하였으며, 미국 역시 다음날 회의시 이 문제들을 재론할 것임을 언급하는 동시에 한국이 조기에 해결 방안을 제시해 줄 것을 요청하였다.

3월 17일 Hoda 제2사무차장 주관으로 열린 우리의 제1차 검증회의에서 한국 C/S에 대하여 10개국(미국, EC, 호주, 뉴질랜드, 우루과이, 아르헨티나, 캐나다, 칠레, 태국, 일본)이 발언을 하였으며, 그 중 미국, 호주, 뉴질랜드가 가장 강하게 비난하였다. 결과적으로 회의는 한국의 이행계획서 성토장이 되어버린 셈이었다. 특히 미국은 양허관세의 인상은 GATT의 원칙을 위배한 것이고, 또한 미국과의 합의사항(ROU)을 위배하였으므로 이는 완전히 받아들일 수 없다(totally unacceptable)고 하였다. 회의 말미에 Hoda 차장은 3월 19일 예정인 2차 검증회의를 예고하고, 그때까지 관계국과 양자협의로 합의를 도출하도록 주문하였다.

이 회의에 참석한 허 대사는 사태가 심각하다고 판단해 그날 한국 C/S 검증 내용 결과를 강한 톤의 전문으로 본부에 알리고 대책 강구를 요청하였다. 그러자 본부에서는 긴급 대책회의를 열고 농림부 박상우 차관보를 제네바에 현지 급파할 것을 결정하는 등의 일련의 조치를 취하는 큰 파장이 일었다.

미국 농무성 소속 변호사가 우리를 도와주다

3월 18일 제3차 한미협의에서 우리는 양허관세 인상계획을 철회할 것을 언급하였으며, 미국 측에게 구체적인 관심품목 제시를 요청하였다.

지금에야 하는 얘기지만 우리로서는 부끄러운 이런 일도 있었다. 그날 미국과의 C/S 검증이 한창일 때 우리가 추가로 써넣은 일부 저율관세물량(TRQ) 품목의 국영무역 관리방안에 대하여 미국 측이 계속 반대해 협상은 지지부진해졌다. 이에 내가 고민스러워 하는 것을 본 미국 농무부 소속 H 변호사(미국은 15명의 농무성 소속 변호사를 참여시킴)는 나에게 따로 회의장 밖에서 보자는 메시지를 보내왔다. 밖에서 따로 만난 그는 나에게 자신이 쓴 영문 두 문장을 건네주었다. 그리고 이를 한번 고려해 보라는 것이었다.

그 내용 중 하나는 우리가 그동안 주장했던 국영무역과 부과금이 들어간 문장(Note 4)과 다른 하나는 직접 국영무역이란 용어는 피하면서 우리의 목적 달성에는 전혀 문제가 없는 문구(Note 5)였다. 특히 두 번째 문구는 우리가 목적으로 하는 생산자 단체 등에 수입권을 주는 데 문제가 되지 않을 것 같았다. 속개된 회의에서 필자가 이를 구루에프 과장에게 제시하자 그는 동석한 그 변호사에게 자문을 구했으며, 그가 괜찮다고 하자(자기가 써준 것이었으므로) 그대로 통과되었다. 그게 바로 우리가 제출한 최종 C/S상의 Note 4와 Note 5인 것이다. 정말 지금 생각하면 말도 안되는 해프닝이었지만, 그의 도움으로 우리 국가 이익에 보탬이 된 것만은 틀림없다.

참고 1.

Note 4 : the Government of Republic of Korea or the designated state trading agencies can impose the import mark-up on sales of these products in Korea in addition to the in-quota tariff.

참고 2.

Note 5 : the Government of Republic of Korea or its designated agencies can take measures consistent with the Agreement establishing the World Trade Organization to ensure orderly domestic markets and to designate revenues resulting from the sales of these products in Korea.

필자가 공직을 그만두고 나서 몇 년 지난 2003년 봄 워싱턴을 방문하는 길에, 이미 농무부를 그만두고 한 로펌에 근무하고 있던 그 변호사를 수소문하여 찾아가 10년 전 당시의 도움에 사의를 표하였다. 그는 겸손하게도 손사래를 쳤다. 지금도 나는 그때 그가 왜 나를 도와주었는지가 여전히 의문이지만 그래도 그와 식사 한번 같이 못한 것이 못내 미안하였다.

미국과의 집중적인 양자협의를 통해 3월 23일 드디어 합의를 이끌어내다

또한 3월 18일 미국과 양자협의가 시작되기 전 잠시 틈을 내어 EC의 묄러 농업부총국장과 만나 한국 C/S의 문제점을 지적한 그에게

EC의 관심품목 List를 주면 최대한 반영해 보겠다고 제안하고 회의를 마쳤다. 그리고 3월 19일 열린 우리 이행계획서의 제2차 검증회의에서 미국, 호주, 뉴질랜드 등 8개국이 발언(태국, 우루과이 제외)에 나서 대부분 국가들은 일부 진전은 있었으나, 아직 해결되지 않은 부분이 있다고 하였다. 그러나 1차 때보다는 발언수위가 한층 낮아져 있었다. 우리는 계속 협의를 통해 해결해 가겠다고 하였으며, Hoda 차장은 최종회의가 3월 21일에 있을 예정이니 그때까지 합의해오라고 재촉하였다.

한편, 3월 19일 뉴질랜드와의 양자협의에서 비즐리 대사는 미국과의 양자협의를 중시하는 데에 강한 불만을 표시하였다. 일요일인 3월 20일에는 10:00부터 캐나다와 협의, 19:30부터는 일본과의 양자협의를 가졌다. 특히 일본 측은 우리에게 협정문 부속서 Section B(한국조항)에는 쌀 한 품목인데, 어떻게 쌀 관련 12개 품목*까지 포함시킬 수 있었으며 미국이 이를 인정해 주었느냐고 물어와 그렇다고 답변하자 부러운 표정을 지었다. 사실 필자는 '93년 12월 14일 협상 당시 실무자에게 쌀가루 등 쌀이 들어간 관련 모든 품목을 찾아내도록 하여 List로 제시하였고, 이에 대한 구루에프 과장의 동의를 받아냈던 적이 있었다.

* HS10단위 12개 품목 : 찰현미, 멥쌀, 찹쌀, 쇄미, 쌀가루, 쌀(분쇄물 및 조분), 쌀(펠리트), 쌀(압착 또는 프레이크), 베이커리제품 제조용 혼합물(쌀가루의 것), 베이커리제품(쌀가루, 보리가루 및 이외), 기타조제식품(쌀가루의 것), 기타(쌀가루, 보리가루 이외)

그리고 일요일인 20일 저녁 10시부터는 미국과 여섯 번째 회의가 예정되어 있었다. 필자는 구루에프 과장과 회의 30분 전에 따로 만나 미국 측이 제시한 관심품목 List에서 미국의 관심품목이 아닌 것이 들어 있는 것 같다고 솔직하게 말하고는 미국의 관심품목만 골라내자고 하였다. 이에 그 역시 동의해 그 자리에서 미국 관심품목만 골라내고 나머지 품목은 제외하는 작업을 하였다.

사실 짧은 협의시간에 제기하는 모든 나라와 양자협의를 하기에는 시간이 너무 부족하였다. 실은 우리가 미국과 협의를 우선하는 것을 알고 있는 여타 국가들이 미국에게 자국의 관심품목 List를 건네주어 미국이 이를 통합하여 제시했던 것이다. 필자는 미국 관심품목을 우선으로 하고 나머지 품목은 나중에 우리가 별도로 해결해 나가겠다고 하였다. 그리고 그날은 밤을 꼬박 새며 다음날인 21일 아침 07:00까지 미국의 관심품목과 우리가 지키고자 하는 품목별 합의를 마쳤다. 그리고 이를 다음날 저녁 9시에 마지막으로 확인하는 회의를 갖기로 하였다.

또한 그날(3월 21일) 오전에는 바로 칠레와 양자협의(과실류 관세인상, 종량세 부과 문제를 거론)를 가졌으며, 같은 날 열린 세 번째 검증회의에서 우리의 C/S와 관련하여 이의를 제기하는 국가가 5개국(미국, 호주, EC, 캐나다, 뉴질랜드)으로 줄어들었다. 미국은 한국과의 협의에서 상당한 진전이 있었으나 아직 미해결 문제가 남아있어 검증 수락은 할 수 없다는 발언을 하였다.

Hoda 차장은 아직 미완 국가가 남아 있어 마지막 검증회의는 3월 25일에 갖겠다고 하고 그때까지 모두 완료할 것을 요청하였다. 그리고 그날 밤 본부에서 긴급 파견한 농림부 박상우 차관보가 도착하여 대표단에 합류하였다.

우리는 3월 22일 저녁 뉴질랜드와 다시 양자협의를 가지고, 저녁 9시에는 미국과 최종협의인 7차 협의를 갖기로 하였다. 그날 오후 사무실에 들렀더니 본부에서 한 통의 전문이 들어와 있었다. 내용은 저율관세물량(TRQ)로 들어오는 오렌지의 수입권을 제주 감귤조합이 가질 수 있도록 협의하라는 것이다. 이 내용은 이미 미국과는 협의가 끝난 상황이라 난감하였다. 미국의 지대한 관심품목인 오렌지의 TRQ 수입권을 미국이 가장 싫어하는 생산자 단체에게 준다는 것은 상상도 하기 어려웠다. 어제 오전까지 합의한 안에는 이미 오렌지 수입권은 "Note 4"나 "Note 5"의 대상이 아닌 것으로 결론이 나있었다. 그러나 다시 한 번 부딪쳐 보기로 하였다.

먼저 필자는 구루에프 과장에게 전화를 걸어 회의시간 1시간 전에 만나자고 하여 저녁 8시에 그를 만났다. 그는 만나자 마자 미국 대표단이 자신을 제외하고는 모두 여성(바바라 채튼 USTR 과장, 테레사 하우스 농무성 담당관)으로 철야 협상에 어려움이 있다고 언급하며, 오늘 회의는 그러지 않았으면 좋겠다고 하였다. 이에 필자는 그렇게 해보자고 대답해 주며, 지나가는 말처럼 어제 들어온 서울에서의 보고에 의하면 필자가 잘 아는 제주도 신구범 지사가 전날 자신이 소유

한 농장의 감귤 나무를 모두 베어버렸다는 소식이 있었다고만 하였다. 그리고 9시에 시작된 회의에서 양측은 전날 합의사항을 품목별로 확인하는 작업(line by line)을 진행하여 거의 마무리를 지었다. 필자는 구루에프 과장에게 끝으로 한 가지만 더 추가로 들어주었으면 한다고 하면서, 오렌지의 저율관세물량(TRQ) 수입권을 제주감협에 줄 수 있는 "Note 5" 대상품목으로 해주었으면 한다고 말했다.

그제야 필자가 1시간 전에 만나서 언급한 이야기의 뜻을 알아차린 그는 잠시 정회를 요청하고는 다른 방에서 본부에 전화를 거는 것 같았다. 1시간 정도 후에 속개된 회의에서 그는 그렇게 하도록 해주었다. 그리고 회의 자료를 정리하려고 하는 순간, 회의실 끝자리에 앉아 있던 농림부 정일정 사무관이 느닷없이 큰 소리로 "국장님, 제주감귤 저율관세물량(TRQ)의 수입권이 빠졌습니다"라고 하는 것이다. 다시 자리에 앉은 필자는 아무 말 없이 구루에프 과장의 얼굴만 쳐다보았다. 그러자 그는 할 수 없다는 듯이 고개를 끄덕여 화답하였다.

그때가 3월 23일 새벽 1시었으니까 그와 약속했던 미국 측의 여성대표들을 배려한 밤샘은 하지 않게 되었다. 이렇게 예외로 오렌지, 감귤의 수입권을 얻게 된 제주감귤협동조합은 오렌지('95년 1만 5,000톤에서 시작 2004년 5만7,000톤), 감귤('95년 1,258톤, 2004년 2,097톤) 수입권으로 얻은 국내 판매수익은 약 660억원('95~'00, 65,971,992,000원, 제주감협자료)에 이르렀다.

필자가 이미 미국과 품목별로 끝난 얘기인 오렌지 수입권을 제주감협에게 부여하는 협상 추진 배경에는 개인적 인연이 있었던 것도 부인할 수 없었다. 먼저 신구범 제주지사는 필자와 농림부 근무를 같이 했고, 강대진 제주감귤협동 조합장은 UR협상 막바지에 제네바에 장기간 상주하면서 매일 아침 필자를 찾아와 무언의 압력을 주었고, 지인인 제주대 강지용 교수의 수차례 전화 부탁이 필자로 하여금 움직이게 한 것이 아닌가 한다.

이러한 미국과의 합의를 토대로 호주(23일 11:00), EC(23일 15:00), 캐나다(24일 17:00), 뉴질랜드(25일 11:00)와 차례로 마지막 양자협의를 가져 마무리를 지었다. 특이한 것은 미국과 합의 이후, 이들의 태도가 훨씬 달라져 있었다는 점이다. 그리고 마지막 검증회의(박상우 차관보 외 대표단 참석)가 열린 3월 25일(15:00)에 미국, 호주, 캐나다, 뉴질랜드의 대표는 한국과 원만한 협의가 이루어져 더 이상의 문제가 없다고 하였다.

이로써 그토록 국내외에 문제가 많았던 한국의 이행계획서의 검증이 끝난 것이다. 회의가 끝나고 만난 GATT 사무국의 볼터 농업국장(Frank Wolter)은 그동안의 가장 큰 걱정이 해결되었다(great relief)면서 축하해주었다.

국내보조 감축액의 괄호 안 숫자와 괄호 밖 숫자의 퍼즐

실제로 이행계획서의 검증작업이 수출국의 관심사항인 관세와 저율관세물량(TRQ) 운용에만 집중되어 있어 농산물 협정의 중요한 축의 하나인 국내보조 감축은 관심 대상에서 멀어져 있었다. 우리나라의 국내보조 중 감축대상은 주로 쌀의 이중곡가제에 쓰이는 막대한 정부예산이 대부분이었다. 그리고 쌀의 정부수매가는 해마다 큰 정치 쟁점의 하나로 여야 모두 올리는 데 합의가 쉽게 이루어져, 계속해서 늘어나고 있었다.

그러나 이 추곡수매가의 지불은 UR에서는 줄여야 하는 정책으로 정하고, 그 내용을 GATT에 신고하고 이를 해마다 줄여나가도록 되어있었다. 작성 규정에 의하면 선진국은 6년 20% 감축, 개도국은 10년 13.33% 감축으로 되어있어, 매년 1.333%만 감축하면 되어서 얼핏 보면 대단하지 않은 것으로 생각될 수 있다. 그러나 협정문에서 정해진 '86~'88년 평균보조금을 기준으로 할 경우 이행초년도가 되는 '95년에는 실제보다 엄청난 수준으로 감축해야 하기 때문에 우리로서는 협정문이 정한 방법 그대로는 도저히 이행할 수 없는 결과가 되는 것이다.

이에 착안한 것이 기준년도를 최근년도로 옮겨 시산하면 감축수준이 훨씬 줄어들게 되므로, 농림부는 이를 '89~'90년으로 변경하여 표를 작성해 괄호 밖 숫자로 쓰고, 다른 한편으로는 별도로 이보다 더 적게 감축할 수 있게 되는 '90~'92년을 기준년도로 한 숫자를 괄호 안 숫자로 작성('90~'92 기준년도로 작성한 사례는 어느 국가도 없었다)하여 애매한 형태로 제출하였다(표 1. 참조). 여기에는 어느 쪽(괄호 안과 괄호 밖)이 실제 감축을 약속하는 숫자라는 표시 없이 제시하였던 것이다.

그리고 검증작업이 한창인 '93년 3월 19일 본부로부터 한 통의 전문이 왔다. 내용인 즉, 국내보조의 괄호 안 숫자가 진정한 감축약속 숫자라고 회원국에 통보하라는 것이었다. 그러지 않아도 부실제출로 집중 포화를 맞으며 양자협의에 온 힘을 다하고 있는 상황에서, 또 다른 비난의 대상이 될 소지가 큰 사안을 사무국과 회원국에게 통보하라는 것은 현지사정을 전혀 감안하지 않은 지시였다.

필자는 이를 이성주 경제 참사관과 상의하여 통보하지 않기로 하였다. 이미 사무국으로부터는 괄호안과 괄호 밖의 숫자 의미를 문의

표 1. UR 농산물 협상 이행계획서(국내보조 감축약속)

총 감축기준보조액 (BASE TOTAL AMS)	연도별 및 최종지원 상한수준 (1995~2004)	근거자료
1,718.6	1995 : 1,695.74 (2,182.55) 1996 : 1,672.90 (2,105.60) 1997 : 1,650.03 (2,028.65) 1998 : 1,627.17 (1,951.70) 1999 : 1,604.32 (1,874.75) 2000 : 1,581.46 (1,797.80) 2001 : 1,558.60 (1,720.85) 2002 : 1,535.74 (1,643.90) 2003 : 1,512.89 (1,566.95) 2004 : 1,490.00 (1,490.00)	부속자료 4, 5, 6, 7, 8, 10 참조

* 총감축 기준보조액은 '89~'91 기준년도 AMS임. ( )내 수치는 최근년도 쌀 AMS를 감안한 연도별 감축 약속 상한 수준임 (부속자료 AMS 시장가격지지 산출근거 참조).

받고 회답을 차일피일 미루고 있는 상황에서, 아직 어느 회원국도 그 문제를 공식 제기하지 않고 있었으나 우리가 통보하는 순간 또 다른 부실 작성이라는 총체적 비난의 대상이 될 것임이 명확했기 때문에 일단 버텨보기로 하였다. 그러자 본부에서는 그 이후 빨리 괄호 안 숫자를 통보하라는 두 번의 독촉 전문을 보냈으나 우리는 이를 이행하지 않았다. 사실은 문제점을 뒤로 미룬 셈이 되었다.

다행히도 검증이 끝날 때까지 어느 회원국도 그 문제를 제기하지 않아 가슴을 쓸어 내렸다. 그러나 최종 검증회의 후에 따로 만난 미국의 구루에프 과장은 필자에게 국내보조의 괄호 안과 밖의 숫자 문제를 자신은 알고 있었으나 직접 거론하지는 않았다고 말했다. 물론 고맙다는 인사를 잊지 않고 해주었다.

또 한 가지 다행이었던 것은 필자의 제네바 농무관 후임으로, 본부에서 그 숫자 작성을 직접 주도했던 김정호 농무참사관(작성당시 양정과장)이 그 문제로 그 후 WTO 회의에서 회원국의 비난(WTO 협정위반, 어느 숫자가 진짜인가 등)을 자신이 직접 받기도 했지만 잘 대응하였다는 점이며, 그 후 별 문제없이 기정사실로 일단락되었다. 지금도 필자는 그때 본부의 지시사항을 세 차례나 어기고 사무국에 통보하지 않은 것이 잘못한 일이 아니라고 생각해본다.

C/S 검증과정에서 심한 비난은 받았으나 우리는 많은 것을 얻었다

우리의 이행계획서(C/S)는 검증과정에서 회원국들의 비난은 받았지만 여러 이유에서 얻는 것이 더 많았다고 생각한다.

첫째로 우리가 국영무역과 부과금(Mark-up) 대상품목으로 제시한 118개 품목 중 97개 품목은 국영무역과 부과금(Note 4, 쇠고기, 감자, 고구마, 보리, 쌀 등) 또는 정부지정기관 등에 의한 운용(Note 5, 오렌지, 참깨, 마늘, 고추 등)으로 확보하였다.

둘째, 종량세와 종가세의 병기 문제는 '93년 12월 15일 제시한 13개 품목에서 97개 품목으로 확대하여, 제시한 품목 중 고추, 마늘, 양파 등 63개 품목은 우리의 안대로 선택적 관세부과가 가능하게 되었고, 나머지 분유, 감자 등 34개 품목은 종량세를 삭제하고 종가세만 표기하게 되었다.

셋째, 한도양허의 관세를 인상했던 102개 품목 중 배, 홍차 등 71개 품목은 당초 우리가 주장한 한도양허 수준으로 관철하고, 토마토, 바나나 등 31개 품목은 상대국의 주장을 받아들여 '92년 4월 수준으로 환원하였다.

그리고 우리가 잘못한 양허세율의 상향조정 문제는 이미 양허된 958개 품목 중 일부 기술적 오류로 수정한 28개 품목을 제외하고는 상향조정하였던 382개 품목의 관세를 원래 양허했던 수준으로 모두 원상복귀 시켜주었다.

이행계획서 검증은 국내외 파문을 가져왔다

이와 같은 상당한 성과에도 불구하고 이행계획서(C/S)의 수정은 대외적으로는 신뢰를 잃은 면이 있었으며, 국내적으로는 한 자도 고칠 수 없다는 약속을 하고도 수정제출한 점이 문제가 되었다. 그 결과 "이행계획서의 수정은 국민과 대통령을 속이고 문민정부의 도덕성을 훼손하였다('94.4.4 청와대 대변인)"는 이유로 취임 3개월의 농림수산부장관이 경질되었다. 그러나 다음날 발표한 이회창 국무총리 담화문에서는 "농림수산부 실무진들이 우리 농민들을 위하여 유리한 결과를 얻고자 했으며 '93년 12월 15일 협상결과보다 상당히 유리한 실리를 확보했고, 국익을 위하여 애썼다는 점을 이해해 주었으면 한다"는 내용의 발표를 하였다. 이러한 국무총리의 발표문으로 협상에 참여하였던 실무자들의 노고가 어느 정도 인정받았다고 할 수 있겠다.

개인적으로는 검증기간 2주 동안 집에 돌아간 날보다 사무실과 회의장에서 밤을 보낸 날이 더 많았다. 검증이 끝난 3월 24일 저녁, 필자는 집에 돌아와서 그냥 쓰러져 밤새 식은땀을 흘리며 내의를 세 번이나 갈아입는 고통을 겪었다. 다음날(3.25) 겨우 마지막 검증회의에 참석한 이후 재어본 필자의 체중은 평소보다 6㎏이나 줄어있었다. 본의 아닌 다이어트를 한 셈이다.

카. 마라케시 각료회의('94.4.12~15)에서 협정비준까지

7년 3개월 만에 합의를 본 UR은 '94년 4월 15일 마라케시에서 117개국 각료들의 서명을 마치면서 종료되었다. '94년 말에는 미국('94.12.1)을 위시하여 한국('94.12.16) 등 참여국들이 비준을 마침으로써 새로운 국제무역기구인 WTO(World Trade Organization)가 '95년 1월 1일에 출범하게 되었으며, 세계 농산물 교역이 단일 규범을 갖게 되었다. 우리는 협상을 통하여 얻은 것도 많았으나, 잘못된 부분도 있었다.

마라케시 각료회의에서
117개국 각료들의 서명으로 UR 협상 종료하다

'86년 9월에 시작하여 7년 3개월 만에 끝난 UR 협상 결과는 500페이지에 달하는 문서로 종합된다. 특히 협상의 핵심이며 가장 어려웠던 농업협상은 단 25페이지에 불과한 극히 일부에 지나지 않는다. 여기에 15페이지에 이르는 동식물 검역조치에 관한 협정을 추가해도 겨우 40여 페이지에 이를 뿐이다. 그러나 UR 협정의 중요한 부분인 합의에 의한 국별 이행계획서(Country Schedule, 양허표)에 기재된 수량적 약속의 경우, UR 합의에 서명한 국가(117개국)분을 전부 합하면 거의 2만 페이지에 이른다. 참고로 우리나라가 제출한 농업부문 이행계획서도 88페이지(관세 66페이지, 저율관세물량 10페이지, 국내보조 1페이지, 국내보조의 보조표 11페이지로 구성)이다.

모로코의 마라케시 각료회의(4.12~15) 마지막 날인 4월 15일, 각료들의 서명식을 끝으로 우루과이 라운드 다자간 협상은 대단원의 막을 내렸다(한국측 수석대표 : 김철수 상공부 장관, 농림수산부 대표 : 박상우 차관보, 필자, 송주호 사무관). 이제는 각국의 이행절차인 '94년 말까지 국내 비준(ratification)만 남고, '95년 1월 1일부터는 국제무역기구인 WTO라는 새로운 조직이 탄생하여 각국은 약속한 이행을 해나가면 되었다.

미국과의 검증결과('94.3.23)가 국내 언론에 유출되어
보안 감사를 받다

한편, 우리와 미국과의 검증회의 결과('94.3.23)를 문서로 작성하여 본부에 보내는 과정에서 내용이 그대로 일부 언론(국민일보)에 보도('94.3.25일자 1면과 26일자 사설)되어 국내에 파문이 일어난 경우가 있었다.

내용인 즉슨, 그동안 정부가 추가협상을 하지 않았다고 하는데 이것이 거짓이라는 것이었다. 물론 그 협의는 우리가 '93년 12월 15일 협상결과에 플러스알파로 제시한 것에 대해 미국을 위시한 국가들이 원상복구를 요구하는 협상으로써, 결과를 놓고 보면 우리에게는 잃는 것보다 얻는 것이 더 큰 협의였다. 그러나 이는 야당과 일부 재야의 재협상을 주장하는 단체의 공격 대상이 되었다. 결국 농림부 장관이 경질되었으며, 이에 대한 내부 감사로 공무원들이 국익을 위해 애썼다는 국무총리('94.4.5) 담화문까지 발표하는 결과를 가져온 작지 않은 사건이었다.

신문 기사에는 제네바 대표부 농무관실에서 회의 결과를 사전에 작성하여 보낸 한글 파일(글자체가 동일)이 그대로 실려 있었다. 당시는 대표부의 각 부처 주재관들이 자신들 부처의 상부 보고용으로 요청하면 어쩔 수 없이 동시에 사본을 건네주었던 것이 상례였는데, 그 사본을 누군가가 본부로 팩스를 보낸 것이 언론기관에 유출되었던 것이다.

그리고 얼마가 지난 '94년 6월 13일 서울에서 보안 감사가 나왔다. 내용은 공관의 전체적 보안 상태를 점검하는 감사였지만 본래의 목적은 그 언론에 유출된 경위에 대한 조사였다. 각 부처 주재관들의 조사를 마치고 마지막으로 필자에게 찾아온 보안담당관은 그 동안의 감사 경위를 설명하고, 누군가 그 사안에 대해 책임을 져야할 것 같다고 언급하면서 대표로 필자에게 책임있다는 경위서를 써줄 것을 요청하였다. 필자는 망설이지 않고 바로 모든 책임은 필자에게 있다는 경위서를 써주었다. 실제 그 내용은 필자가 협상한 결과였기 때문에 문서 작성자와 대사에게는 책임이 없고, 작성·보관·전달 등의 종합적인 관리에 대한 책임은 전적으로 필자에게 있다는 것이었다.

당시의 엄중한 상황으로 보아 중도 귀국은 물론, 상당한 징계까지 각오하지 않을 수 없었다. 아무에게도 얘기를 하지 못한 채 며칠이 지난 하루, 대표부의 C 간부가 감사 마지막 날 보안담당관과 오찬을 함께 하면서 자신에게 들려준 이야기를 전해주었다. 그는 보통의 경우 감사를 하면서 특정인에게 책임을 지라고 하면 대부분이 변명만 늘어놓고 끝까지 자신의 책임이 아니라고 주장하는데, 필자처럼 그 자리에서 바로 자신의 책임이라고 써 주는 공무원은 처음 보았다는 것이다. 그리고 상당 기간이 지난 후에도 그 감사 결과의 통보를 받지 못하였다. 다행히도 좋은 감사관을 만났던 것이다.

WTO 사무총장 후보로 우리 상공부 김철수 장관이 출마하다

마라케시 각료회의 후, 자연스럽게 새로 출범하는 초대 WTO 사무총장 이야기가 나왔다. 제네바의 분위기는 추진력이 강한 현 GATT 피터 서덜랜드(Peter Sutherland) 사무총장이 맡아야 된다는 견해가 컨센서스를 이루었으나, 본인은 한사코 사양했다. 따라서 신임 사무총장 입후보 문제가 나오게 되자 가장 먼저 한국의 김철수 장관이 입후보 등록을 하였다. 이어서 EC와 유럽에서는 전임 이태리 무역장관 레나토 루지에로(Renato Ruggiero)를 추천하였고, 뒤늦게 멕시코 대통령을 역임한 칼로스 사리나스(Carlos Salinas)가 뛰어 들어 3파전이 되었다. 특히 사리나스 전 대통령은 미국과 중남미가 밀고 있어 우리가 세 후보 중 가장 불리한 입장이었다.

제네바 대표부는 김 장관의 선거운동에 뛰어들어 활발하게 움직였다. 특히 허승 대사는 지지 표명이 없는 국가를 대상으로 적극적인 지지 유도에 힘썼다. 10월 13일 기준, 김 장관이 25%, 루지에로 35%, 사리나스 35%까지 선전하였다. 우리는 일본, 호주, 인도, 아세안, 바레인, 나이지리아 등 아시아는 물론 일부 중동 및 아프리카 국가들의 지지를 받고 있었으며, 11월 22일 총회에서는 오히려 사리나스 후보보다 앞선다는 느낌이 들 정도까지 호전되었다(그때까지도 5% 정도의 국가가 미정 상태였다).

마지막 단계에서 사리나스 후보가 재임 시 독직사건에 연루되어 사퇴하게 되면서 우리의 입장이 비교적 유리하게 전개되었다. 그러나 미키 캔터(Mickey Kantor) 미국무역대표부(USTR) 대표가 루지에로를 미국으로 불러 방송에 함께 나가 지지한다고 하는 등, 미국이 루지에로 후보에 대한 지지를 표명하였다. 결국 최종적으로 전체 회원국 중 김 장관 지지가 1/4, 루지에로 지지가 2/3라는 결과가 되어

루지에로 후보로 컨센서스를 모으게 되었다. 더욱이 김 장관이 차선책으로 사무차장직을 수락하면서 초대 WTO 사무총장으로 루지에로 후보가 당선되고, 사무3차장으로 김철수 장관이 결정되었다('94.12.8, 총회).

미국 해외농업처 슈로터 처장, 자국산 쌀의 특별 구매를 요청하다

'94년 10월 31일, 제네바 USTR 대표부의 손(Thorn) 참사관으로부터 미국 농무부 슈로터 해외농업처장이 제네바에 오게 되어 필자와 11월 3일 만나자고 요청해 그날 17시에 USTR 대표부에서 그를 만났다(이창범 농무관보 동석). 그 자리에서 슈로터 처장은 '93년 12월 13일 한·미 농업장관회의에서 허 장관이 약속한 일정 부분 미국산 쌀의 구매 문제를 제기하면서, '95년 MMA 물량 수입 시 이를 반영해 줄 것을 요청하였다.

이에 필자는 우리는 '93년 12월 15일 협상결과인 문서로 약속한 사항을 충실히 이행할 것이라고 답했다. 아울러 당시 허 장관으로부터 그러한 이야기를 들은 바도 없을 뿐 아니라, 이미 우리는 협정문 부속서에 명시한 대로 타 분야에서 이에 상응하는 양보를 하였기 때문에 더 이상의 혜택은 줄 수 없음을 분명히 하였다. 그리고 오늘의 면담 내용을 상부에 보고하거나 본부에 연락하지도 않을 것임을 명확히 밝혔다. 실제로 사무실에 돌아온 필자는 그날의 면담 내용을 대표부 내에도 알리지 않고, 본부에도 전문으로 알리지 않았다. 만약 그렇게 할 경우 국내에서 문제가 커질 뿐 아니라, 일부에서는 미국산 쌀을 구매해 주어야 한다는 의견이 나올 가능성이 있기 때문이었다. 후술하겠지만 필자가 본부 국제국장 재직 시에도 두 차례나 더 슈로터 처장을 만났으나, 이러한 요청을 모두 거절한 바 있었다.

UR 협정문, 국회의 비준('94.12.16)을 얻다

마라케시 각료 서명 후 '94년에는 각국이 국내 절차로 UR 협정문에 대한 비준을 얻는 일이 남아 있었다. 서명 자체로 협정이 유효한 일부 국가의 경우도 있었으나, 대부분 국가들이 자국의 의회에서 비준을 받아야 협정이 효력을 발생하도록 되어 있었다. UR을 강하게 반대하는 일부 미국의 재야단체에서는 미국에서의 비준이 어렵다고 선전하고 있었다. 이를 알게 된 한국의 일부 재야단체도 미국 재야단체의 주장을 원용하여 비준을 반대하고 야당의 동조를 얻으려고 하였다.

비준과 관련해 제네바에서는 이런 일도 있었다. '94년 7월 27일 오전 10시 GATT 사무국 Hoda 차장을 면담한 한국 국회의 K 의원은 한국이 김철수 장관의 사무총장 출마와 관련하여 조기 비준을 서두르고 있다고 하며, 미국과 EC의 비준이 현재 불확실한 것 같다고 언급했다. 그러자 Hoda 차장은 미국의 법률이 어떻게 될지는 지켜보겠지만, 다른 나라가 잘못되었다고 우리도 잘못될 것이라고 하는 것보다 우리가 제대로 하고 다른 나라의 잘못을 지적해야 한다고 하였다. 또한 K 의원이 한국이 UR의 최대 피해국이라고 하자, Hoda 차장은 다자협상에서 개도국은 얻는 게 많다고 하면서 오히려 한국은 이번 협상에서 아주 잘 싸웠고 이득이 많았다고 하였다. 실제 Hoda 차장은 이행계획서의 전 검증 과정에서 사회를 보았기 때문에 한국이 어떻게 대응하고 어떤 결과를 얻었는지 너무나 잘 알고 있었던 터였다.

그리고 K 의원과 동행한 M 교수는 7월 27일 오후 귀국 대기 중인 제네바 공항에서 필자에게 미국 의회가 연내에 UR 협정의 비준을 못 할 것이라고 단정하듯 말했다. 이에 필자가 보기에는 미국 의회가 99.9% 비준할 것을 확신한다고 말하면서 내기를 걸어도 좋다고 하였다. 결국 미국에서의 UR 협정 비준동의안은 '94년 12월 1일 하원 찬성 288 대 반대 146, 상원 찬성 76 대 반대 24로 통과하였으며, 다행히 필자의 손에 장을 지지는 일은 없게 되었다.

한편, 한국도 '94년 11월 20일 국회에 비준동의안을 상정하여 12월 16일에 찬성 152, 반대 58, 기권 1, 불참 88로 통과하였고, 이행특별법은 찬성 153, 반대 11, 기권 31, 불참 104로 통과되었다. 이로써 1995년 1월 1일을 기하여 WTO는 순조로운 출발을 하게 되었다.

UR 농산물 협상의 평가는 긍정적이다

농업에 관한 협상은 UR 협상의 처음('86.9.15)부터 끝('93.12.15)까지 그 중심부에 있었다. 농업이 합의를 보지 못하여 중간 평가각료회의('88.12, 몬트리올)와 브뤼셀 각료회의('90.12)가 결렬되고, 던켈 Text('91.12)도 농업부문에서의 미합의(예외 없는 관세화 등)로 결론을 내지 못해 결국 미국과 EC의 농업부문의 합의('92.11, 워싱턴 블레어하우스)와 예외 없는 관세화를 반대한 일본과 한국에게 관세화유예라는 특별조치를 통해 비로소 최종합의에 이르게 된 것도 모두 농업이 그 핵심에 있었기 때문이었다.

미국은 농업을 협상의 대상으로 포함시키는데 성공하였을 뿐 아니라 EC의 공동농업정책(CAP)을 어느 정도 수정하는데도 성공하였다고 볼 수 있다. 한편 EC도 UR합의로 그동안 GATT에서의 분쟁을 어느 정도 해소하고 내부에서 CAP 개혁을 추진할 수 있는 계기도 마련하였다. 그러나 비보조 농산물 수출국인 케언즈 그룹(호주, 뉴질랜드, 캐나다 등)의 UR을 통하여 수출보조의 종지부를 찍으려는 시도는 EC의 반대로 상당히 완화된 감축에 만족해야만 했다. 이와 같은 미국·EC·케언즈의 싸움에 말려든 국가는 농산물 수입국들, 특히 일본과 한국이었다. 특히 두 나라는 쌀이라는 특수품목의 보호를 위해 필사적인 협상을 하였다.

이를 분야별로 보면 시장접근분야에서 그동안 GATT 체제 하에서는 예외로 인정되었던 농산물분야(미국의 Waiver에 의한 수입제한, 스위스의 가입의정서에 의한 수입제한, 무역수지 BOP, 불균형에 의한 수입제한 등)에서 관세화에 의한 단일관세로 하는 새로운 규정을 정함으로써, 농산물 교역이 GATT 체제로 단일화된 점을 들 수 있겠다. 또한 미국과 EC의 수출보조금 경쟁에 의한 교역시장의 왜곡도 이를 규제하여 삭감해나가는 규범을 정하고, 국제 농산물 가격을 왜곡시키는 각국의 국내 가격지지 정책도 규제와 감축이라는 하나의 규범 하에 놓이게 된 성과를 얻게 되었다.

우리는 일본보다 유리한 조건으로 관세화 유예를 얻다

우리나라는 예외 없는 관세화를 나타낸 드쥬 의장 초안부터 브뤼셀 각료회의, 던켈 Text에 이르기까지 일본과 함께 협상이 종료되는 직전까지 끈질기게 협상하여 쌀에 대한 장기간의 유예(10년간, 1%에서 4%의 최소시장접근물량을 제공)를 얻어 냈다.

한편 일본은 우리에 앞서 6년간의 유예(최소시장접근물량 초년도 4%→최종년도 8%)를 합의하였다. 일본의 합의는 규정에 있는 선진국의 6년간 3%→5%보다 많은 것으로, 특히 이행최종연도의 물량이 8%에 이르게 되어 국내적으로 상당한 부담이 된 것으로 알려졌다. 따라서 일본은 약속된 6년 후인 2001년보다 2년이나 앞당겨 조기('99.4.1)에 관세화를 단행하게 되었다. 그것도 그동안 줄기차게 반대해온 농민단체(전중, 전국농업협동중앙회)에서 먼저 관세화를 제기하였고, 농림성이 이를 받아들여 관세화한 것이다.

다시 말하면 2001년까지 유예하지 않고 조기에 관세화한 것은 결국 협상결과가 좋지 않았다는 것을 반증한 셈이다. 이는 그동안 거의 마지막 단계까지 관세화를 반대하였던 캐나다가 선진국 조항인 부속서 5 Section A(일본조항)를 원용하지 않고 관세화로 가게 된 이유가 바로 MMA물량(최종연도에 국내소비량의 8%)이 부담이 된다는 캐나다 농업부 수석대표인 Gifford 국장의 언급('93.12.3, 한·캐 양자협의 시)에서 알 수 있었다. 이에 결국 관세화를 거의 마지막 단계까지 반대하였던 캐나다와 스위스는 유예 대신 고율의 관세화를 선택하였다.

표 1. 캐나다 · 스위스의 이행초년도('95) 관세

단위 : %

국 가	소 맥	쇠고기	버 터
캐나다	90.0	37.9	351.4
스위스	477.6	139.7	862.2

재미있는 사실은 이행계획서의 검증과정에서 이 선진국 조항(부속서 5 Section A)을 원용한 국가가 이스라엘(치즈, 양고기)이라는 것을 알게 된 것이다.

더구나 우리는 개도국 지위를 얻게 되면서 10년 유예와 더불어 최종연도에 재협상을 하여 추가로 10년간 더 유예를 할 수 있도록 되어, 실제 '04년 재협상으로 그 후 10년간('05년부터 '14년까지, MMA 4%에서 7.99% 제공) 유예하여 결국 20년간 쌀 개방을 하지 않았다. 그리고 '15년 1월 1일자로 513%로 관세화(개방)하기로 WTO에 통보하였으며, 이에 이의를 제기한 국가들(미국, 중국, 호주, 태국, 베트남)과 오랜기간 협의를 거쳐 드디어 2019.11.19 확정되었다.

상기 도표 1을 보면 일본과 한국의 쌀 의무수입량(MMA)에서 상당한 차이가 있다는 것을 알 수 있다. 즉 일본은 선진국의 의무수준(6

도표 1. 한국 · 일본의 쌀 최소시장접근의 비교

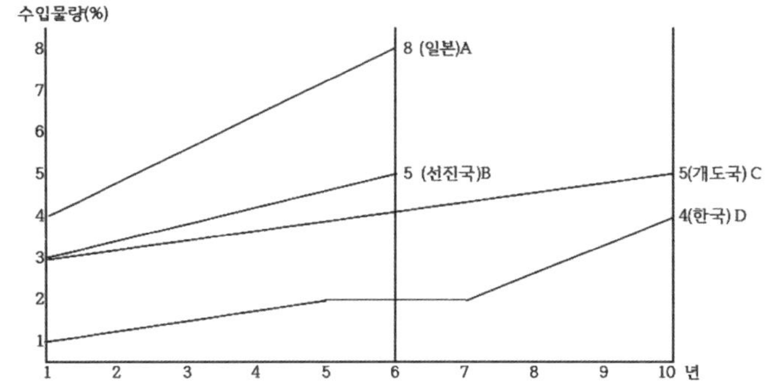

자료 : UR 협상결과 및 평가(외무부)를 이용하여 작성

년에 3%→5%)인 Line B 보다 높은 Line A(6년에 4%→8%) 수준으로 협상하였고, 한국은 개도국의 의무수준 Line C(10년에 3%→5%) 보다 낮은 Line D(10년에 1%→4%) 수준으로 협상하였던 것이다. 이 부분에서 왜 일본이 협상의 마지막 단계에서 한국과 미국의 합의 결과를 그토록 반대하였는지를 알 수 있으며, 또한 일본이 조기 관세화를 단행한 이유도 바로 여기에 있지 않았나 생각한다.

한편 우리는 검증과정에서 필리핀이 소위 한국 조항인 부속서 5 Section B를 쌀에 대하여 원용한 것을 알게 되었다. 물론 이의를 제기한 국가(미국 등이 예상됨)에게 대가를 지불한 것으로 알고 있다. 결국 이스라엘과 필리핀은 직접 협상에 참여하지 않고, 다른 국가(일본과 한국)가 온 힘을 다하여 만들어 놓은 상차림(협상 결과 Section A, B)에 수저만 들고 앉아 식사를 같이 한 셈이 되었다. 이는 협상의 속성을 그대로 보여준 사례라 할 수 있겠다.

끝까지 추구한 NTC 품목의 협상에서 얻은 것도 컸다

우리가 협상 전략으로 마지막 단계까지 관세화를 반대해 왔던 15개의 NTC(비교역적 관심사항) 품목에 대해서 마지막 단계에서 쌀과 분리해 협상한 것은 상당히 유리한 결과를 가져왔다고 본다.

첫째 과거 라운드에서 GATT에 양허(참고 1. 참조)하였던 쇠고기(20%), 돼지고기(25%), 닭고기(20%)의 관세에 있어 일정양의 저율관세수입물량(TRQ)을 설정해 주고 양허 관세를 인상하여 과도한 수입이 되지 않도록 한 점이다. 특히 쇠고기는 43.6%, 돼지고기는 37%, 닭고기는 35%로 인상하였다.

표 2. 15개 NTC 품목 양허내용

	관세양허(%)		시장접근 양허물량(TRQ, 톤)		
	기준세율	양허세율	초년도(할당관세율)	최종년도(할당관세율)	이행기간
고추	300	270	4,311(50%)	7,185(50%)	'95~'04
마늘	400	360	8,680(50%)	14,467(50%)	
양파	150	135	12,369(50%)	20,645(50%)	
참깨	700	630	6,731(40%)	6,731(40%)	
쇠고기	44.5	40.0	123,000(43.6%)	225,000(41.6%)	'95~'00
돼지고기	37	25	21,930(25%)	18,275(25%)	'96~'97.6
닭고기	35	20	7,700(20%)	6,500(20%)	
탈지분유	220	176	621(20%)	1,034(20%)	'95~'04
감귤	160	144	1,258(50%)	2,097(50%)	
쌀	–	–	51,307(5%)	102,614(5%)	'95~'99
	–	–	102,614(5%)	205,228(5%)	'00~'04
보리	333	2997	14,150(20%)	23,582(20%)	'95~'04
콩	541	487	1,032,152(5%)	1,032,152(5%)	
옥수수	365	328	6,102,100(3%)	6,102,100(1.8%)	
감자	338	304	11,286(30%)	18,810(30%)	
고구마	428	385	11,121(20%)	18,535(20%)	

자료 : 농림수산부. 1994. "주요품목의 UR 협상결과" 업무자료

둘째로 '97년 7월까지 저율의 실행관세로 개방되어야 할 BOP품목인 고추, 마늘, 양파, 참깨, 유제품 중 분유, 감귤은 개도국임을 이용하여 관세 상당치에 달하는 고율의 관세(한도 양허, Ceiling Binding)를 부과하였다. 즉 고추 300%, 마늘 400%, 양파 150%, 참깨 700%, 분유 220%, 감귤 160%이다. 그리고 보리, 콩, 옥수수, 감자, 고구마의 특별법에 의하여 보호하던 품목은 협정문 대로 관세 상당치로 계산하여 고율의 관세를 부과하였다. 그 결과 보리 333%, 콩 541%, 옥수수 365%, 감자 338%, 고구마 428% 등이다(표 2. 참조).

또한 감축대상 국내보조도 기준연도 변경('86~'88년→'90~'92년)으로 감축 수준을 대폭 낮추어 통보하여 부담을 덜게 하였다. 그리고 관세 상당치를 계산하는 사용 자료도 기준연도를 변경('86~'88년→'88~'90년)하였고 가격 자료는 국내에서 가장 높은 가격 자료를, 수입 자료는 국내에서 가장 낮은 자료를 이용하였으며, 자료가 없는 경우는 이웃 나라의 가장 낮은 자료를 찾아서 활용(인용 근거가 반드시 있어야 하기 때문에)하였다. 이는 비단 우리만 그렇게 하였다고 볼 수 없겠으며, 다른 나라들도 그렇게 했으리라 유추된다. 그래

참고 1.
관세를 일정수준이상으로 올리지 않겠다는 국가간의 약속으로 특정 품목에 대해 양허하게 되면 반덤핑, 상계관세 등 GATT가 인정하는 경우 이외에는 인상이 불가능.
참고 2.
관세 상당치(T.E, Tariff Equivalent) : 국내외 가격차를 비율로 환산하여 관세로 부과 TE = (국내가격−국제가격)/국제가격*100

서 일부 학자들이 이와 같은 관세화 방식을 지저분한 관세화(Dirty Tariffication)라고 불렀던 것이다(참고 2 참조).

개도국 지위확보는 UR 협상의 큰 성과 중 하나였다

UR 협상의 초기 때부터 우리의 개도국 지위에 대한 문제를 제기하는 국가들이 많았다. 특히 미국·EC·호주 등 선진국 뿐 아니라 아르헨티나 등 개도국들도 가세하여 이 문제를 제기했다. 물론 GATT에서의 개도국 지위는 자기선언(self declaration)이라고는 하지만 대부분의 국가들이 반대하면 계속 주장하기가 어려운 것도 사실이었다. 우리는 회의 시 한국이 개도국임을 확인시키기 위하여 주로 발언 모두에 "개도국인 한국은..."라고 발언하였는데, 그 즉시 미국이 한국이 어떻게 개도국이냐고 반박하고 나섰으며 이어 EC, 호주 등 선진국들과 일부 개도국들이 가세하여 자동차, 전자기기 등의 예를 들며 한국의 개도국 지위에 이의를 제기하기 일쑤였다. 특히 UR 협상 결과를 이행하는데 있어 선진국과 개도국의 차이가 크기 때문에 더욱 그러하였다(표 3 참조).

표 3. UR 이행에서의 선진국과 개도국의 차이

	선진국	개도국
시장접근 (관세) (최소시장접근)	6년간 36% 삭감 품목별 최소 15% 감축	10년간 24% 삭감 품목별 최소 10% 감축
국내보조 (감축대상보조)	6년간 20% 감축	10년간 13.3% 감축
수출보조 (재정지출) (물량기준)	6년간 36% 감축 6년간 21% 감축	10년간 24% 감축 10년간 14% 감축

이와 같이 회의마다 부딪치니까 한번은 일본의 아즈마 국제부장이 필자에게 회의에서는 자제(low key)하고 나중에 이행 시에 그렇게 실행하는 것이 좋을 것 같다는 조언을 해주어 그 후부터는 이들을 자극하지 않는 방향으로 발언하였다. 이러한 배경 속에 결국 우리는 마지막에 쌀 협상을 하면서 개도국 조항인 농업협정문 부속 5-B를 원용하면서 자연스럽게 개도국 지위를 갖게 된 것이다.

실행과정에서 보완한 몇 가지 부분과 수입업자의 분류 악용이 분쟁의 원인이 되다

우리의 UR 협상이 모두 다 잘한 부분만 있는 것은 아니다. 실행과정에서 보완한 부분이 있었고 수입이 안 될 것이라고 저율로 양허해준 경우도 있었으며, 특히 시장에서 거래되는 상품과 용역이 아주 다양한 점을 국내업자가 악용함으로써 분쟁의 원인이 된 경우가 있었다.

첫 번째 경우로는 찐쌀이 있다. UR 막바지에 쌀의 관세화 예외 조항에 들어갈 쌀이 들어간 모든 품목(12개에 달하는 품목)을 찾아내었다고 하였으나, 찐쌀이 포함된 기타 분류를 놓쳐 저율관세가 된 사실을 알게 된 국내업자가 개방 초기('95)에 중국산 쌀을 살짝 찐 상태로 대량 수입한 케이스이다. 이렇게 수입한 찐쌀을 다시 국내에서 재가공하여 김밥 가공업체에 공급한 경우였다. 그러나 이 내용이 언론보도로 알려지자 소비자들이 김밥 구매를 꺼려하면서 소비가 줄어들었고, 이에 따라 결국 수입이 자연히 감소하여 그 후 크게 증가하지는 않았다.

두 번째 케이스는 중국과 마늘 분쟁을 일으킨 경우이다. 협상 초기에 실무적으로 냉동 혹은 초산에 담근 마늘의 경우 수입이 없을 것으로 예상하여 저율(50%)로 양허해 주었는데, 이를 알게된 국내업자들이 중국으로부터 대량 수입해 이를 분쇄하여 김치 가공업자나 식당 등 대량 소비처에 공급함에 따라 수입이 급증하는 문제가 생겼다. 이를 농협에서 무역위원회에 제소('98)하여 당시 아직 WTO 회원국이 아닌 중국에 대하여 수량규제를 하였는데, 이것이 한·중 마늘 무역분쟁('99~'00)으로 비화하여 오히려 중국의 역풍(휴대폰 등에 보복)을 맞아 손을 들고 말았던 적도 있었다.

세 번째 케이스는 우리나라의 일부 유가공업체가 UR에서 220%의 고율 관세를 물린 분유 대신에 조제분유의 관세가 75%라는 점에 착안하여 EC의 수출업체에게 분유를 조제분유에 섞어서 수출토록 요청한 경우가 있었다. 국내 업체들은 이 조제분유를 들여와 원심분리기를 돌려 분유를 가려내어 이를 바나나 우유 등 가공우유에 사용함으로 조제분유 수입이 급증한 것이다. 이에 따라 축협중앙회는 '96년 5월 2일 산업피해구제를 신청하여 무역위원회의 조사를 거쳐 '97년 3월 7일 긴급수입제한 조치를 취하였다. 즉 수입 수량제한조치인 세이프가드를 결정해 이를 WTO에 통보한 것이다. 이에 EC는 우리의 조치가 부당하다고 '97년 8월 13일에 제소하여 패널이 구성되었으며, '99년 6월 21일 WTO는 우리의 조치가 WTO 규정에 위배된다는 패소판정을 내렸다. 우리는 이에 불복하여 '99년 9월 15일 상소하였으나 다시 패소하여 '00년 5월 20일 판정 결과를 이행하기로 하였다. 우리로서는 WTO 설립 이후 처음으로 제소를 당하고 패소를 한 경우이다.

이와 같이 협상 당시 가볍게 여기거나 소홀하였던 부문에서 맹점이 드러나거나, 한편으로는 국내업자가 이를 악용하는 경우가 그 후 여러 분야에서 나타나기도 하였다. '94년 말을 끝으로 필자는 3년 2개월여의 제네바 농무관 생활을 마치고 WTO가 출범하는 '95년 1월 6일에 귀국하여 농림부 국제농업국장으로서 UR의 이행, 차기 WTO 협상과 또 다른 통상 문제들을 맡게 되었다.

타. UR 협정 이행과정에 생긴 한국의 쌀

'93년 12월 15일 UR 협상이 완료된 이후, 미국은 '94년 11월부터 필자에게 협상 당시 한·미 두 나라 장관간의 합의를 언급하며 일정부분의 미국산 쌀 구매를 요청하였으나 필자는 이를 지속적으로 거절하였다. 그리고 2001년 5월 농림부 국제농업국장직을 떠나면서 처음으로 미국산 쌀 구매를 승인하였다. 이는 2004년 관세화유예 재협상을 위한 필자의 장기 포석이었다. 한편 해외 정보 부족, 특히 미국에 대한 정보 수집을 위해 퇴직한 슈로터(Richard Shoeroter) 해외농업처장을 영입한 미국 로펌을 우리의 로비스트로 고용하여 활용하기도 하였다. 그리고 2015년 513%의 관세화 발표와 함께 이에 이의 제기한 미국, 중국 등 5개국과 5년 가까이 긴 협상 끝에 2019년 11월 19일 국가별 TRQ 배분으로 관세화를 확정했다.

미국, 지속적으로 자국산 쌀 구매문제를 제기하다

제네바 농무관에서 본부 국제농업국장으로 보임('95.1.6) 받은 지 얼마 지나지 않아, 주한 미국 대사관의 농무공사(John Child)가 찾아와 두 가지 문제를 제기하였다.

UR 막바지 한·미 농업장관 회담 시 미국산 쌀 구매를 고려하겠다고 한 허 장관의 약속(대화록 Memo)에 따라, 첫째로는 한국이 '95년 중 구매할 최소시장 접근물량(MMA, 5만톤) 중 일부를 미국산으로 하여 줄 것과, 둘째로는 '95년 3월 중 미국 쌀의 전시회를 서울에서 열겠다는 것이었다.

필자는 먼저 UR 협의 시 어디에도 미국산 쌀 구매문제에 대한 합의가 없었고, 특히 미국 측이 일방적으로 작성했다고 주장하는 대화록은 신뢰성이 없다고 일축하였다. 그러나 전시회는 문제가 없다고 허락하여 주었다. 그리고 '95년 10월 8일에 쌀 MMA 구매에 임박해 도쿄에서 APEC 회의에 참석 중인 필자를 갑자기 찾아온 미국 농무부 해외농업처(FAS) 슈로터 처장과의 만남이 있었다. 그는 '96년 2월 9일에도 사전 통보도 없이 서울에 와서 필자에게 만나자는 연락을 한 바 있다. 필자는 그 해 1월 말부터 바로 전날인 2월 8일까지 해외 출장(세계식량정상회의 준비, 로마('96.1.29~2.2), WTO 농업위원회, 제네바(2.3), 프랑스 농업부 국제국장 면담, 파리(2.6))을 다녀온 직후였다.

필자는 약속 장소를 고민하다가 사무실이 아닌 과천청사 앞에 위치한 그레이스호텔에서 오찬을 함께 하기로 정하였다. 만약 사무실에서 만날 경우, 만남이 공식화되고 면담 결과를 기록으로 남겨야 할 뿐 아니라, 관련부처에도 통보함은 물론 요청이 있을 경우 국회에도 대화록을 제출해야 하는 등 당시 쌀 문제는 우리에게 매우 민감한 사안이었다.

그날 점심 자리에서 그는 '95년도 한국의 쌀 MMA 구매에 미국산 쌀이 포함되지 않은 점(우리는 5만1,307톤 전량 인도산으로 구매했다)에 유감을 표시하며, '96년도 구매 시에는 자국산 쌀의 구매를 고려해 달라고 말했다. 사전 약속 없이 급히 찾아온 그의 다급한 입장이 어느 정도 이해는 갔으나, 대외적으로 공개입찰을 통하여 구매할 수밖에 없는 우리의 사정을 설명하며 시간이 지나면 외국산 쌀의 인식이 바뀔 것이라 답했다. 아울러 고품질의 미국산 쌀의 구매 필요가 생기게 되면 특별히 고려해 볼 수 있겠다고 그를 설득하였다. 그리고 다음 달 3월 28일 제네바에서 개최되는 WTO 농업위원회 참석 시 오찬을 함께하기로 약속하고 헤어졌다. 역시 그는 아무 소득 없이 그냥 돌아간 셈이 되었다.

필자는 그와의 면담 내용을 우리 부의 상부에게만 구두 보고하고 타 부처에는 일체 알리지 않았다. 그리고 얼마 지나지 않은 3월 초 경제장관회의에서 외무부가 주미한국대사관에서 미국 농무부의 강력한 요청이 있었다고 하며, '96년도 MMA 쌀 수입시 농림부가 미국산 쌀 구매문제를 고려해 달라고 말했다. 이에 최인기 농림부장관은 2주 후 제네바에서 미국 농무부 해외농업처장과 농림부 국제농업국장이 만나기로 되어 있으니, 그 만남을 통해 미국의 요청이 어느 정도인지를 보아가며 결정하는 것이 좋겠다고 하며 일단 뒤로 미루었다.

3월 28일, 슈로터 처장이 쌀 문제를 먼저 제기 않도록 요청하다

3월 28일의 WTO 농업위원회('96.3.28, 11:00) 참석차 제네바에 간 필자는 회의가 열리기 한 시간 전, 제네바 근무 시 친하게 지내던 미국 대표부의 농업담당 Thorn 참사관(원 소속은 USDA임)을 만났다. 그에게 필자는 우리가 UR 이후 이행한 '95년 실적 중에 미국산 농산물의 수입 실적(MMA, CMA물량)이 크게 늘어난 점과, 필자가 서울을 떠나기 직전 부산항에 묶여있었던 미국산 닭고기의 위생문제를 조기에 해결하고 온 점 등을 알리고, 금일 오찬 시 슈로터 처장이 미국산 쌀 수입문제를 필자보다 먼저 거론하지 않았으면 좋겠다고 부탁하였다.

그리고 그날 오찬(3.28 13:00~15:00, Jade Garden)에는 우리 측 참석자들이 미국 측(2인)보다 훨씬 많았다. 회의 참석차 온 외무부 직원은 물론, 제네바 대표부의 경제팀 전원이 참석하여 슈로터 처장과 필자의 대화에 귀를 세웠다. 식사 중에 그는 쌀 문제를 먼저 화제로 꺼내지 않았다. 오히려 필자가 '95년도 MMA 쌀 수입물량전량(5만 1,000톤)을 인도에서 공개입찰에 의해 저가로 구매하였다고 하는 애기와 함께, 식탁용이 아닌 가공용으로 사용할 것임을 설명하고 앞으로 양질의 쌀 구매가 필요할 경우 미국산도 고려해 볼 수 있을 것이라고 하였다. 이에 그는 그렇게 될 수 있으면 좋겠다고 하였으며, 화기애애한 분위기 가운데 식사를 마쳤다. 다소 필자의 사전 의도가 있었지만, 강력한 미국산 쌀의 구매 요청이 있을 것이라는 외무부 측 예상이 빗나간 셈이 되었다. 나중에 들은 얘기로는 외무부 본부로부터 필자가 움직일 때는 반드시 동행하고 그 내용을 별도 보고토록 지시가 있었다고 한다. 그날 이후 외무부는 더 이상 이 문제를 경제장관회의 등에서 거론하지 않았다.

미국 측 더 이상 미국산 쌀 구매 문제 제기 않다

그리고 이 문제가 다시 한 번 불거진 것은 6개월 후인 그 해 9월 초 미국 농무부에서 다시 주미한국대사관을 통하여 제기한 것으로, UR이 끝나기 바로 직전에 가진 '93년 12월 13일 한·미 양국 농업장관간의 대화내용이었다. 이에 외무부는 농림부에는 통보하지 않고, 직접 본부 C 심의관을 허신행 전 장관(당시 한국소비자보호원장)과 면담('96.9.6)하여 UR 협상 당시의 언급 내용을 확인하고 그 내용이 그다지 심각하게 책임질 발언이 아니었음을 미국 측에 통보한 모양이다. 그 이후로 미국 측은 필자가 국장으로 재직한 2001년 5월까지 한 번도 이 문제를 다시 제기하지 않았다.

그리고 얼마 지나지 않은 그해 말, 슈로터 처장이 그 자리를 그만 두었다는 소식이 들려왔다. 필자는 그의 퇴직이 우리의 미국산 쌀 구매 거절 때문이 아니기를 바랐다. '94년 11월 3일 제네바에서 이 문제로 처음 만난 이후에도 필자는 그와 여러 차례 만났다. 그의 구매 요청을 들어 주지 못해 개인적으로 미안한 마음이 들었으나, 어쩔 수 없었다. 특히 미국에서 차관보급인 그는 국장인 필자와의 만남으로 만족하고 더 이상의 상위 계급 간부와의 면담을 요구하지 않았다. 항상 국장선에서 문제를 처리함으로써 국내적으로 더 이상의 정치 문제화 되지 않은 것이 농림부로서는 다행한 일이었다.

필자의 미국산 쌀 구매 반대는 2004년 재협상 때문이었다

이제는 필자가 미국산 쌀 구매를 오랫동안 일관되게 반대해 온 이유를 밝히고자 한다. 사실 당시 주위에는 미국산 쌀을 구매해 주는 것이 좋겠다고 생각하는 사람들이 더러 있었다. 이를 간접적으로 전달해 오기도 하였으나 필자는 단호하게 거절한 바 있다. 그렇게 반대해온 가장 큰 이유는 UR농산물협정문에 규정된 2004년도 쌀관세화유예 재협상 때문이었다.

특히 재협상 조건이 협정서 상에 별도로 없는 일본과 달리 우리는 UR농산물협정부속서 5의 B에 명시된 10년 후 재협상을 하는 조건이 들어 있었다. 필자는 2004년이 되면 우리는 일본처럼 중도에 관세화를 하지 않고 재협상을 택할 것이 불가피할 것으로 보아, 그 재협상에서 써야 할 수단(Card)을 염두에 두었기 때문이었다.

솔직히 말하여 필자는 '93년 12월 13일 한·미 두 농업장관 간에 오고간 대화내용을 모른다. 다행히도 그 자리에 동석하지 않았기 때문에 이를 일관되게 부정하는 데 아무 문제가 없었다. 또한 미국 측이 주장한 그날의 대화록을 보려고도 하지 않았을뿐 아니라 이를 인정하지도 않았다. 한편으로는 필자가 두 차례에 걸쳐 국제농업국장을 6년 넘게 지낸 덕분에 미국산 쌀 구매 문제에 대한 농림부의 일관된 입장을 유지할 수 있었던 것이라 생각한다.

만약 우리가 이를 인정하고 일본처럼 수입량의 50% 정도를 미국산 쌀로 구매해 주었다면 어떻게 되었을까? 그렇게 해줄 경우 최소한 2004년부터 50%+ α를 해주어야 될 것이며 거기에 연도별로 증량까지 해주게 되면, 다른 쌀 생산국인 중국, 태국, 호주, 베트남 등과는 어떤 카드로 협상할 것인가? 아마도 무척 어렵고 장기간을 요하는 협상이 되었음이 틀림없을 것이다.

표 1. 국가별 쌀 수입물량(1995~2004)

연분	총량	미국	베트남	중국	태국	호주	인도
		물량(톤)	물량	물량	물량	물량	물량
1995	51,307	0	0	0	0	0	51,307
1996	64,134	0	0	64,134	0	0	0
1997	76,961	0	0	58,961	18,000	0	0
1998	89,788	0	0	83,488	6,300	0	0
1999	102,614	0	9,000	80,114	13,500	0	0
2000	102,614	0	0	84,614	18,000	0	0
2001	128,268	27,000	0	63,000	18,000	20,268	0
2002	153,921	36,000	0	95,421	22,500	0	0
2003	179,575	49,500	0	103,075	27,000	0	0
2004	205,229	58,500	0	117,029	29,700	0	0

* 자료 : 농림축산식품부

국제농업국장을 떠나기 직전, 미국산 쌀의 구매를 허락하는 서명을 하다

필자는 2001년 5월 농림부 국제국장 자리를 떠나 산림청 차장으로 승진 발령을 받았다. 떠나기 직전 미국산 쌀 2만7,000톤을 구매하는 문서를 작성토록 하고 이에 서명을 하였다. 미국산 쌀에 대한 국내의 인식도 많이 달라져 있었고, 특히 이제는 미국산 쌀을 사주어도 될 시기가 온 것으로 보았기 때문이다. 그래야 2004년 쌀 관세화 유예 재협상에서 우리가 쓸 수 있는 카드가 여유로워질 것이 아닌가?

2004 쌀 관세화 재협상을 앞두고 미국 등 주요국 민간업계, 공무원을 만나 의견 교환을 하다

UR협상 과정에서 미국의 민간업계의 중요성과 영향력을 실감하였던 필자는 2004년의 재협상 시기가 다가오는 2003년 중순이 되면서, 민간인 신분으로 주요협상 상대국의 의사 파악과 우리의 의도를 부담 없이 전달하여 주는 것이 좋을 것 같았다. 이에 따라 농림부에 관세화 유예 재협상이 보다 원활하도록 도와주는 방안을 자진하여 제시하였으며, 이를 농림부가 받아들였다. 어쩌면 UR협상을 직접 맡아 한 담당자로서 협정문에 적혀있는 재협상의 완결을 도와주고 싶었던 생각도 있었다고 하겠다.

우선 주요 논의 대상 국가로 미국, 중국, 태국, 호주로 정하고 미국, 호주, 태국은 필자가 담당하고, 중국은 이상무 당시 FAO 한국협회 회장이 맡기로 하였다. 특히 가장 중요한 미국의 경우 쌀 수출의 가장 중요한 단체인 쌀도정업자협회(RMA, Rice Millers Association)의 대외담당 Bob Cummings 부총재를 세 차례(2003.7.1, 2004.3.15, 2004.9.8)나 만나 미국업계의 의사 및 우리의 의도 등의 의견 교환을 솔직하게 하였다. 또한 2003년 7월 1일에는 UR 당시부터 잘 아는 USDA의 Jim Guruef 국장, USTR의 Jason Hafemeister 담당관을 만나 미국 정부의 의사와 우리의 생각 등의 의견을 교환하였다. 그리고 2003년 11월 6일에는 호주 캔버라에 가서 1차 산업성 Burns 통상과장을 만나 의견을 나누고, 돌아오는 길에(11월 10일) 방콕에서 태국 쌀 수출협회 회장을 만나 의견교환과 함께 태국의 의도를 파악하는데 주력하였다. 민간업계가 약한 중국에 대하여는 이상무 회장이 2004년 6월과 10월 2차에 걸쳐 평소 친분이 두터운 중국공산당의 농촌담당인 장관급의 M주임을 만나 한국과의 원활한 협상이 될 수 있도록 당부하였다. 물론 우리는 그들 국가와의 민간 협의 결과를 농림부에 전달하였다.

그리고 그해 말 정부는 2014년까지 10년간 MMA물량을 4%(20만5,228톤)에서 7.9%(40만8,700톤)까지 늘려주고, 그 때까지의 수입 실적을 기반으로 하는 개별국가별쿼터(CSQ, Country Specific Quota)를 주는 협상으로 원만하게 마무리 지었다(참고 표 2).

UR에서의 정보 부족을 미국의 로펌 계약으로 활용하다

우리는 우루과이라운드 농업협상을 겪으면서 협상에 필요한 유용한 정보 부족을 절감하였다. 사실상 우리 공관을 통하여 얻는 정보

표 2. 2차 유예기간('05~'14)중 국별쿼터 · 글로벌쿼터 물량

<table>
<tr><th>구분</th><th>'05</th><th>'06</th><th>'07</th><th>'08</th><th>'09</th><th>'10</th><th>'11</th><th>'12</th><th>'13</th><th>'14</th></tr>
<tr><td>CSQ</td><td>205,228</td><td>205,228</td><td>205,228</td><td>205,228</td><td>205,228</td><td>205,228</td><td>205,228</td><td>205,228</td><td>205,228</td><td>205,228</td></tr>
<tr><td>중국</td><td rowspan="4" colspan="10">※ 2004년 쌀 관세화유예 협상시 2001~2003 평균을 적용하여 물량 산출
* 각 국가별 물량(비중) : 중국:116,159(56.6%),
미국:50,076(24.4), 태국:29,963(14.6), 호주:9,030(4.4)</td></tr>
<tr><td>미국</td></tr>
<tr><td>태국</td></tr>
<tr><td>호주</td></tr>
<tr><td>MFN</td><td>20,347</td><td>40,694</td><td>61,042</td><td>81,389</td><td>101,736</td><td>122,083</td><td>142,430</td><td>162,778</td><td>183,125</td><td>203,472</td></tr>
<tr><td>총계</td><td>225,575</td><td>245,922</td><td>266,270</td><td>286,617</td><td>306,964</td><td>327,311</td><td>247,658</td><td>368,006</td><td>388,353</td><td>408,700</td></tr>
</table>

* 자료 : 농림축산식품부

로는 전체적 흐름이나 상대국들의 의도를 정확히 파악하는데 부족한 점이 많았다. 일본만 하더라도, UR 초기부터 자국 공관 외에 미국, EC 등의 움직임을 워싱턴, 브뤼셀의 로펌이나 로비스트를 고용하여 양질의 고급 정보를 수집하고 있었다.

브뤼셀 각료회의 실패 후 새로 부임한 조일호 농업협력통상관은 일본 농림성 아즈마 국제부장과 양국의 정보교환을 합의('91.2.19)하고, 당시 국제협력담당과장인 필자가 도쿄를 수시로 방문(1일 출장 형태)하여 아즈마 부장으로부터 주요국의 동향과 중요한 정보를 얻어오곤 하였다. 이를 계기로 시작된 두 나라의 관계는 UR협상 내내 그리고 그 이후 WTO협상에 이르기 까지 긴밀한 공조체제를 유지했다. 특히 우리는 예산이 턱없이 부족해, 별도의 고급 정보를 수집하거나 우리에게 우호적이지 않은 상대국의 생각을 바꾸게 하도록 로비스트를 고용하는 것은 꿈도 꾸지 못하는 형편이었다. 그게 UR

이 끝날 때까지 우리의 실정이었다. 특히 UR 합의 후 '94년 2,3월의 국별이행서(C/S, Country Schedule) 검증 당시, 미국 농무부의 경우 전문 변호사가 15명이나 되어 문안의 법률적 검토가 철저히 이루어지는 것을 본 필자는 부러움을 금치 못하였다. 심지어는 부끄럽게도 그 미국 측 변호사중 한 사람의 도움을 받기까지 하였다(Page181, 182 참조)

'95년 1월 국제농업국장으로 부임한 필자는 이에 필요한 예산 배정을 요구하여 '96년 4월 처음으로 국내 자문변호사(H 변호사)를 채용하여 활동하도록 하였으나, 예산 문제로 상근(full time)으로 고용하지 못해 업무 내용 파악에 시간이 소요되는 등 실질적 활용에는 한계가 있었다. 그러던 중 필자는 '97년 5월부터 '98년 3월까지 약 9개월간의 원예특작국장으로 자리를 바꾸었다가, 김대중 정부가 들어서는 '98년 3월 초 다시 국제농업국장으로 보직을 변경하여 드물게도 같은 자리에 재수를 하게 되었다.

그리고 '98년 6월(6.24~26) WTO 협상차 간 제네바에서 과거 가끔 필자에게 정보를 제공해주던 미국의 한 로펌의 D 대표가 자신의 법인에서 전 농무부 해외농업처장이었던 슈로터씨를 영입하였다는 이야기를 해주었다. 서울에 돌아온 필자는 바로 그 로펌과 고용계약을 체결하여 매월 1회의 미국 농업 동향에 대한 보고서를 받도록 하였다. 그 후 필자가 워싱턴을 가거나 회의 참석차 제네바를 방문할 때 슈로터 씨와 식사를 함께하고 여러 가지 이야기를 나누었다. 그는 상당히 솔직한 조언과 동향에 대하여 많은 이야기를 해주었다. 당시 필자는 그를 WTO 농업협상이 끝날 때까지 활용하는 것이 우리에게 좋을 것 같다고 생각하였다.

물론 미국 농무부도 우리와 그의 용역 계약 관계를 알고 있었다. 그리고 필자가 국제농업국을 떠나 산림청에 있었던 2001년 여름, 그가 소속된 로펌의 D 대표가 필자에게 그의 안타까운 타계소식을 전해 왔다. 그를 WTO 농업협상까지 활용하려던 계획은 수포로 돌아간 것이었다.

돌이켜 생각해 보면 그는 우리에게 상당히 호의적이었던 것 같다. '93년 10월과 11월 우리의 BOP품목의 처리 문제로 미국과 실무적으로 Text상의 애매한 부분에서 이견이 있었을 때, 우리의 의견에 양해를 해주어 우리가 BOP 품목이 관세화를 하지 못하더라도 한도양허(Ceiling Binding)를 이용하여 고율의 관세를 부과(예 : 참깨의 700% 등)하는 데 이의를 제기하지 않았다(필자는 당시 어느 회의에서 미국 대표가 인도가 제시한 200%의 한도양허를 맹비난하는 것을 목격하였다). 그리고 그는 '94년 2월 우리의 C/S 검증회의시 맹비난(Page179 참조, 이는 우리의 잘못이 컸기 때문이기도 하였다)했던 것을 제외하고는, 우리에게 강한 어조로 비난한 적이 없었다. 또한 개인적으로는 필자와 함께 식사할 때 필자가 선택한 와인인 Chateauneuf-du-Pape(프랑스의 Cote de Rhone산)에 대하여 칭찬을 아끼지 않던 지극히 인간적인 면이 풍부한 인물이었다. 필자는 지금도 가끔 그 와인을 보면 그가 그리워지곤 한다.

드디어 쌀 관세화 513%로 확정되다

UR합의(1993.12.15.)에 의하여 2004년 재협상으로 2014년까지 연장된 우리 쌀의 관세화유예는 2015년 1월 1일 발표에 따라 5개국(미국, 중국, 베트남, 태국, 호주)이 이의를 제기하여 5년 가까이 장기간 협의 끝에 우리가 제시한 513%의 관세율 그대로 확정되었다(2019.11.19.). 그리고 2004년에 결정된 의무수입물량(408,700톤 MMA)도 그대로 합의하였다.

다만 5개 개별국가에게 관세 할당물량(TRQ, Tariff Rate Quota)을 배분하여 주어 합의를 이끌어 냈다(중국 157,195톤, 미국 132,304톤, 베트남 55,112톤, 태국 28,494톤, Global Quota 2,000톤). 이와 같이 우리가 제시한 사실상 상당히 높은 수준인 513%의 관세, 그리고 2004년의 물량 그대로 유지한 것은 장기간에 걸친 끈질긴 농업협상 팀의 훌륭한 협상 성과인 것이다. 이로서 86년 9월 우루과이에서 시작된 33년 동안의 우리 쌀을 지키려는 노력이 완결된 것이다. 40대 초반에 시작된 필자의 쌀 협상이 70대 후반이 된 지금 후배들에 의하여 완결을 보게 되었으니 감회가 깊을 수밖에 없다.

제2부

WTO 체제 출범과 APEC, 자유무역협정(FTA)

1. APEC의 발족, 보고르 선언과 삿포로 고위간부회의(SOM)

'89년 11월 호주 호크 수상의 제안으로 발족한 아시아·태평양경제협력체(APEC, Asia Pacific Economic Cooperation)는 5차 각료회의('93.11)에서 정상회의로 격상하면서 전환기를 맞았으며, '94년 11월 보고르 선언을 계기로 아태지역의 완전한 무역 자유화(선진국 2010년, 개도국 2020년)를 결정하게 된다. 따라서 쌀 등 농산물에서 가장 타격이 큰 한국과 일본이 '95년 11월 오사카 행동지침 작성에 예외조항을 만들기 시작했다.

APEC, 호주 호크 수상의 제안으로 '89년 11월 발족하다

APEC은 아태지역의 경제 발전 필요성과 EC, NAFTA(북미자유무역협정)와 같은 지역주의 움직임에 대응하기 위해 '89년 1월 호주의 호크 수상의 제안으로 '89년 11월 6~7일 호주 캔버라에서 처음 역내 12개국(미국, 호주, 캐나다, 일본, 한국, 말레이시아, 인도네시아, 필리핀, 태국, 브루나이, 싱가폴, 뉴질랜드) 각료들이 모여 결성하였다. 동 1차 각료회의에서는 UR의 성공을 위한 시장개방 확대를 재확인하고 APEC 협력원칙을 채택하였으며, 2차 각료회의('90.7.30~31, 싱가폴)에서는 7개의 Working Group 설치와 중국, 대만, 홍콩의 가입 문제를 토의하였다. 3차 각료회의('91.11.12~14, 서울)에서는 중국, 홍콩, 대만의 신규 가입을 승인하였다.

당시 중국과는 미수교 상태인 한국은 외교부 담당 이시영 대사의 헌신적 노력으로 이들을 동시에 회원국으로 가입시키는 데 성공하였다. 특히 가입 후 중국, 대만은 오사카 행동지침(Action Agenda) 작성 과정에서 우리 입장을 지지해 보고르 선언의 자유화 목표연도(2010~20)를 무력화시키는데 큰 도움을 주었다. 4차 각료회의('92.9.10~11, 태국 방콕, 15개국 참여)에서는 싱가폴에 상설 사무국 설치, 저명인사 그룹(Eminent Persons Group)회의 설치, 역내 자유화를 위한 4개 단기과제(통관 절차 간소화, 시장접근 행동규제 완화, 관세율 D/B 구축, 투자규정집 발간)의 추진을 합의하는 등 점차 협력의 범위를 확대하였다.

표 1. APEC 개최국 현황 및 예정

연도	개최국	연도	개최국
1989	호주(각료회의)	2006	베트남
1990	싱가포르(각료회의)	2007	호주
1991	한국(각료회의)	2008	페루
1992	태국(각료회의)	2009	싱가포르
1993	미국	2010	일본
1994	인도네시아	2011	미국
1995	일본	2012	러시아
1996	필리핀	2013	인도네시아
1997	캐나다	2014	중국
1998	말레이시아	2015	필리핀
1999	뉴질랜드	2016	페루
2000	브루나이	2017	베트남
2001	중국	2018	파푸아뉴기니
2002	멕시코	2019	칠레
2003	태국	2020	말레이시아
2004	칠레	2021	뉴질랜드
2005	한국	2022	태국

* 자료 : 외교부, 2015 APEC 정상회의(기자판 참고자료), 2015년 11월, p23

시애틀에서 5차 각료회의 및 정상회의 개최로 APEC 역사의 새로운 장을 열다

시애틀에서 열린 5차 각료회의('93.11.11~19)에서는 멕시코와 파푸아뉴기니의 신규 회원국(총 17개국) 가입을 승인했으며, UR 협상 촉구, 행정예산위원회 설치, APEC 환경장관회의 개최('94.3) 합의 및 저명인사 그룹(EPG)의 보고서 접수 등 활동을 더욱 확대하였다.

또한 호주 폴 키팅 수상의 정상회담 제안을 클린턴 대통령이 받아들여, '93년 11월 20일 시애틀에서 16개국 정상(마하티르 말레이시아 수상만 불참, 대만은 중국을 고려하여 장관 참석)이 제1차 아태지역 경제지도자회의(Economic Leaders Meeting)를 갖게 되었다.

이를 통해 아태지역 경제권의 단합을 과시하고, 협력 확대를 합의(8개 사업)하였으며, Seattle Vision Statement를 채택하였다. 정상회의에는 전 세계에서 3,000여명의 취재진이 몰려드는 등 많은 관심(EC의 마스트리히 합의 시의 2배 수준)을 받았다. 특히, 천안문 사태('89.6.4) 이후 처음으로 마주한 미국(클린턴)과 중국(강택민) 정상의 화기애애한 모습이 눈에 띄었다.

또한 주목할 것은 이 회의 결과로 발표한 성명(Seattle Vision Statement)에 포함된 4차 각료회의에서 설치 합의한 저명인사 그룹(EPG)이 보고서에 제시한 사항을 받아들인다는 표현이었다.

"We accept the challenge presented to us in the report of the APEC Eminent Persons Group to achieve free trade in the Asia Pacific, advance global trade liberalization and launch concrete programs to move us toward those long-term goals."

실제로 이 문장이 이듬해 보고르 정상회의 선언('94.11.15)의 자유화 목표연도 설정(선진국 2010년, 개도국 2020년)의 근거가 된 것으로 보인다.

보고르 선언, 아태지역 무역의 완전 자유화 목표연도가 선진국 2010년, 개도국 2020년으로 결정되다

'95년 6차 각료회의와 2차 정상회의의 의장국이 된 인도네시아의 수하르토 대통령은 시애틀 성명에서 표시한 자유화의 장기 목표를 구체화하기 위하여 APEC 담당특사로 관료가 아닌 빈토로 초크로아미조 인도네시아 대학 교수를 임명해 「보고르 선언 초안」을 작성토록 하고, 적극적으로 회원국을 방문하여 초안을 설득하는 방법을 구사하였다.

빈토로 특사는 미국과 말레이시아를 제외하고는 대부분 국가의 원수나 각료를 직접 만나 설득하였다. 그는 제일 먼저 싱가폴을 방문하여 긍정 신호를 받았으나, 한국에서는 자유화는 찬성하나 농산물 분야에서의 우려를, 그리고 일본도 쌀 관세화 문제로 어렵다는 입장을 들었다. 이에 그는 보고르 선언은 비전만 제시하는 것이고, 그 구체적인 지침은 다음해('95) 오사카 회의(의장국 일본)에서 결정하는 것이라며 일본을 설득하여 초안에 대한 의견을 모았다.

제6차 각료회의('94.11.11~12, 인도네시아 자카르타)에서는 칠레를 회원국으로 가입시켜 회원국이 18개국으로 늘어나게 되었다. 또한, 구체적으로 '95년도 무역투자위원회(CTI)의 Work Program 승인, 비구속적 APEC 투자 준칙 채택 등 사업 확대를 결정하였다.

이어서 열린 제2차 APEC 정상회의('95.11.15)는 장소를 보고르로 옮겨 역내 무역 자유화 목표연도를 채택하였다. 보고르 선언문은 선진국은 2010년, 개도국은 2020년 무역과 투자를 완전 자유화한다는 내용으로, 8페이지에 달하는 선언문의 제6항 중간 부분에 '선진국은 2010년, 개도국은 2020년까지 자유롭고 개방적인 무역과 투자의 목표 달성을 합의한다'는 문구가 담겨 있다.

"We further agree to announce our commitment to complete the achievement of our goal of free and open trade and investment in Asia Pacific no later than the year 2020. The pace of implementation will take into account the differing levels of economic development among APEC economies, with the industrialized economies achieving the goal of free and open trade and investment no later than the year 2010 and developing economies no later than the year 2020."

이는 우리나라가 선진국에 해당될 때는 2010년, 개도국으로 분류될 경우 2020년까지 UR을 통하여 개방유예를 얻은 쌀을 포함한 고율관세(예: 참깨 700% 등)가 붙은 모든 품목들의 관세를 0% 내지는 5% 정도의 낮은 세율로 내려 개방한다는 것을 의미한다.

이 보고르 선언을 반대한 유일한 정상은 말레이시아의 마하티르 수상이었다. 그는 「유보(Reservation)」 조건을 부속 문서로 첨부하자고 하였으나 논의 끝에 결국 첨부하지 않기로 결론이 났다(수하르토는 이를 flexible consensus라고 함. 1~2개 국가의 반대에도 합의로 간주). 여기서 한 가지 불분명한 것은 당시 우리나라가 개도국으로 분류되지 않았다는 점이다. 다시 말하면 우리 대표단이 우리가 개도국임을 적극 개진하지 않았다는 점이다. 처음 저명인사 그룹

(EPG)의 보고서에는 자유화 목표연도를 선진공업국(미국, 호주 등)은 2010년, 신흥공업국(한국, 대만 등)은 2015년, 개도국은 2020년으로 제시하였는데, 우리가 신흥공업국으로 분류된 것을 불쾌해 했다는 것이다(アジア太平洋フュージョン, APECと日本, 船橋洋一 1995.10.30., 中央公論社, page 139).

물론 회의 결과는 선진국 2010년, 개도국 2020년으로 결론지어졌지만, 우리가 당시 개도국 지위를 적극 개진하지 않은 것은 다음해('95)에 선진국 그룹인 OECD에 가입하는 것을 염두에 둔 것이 아닌가 한다. 이는 필자가 다음해('95) 7월에 처음 참석한 삿포로 APEC 고위간부급회의(SOM, Senior Officer Meeting)에서 만난 대부분의 다른 나라 대표들이 한국을 2010년의 자유화 그룹, 즉 선진국으로 알고 있었다는 점에서 확인할 수 있었다.

새로 가입한 칠레를 포함하여 18개 회원국으로 구성된 APEC은 세계인구의 38%(2,117백만명), GNP의 60%(134,647억달러), 수출의 45%(16,661억달러), 수입의 45%(17,267억달러)를 점하는 최대 규모의 지역 경제 블록이 되었다.

「보고르 선언」으로 일본과 한국이 곤경에 빠지다

이 보고르 선언에서 가장 위협을 느낀 것은 일본이 아니었나 생각된다. 필자의 제네바 주재 시기인 '94년 12월 제네바에서 WTO 이행계획회의(12.8)와 GATT 총회에 참석한 일본 농림성의 구마자와 국제부장은 필자에게 '94년 11월 15일 인도네시아 보고르 APEC 회의에서 일본과 한국에게 상당히 불리한 결과가 나왔다고 하면서, '95년에는 한국과의 긴밀한 협조가 필요하다고 하였다.

당시 필자는 APEC의 내용을 간접적으로 파악하고 있는 터여서 그렇게 까지 구체적인 내용을 심각하게는 생각하지 않았으나, '95년 1월 7일 국제국장으로 귀국한 후 파악해 보니 보통 문제가 아니었다. 그렇지 않아도 UR에서 쌀 문제 때문에 몇 년 동안 홍역을 치렀

표 1. 세계경제에서 차지하는 아태지역(APEC) 비중

구분		인구 (백만명)	GNP (억달러)	1인당 GNP (달러)	수출 (억달러)	수입 (억달러)
세계		5,525.0 (100)	222,780 (100)	4,390	36,855 (100)	38,516 (100)
APEC	전체	2,116.7 (38.3)	134,647 (60.4)	6,278	16,661 (45.2)	17,267 (44.8)
	동북아	1,371.1 (24.8)	54,609 (24.5)	3,773	7,548 (20.5)	6,438 (16.7)
	미국	258.1 (4.7)	63,478 (28.5)	24,643	4,648 (12.6)	6,034 (15.7)
	한국 (對세계, %) (對APEC, %) (APEC내 위치)	44.0 (0.8) (2.1) (9위)	3,308 (1.5) (2.5) (5위)	7,513 (9위)	822 (2.2) (4.9) (6위)	838 (2.2) (4.9) (6위)
EC		348.1 (6.3)	67,849 (30.5)	19,489	12,650 (34.3)	12,550 (33.4)

주) ① ( )는 비중 (%)
② 동북아 : 한국, 중국, 일본, 홍콩, 대만
③ 자료 : '95 APEC 추진현황 p 65, '95.12 농림수산부

는데, 2010년 또는 2020년에 쌀 완전 개방이라는 또 다른 시련이 다가와 있었다. '95년에 접어들자마자 일본 농림성의 차관급인 마나베 대외담당심의관이 방한('95.1.28)하여 박상우 차관과 면담을 통해 보고르 선언의 자유화 일정에 문제가 있음을 지적하고, 한국의 강력한 협조를 요청했다. 이에 박 차관은 '95년 11월에 있을 행동지침(Action Agenda) 작성에서 의장국인 일본의 역할이 중요하다고 하면서 UR에서와 같이 양국의 긴밀한 공조체제를 구축해 나가자고 하였다.

그리고 '95년 3월 일본 지바현 메세에서 열린 국제식품박람회(Foodex Japan) 참석차 방일한 최인기 장관(주일대사, 필자, 윤장배 과장, 서성배 농무관 배석)은 3월 6일 일본 농림성 오오가와라 다이이치로 대신(마나베 심의관, 아즈마 경제국장, 엔도 국제부장 배석)과 만나 11월 오사카 회의에서 의장국인 일본의 역할이 중요함을 강조했다. 이에 오오가와라 대신은 좋은 결과를 얻기 위해 한국의 강력한 지지를 요청하는 등 양국이 앞으로 긴밀히 협조하여 나가기로 합의하였다.

2차에 걸친 고위간부회의에서 행동지침에 포함될 내용이 논의되다

오사카 행동지침 작성을 위한 1차('95.2.9~16, 후쿠오카) 및 2차('95.4.10~15, 싱가폴) 고위간부회의가 열려 자유화 대상과 시간계획이 논의되었다. 특히 한국(반기문 외정실장, 농림부 배종하 과장)과 일본은 민감부문의 고려를 주장한 반면, 미국, 호주, 홍콩, 뉴질랜드 등은 자유화 과정에서 예외를 두는 것은 안 된다고 하였다. 여기에 인도네시아는 자유화 완결에 대해 선진국은 2000년에 시작하여 2010년 완성, 개도국은 2000~10년까지 준비하여 2020년에 완성하자는 의견을 냈다. 또한 자유화에 따르는 혜택은 역외국에게는 가급적 무임승차(Free riding)를 적게 하자는 의견을 내는 한편, 중국은 보고르 선언의 비차별적 성격(Non-discriminatory nature)을 강조하였다. 그러나 실제로 2차 회의는 초안 제시가 있기 전이었기에 커다란 논쟁 없이 진행되었다.

일본, 행동지침에 민감분야 특별고려를 포함하고자 한국측 지지를 요청하다

'95년 5월 31일 오전 필자는 농림성 엔도 국제부장에게 전화로 「행동지침 초안」에 반드시 민감분야 특별고려를 표시한 문장이 있어야 됨을 강조하였으며, 같은 입장을 가지고 있는 국가들과의 비공식협의를 제안하였다. 이에 엔도 부장은 6월말 예정인 문안 작성에 민감분야 특별고려사항의 반영을 외무성과 합의하였다고 하며, 동조국과의 비공식협의 문제는 의장국으로서 신중하게 해야 할 것이라고 유보 입장을 보였다.

그리고 같은 날(5.31) 오후 일본 외무성 우치다(内田) APEC 대사가 방한하여 만찬 겸 협의(18:00~20:00, 조선호텔)를 가졌다. 그 자리에서 필자가 농업의 특별고려가 한국 모든 부처의 합의된 입장이므로 반드시 초안에 포함되어야 한다고 말하자, 우치다 대사는 의장국으로 어려움이 있으나 민감분야의 특별고려 반영을 위해 최선을 다하겠다고 하며, 이를 위해서는 한국의 확고한 지지가 필요하다고 하였다. 다시 말해 일본은 특별고려 관련 문장은 넣겠지만 가급적 중립적 입장을 가져야 하는 의장국이므로 강한 주장이 어려우니 한국이 앞장서서 문안을 지켜달라는 것이었다. 쌀과 고율관세의 농산물의 사활이 걸려있는 우리로서는 악역을 마다할 입장이 아니었다.

'95년 7월 삿포로 고위간부회의(SOM)에서 특별고려사항 문제로 미국과 크게 대립하여 결론 없이 끝나다

일본은 3차 SOM 회의('95.7.2~7.5)를 앞두고 각국에 행동지침 초안을 배부(6.26)하였다. 거기에는 "분야별 특수성을 고려하여 자유화 이행과정에서 경제부문의 차별적 취급을 허용하는 융통성을 실행할 수 있다"는 소위 제8항 융통성(Flexibility) 조항이 들어가 있었다.

> Due consideration will be given to the divergent conditions of APEC member economies.
>
> Flexibility will be exercised in allowing differential treatment of economic sectors in the liberalization and facilitation process, taking into account the sectoral specificity in each member economy.

다시 말하면 일부 경제분야(우리는 특히 쌀 등 농산물을 의미)는 자유화 목표연도(선진국 2010년, 개도국 2020년)에 완전 자유화(0~5% 정도의 관세)하지 않을 수 있다는 뜻이다. 그러나 이와 같은 예외 조항을 어떻게 11월 15일 오사카 정상회담까지 지켜내느냐 하는 문제와 18개국 중 미국, 호주, 캐나다, 뉴질랜드, 아세안 등 많은 나라가 강하게 반대한다는 점, 일본은 의장국이니까 가급적 중립을 지켜야 하는 입장으로 인해 한국이 이들과의 다툼에 앞장서야만 했다. 그리고 우리 의견에 동조국가를 확보하지 못하면 그 조항의 유지가 아주 어렵게 될 것임이 틀림없었다.

우리는 관계부처회의('95.7.1)를 통하여 우선 8항에 대하여 의장안보다 강화된 형태의 수정을 요구하여 최소한 초안을 유지토록 하고, 동조국가(중국, 대만)를 확대하며, UR에서 쌀 문제의 무임 승차국(Section B, 한국조항)인 필리핀과 쌀의 고관세를 얻은 인도네시아를 설득하여 최소한 반대편에 서지 않도록 전략을 세웠다. 대표단 구성은 외무부 반기문 외정실장을 수석대표로 하고, 각 부처(농림부 필자, 오경태 사무관, 어명근 박사) 대표로 구성하였다.

본회의 하루 전인 7월 3일, 우리의 협의 요청에 응한 8개 국가와 비공식 사전모임을 가졌다. 중국과 대만은 우리의 견해에 동조 의견을 보였으나 호주, 뉴질랜드, 홍콩은 예외 인정에 반대하고, 필리핀은 한국과 견해를 같이 한다고 하면서도 언젠가는 자유화할 것이 아닌가 하는 애매한 반응이었다. 말레이시아는 전반적으로 반대 견해를 나타냈다. 특히 일본은 전적으로 우리와 의견을 같이 하나 의장국 입장으로 강하게 나올 수 없다면서 우리에게 반대의견의 선도 역할을 기대했다.

7월 4일 본회의가 시작되자 우리 대표(반기문 실장)는 예외적 의미의 특별배려가 포함된 8항이 보다 명확한 방향으로 개선되어야 한다고 발언을 하자 이에 일본, 중국, 대만이 동조 발언을 하고, 호주, 뉴질랜드 등이 반대 발언을 하고 나섰다. 특히 아세안 국가들이 한국 지지 발언을 않는 것을 확인한 미국 대표(Sandra Clistoff)는 탁자를 손으로 강하게 내려치면서 "한국이 정말 이럴 줄 몰랐다"고 크게 화를 내면서 8항 삭제를 주장하고는 "오늘 내로 소위원회(Drafting Committee)를 구성하여 결론을 내자"고 하였다.

이에 세키 의장(일본)이 한국, 일본, 미국, 필리핀, 홍콩 대표를 소위원으로 지명하였으나, 여기에 추가로 중국, 캐나다, 멕시코, 태국 대표가 참석하여 당일 저녁 8시 30분부터 회의(우치다 대사 주재)가 시작되었다. 홍콩이 수정안('in the liberalization~'의 in을 during으로 바꾸는 안)을 제시하였으나 우리(필자, 주철기 심의관)의 반대(during은 phasing 개념으로 자유화 목표연도를 명확히 한다는 뜻)와 일본의 동조로 결론을 내지 못한 채 7월 5일 오전 SOM 의장에게 결과 보고만 하기로 하고 회의를 종결하였다. 회의 마지막 날(7.5)에 8항 문제를 협의했던 소위원회(Drafting Committee)가 합의 도출을 하지 못하고 별도의 경과 보고도 없는데 대하여 세키 의장은 "유감스럽지만 이해할 수 있다(regretable but understandable)"고 논평하며 앞으로 다양한 의견이 반영되도록 하겠다고 하면서 회의를 마쳤다. 우리와 일본에게는 다행스러운 회의였지만, 미국을 위시한 호주, 캐나다, 뉴질랜드 등 농산물 수출국들의 보고르 선언의 완전 자유화 일정(2010년/2020년)에 차질이 생기기 시작한 것은 분명해졌다.

필자의 비공식 중국과 일본 방문으로 공조체제를 더욱 굳건히 하는 계기를 마련하다

삿포로 회의에서 어려움을 겪은 우리는 앞으로 회의(8월 홍콩, 10월 동경, 11월 오사카)에서 확실한 동조국가 확보 없이는 8항 유지가 힘들 것으로 보고 우선 APEC에서 영향력 있는 중국(삿포로에서 동조는 했으나 강한 Tone이 아닌)을 설득하기로 하여 농림부 내부 결정으로 외무부와 협의 없이 필자(오경태 사무관 동반)를 베이징(8.23~4)과 도쿄(8.25)로 보내기로 하였다. 베이징에서는 농업부 칸조후(甘坐富) 국제합작사 부사장(8.23, 10:00~12:00), 대외무역경제합작부 부사장이자 APEC 부대표인 리엔행(李恩恒) 부사장(8.23, 14:00~15:00), 그리고 외교부 APEC 수석대표인 왕유신(王隅生) 대사(8.24, 10:00~11:00)를 만나 초안의 8항 유지의 필요성을 설명하였다.

필자는 먼저 중국이 앞으로 WTO에 가입하게 될 경우 가입협상에서 UR에서와 같이 농산물의 높은 관세를 얻을 수 없게 될 것이며, 둘째로 중국이 지금과 같이 고도성장을 하게 되면 소득이 올라가게 되고 결과적으로 농산물의 수요 증대로 이어지게 될텐데 급격히 늘어나는 농산물 수요를 국내 생산만으로는 충족시키기에는 부족해 결국 수출국에서 수입국으로 전환하게 될 가능성이 커지게 된다고 말했다. 이에 따라, 보고르 선언의 2020년 0~5%의 낮은 관세로는 중국의 농업을 보호할 수 없을 것임이 분명하다고 하였다. 그러므로 일본 초안의 유지가 필요하며, 특히 8항의 변형("in"을 "during" 하는 것. 특히 삿포로 소위원회에서 중국은 홍콩이 제시한 "in"을

"during"으로 하는 안에 동조한 바 있었음)은 오히려 자유화의 목표 연도를 명확히 하는 역효과를 가져오기 때문에 최소한 8항의 유지에 대한 공조가 필요하다고 강조하였다.

이에 리 부사장은 APEC에서 예외가 허용되고 융통성이 부여되어야 할 것이라 하면서 중국도 별도 수정안을 검토 중이라고 하였다. 특히 왕 대사는 8항 관련 한국입장을 충분히 이해하며, 삿포로에서와 같이 한국 지지 입장은 변함이 없다고 하였다. 두 사람 모두 필자의 WTO 가입 시 중국에 미치게 될 영향에 대한 설명에 크게 관심을 보였다. 필자는 베이징 면담내용을 농무관(이상용)에게 본국에 전문보고토록 요청하였으나, 대사관의 K공사는 외무부와 합의 없는 출장이라고 전문 발송을 거절하였다. 그날 저녁 베이징에서 도쿄로 바로 건너가 농림성의 엔도 국제부장(8.25, 11:00~14:00)과 외무성 우치다 대사(8.26, 16:00~16:40)를 만나 방중 결과와 함께 향후 공조 방안을 협의하였다. 엔도 부장은 외무성과 통산성이 미국과 호주의 입장을 감안하여 일본 초안의 특별대우의 의미 약화(Watered-down) 움직임이 있다고 말하며, 농림성은 최소한 8항 유지를 위해 필요한 경우 정치권 동원(자민당의 농림족 의원 등)도 검토 중이라고 언급하는 등 일본 정부 내의 의견차를 설명했다.

한편 우치다 대사는 기본적으로 일본도 한국과 같은 입장이지만 삿포로 SOM에서 8항의 합의가 이루어지지 않았기 때문에 수정이 불가피하여 적절한 문구(clause)를 연구 중이며, 9월초 2차 초안을 배

포함 예정이라 하였다. 필자는 일단 초안을 약화된 문구로 수정하면 앞으로 있을 홍콩 회의('95.9), 도쿄 회의('95.10), 오사카 회의('85.11)에서 계속 수정하게 될 것이므로 가급적 원안 유지가 필수적임을 강조하고, 우치다 대사가 '89년 4월 제네바에서 중간평가 합의문에 NTC 조항을 반영하는데 기여한 점(당시 외무성 경제국 부국장)을 높이 평가하면서 금반 행동지침 작성에서도 8항 유지에 큰 기대를 하고 있다고 하였다.

이와 같이 농림부 단독으로 결정한 필자의 중국, 일본 방문은 그 후 홍콩, 도쿄, 오사카 각료회담에서의 중국의 확고한 입장 표명을 이끌어냈고, 의장국인 일본 외무성에게 전달한 중국 입장은 그 후 8항을 수정하지 않고 계속 오사카 정상회의까지 유지하는데 크게 기여한 것으로 보인다.

외무부, 관계부처와 협의 없이 자유화 일정(2020년) 수용의사를 미국에 전달('95.7.19)하다

여기서 한 가지 추후 밝혀진 중요한 사건이 있었다. 바로 외무부가 관계부처와의 협의(주로 경제기획원 주관) 없이 '95년 7월 27일 워싱턴에서 개최 예정인 한·미 정상회담을 앞두고 민감분야에 대한 특별취급을 주장해 온 기존 입장을 포기하고 2020년까지 자유화를 달성하되 시차를 두고 실행에 옮기는 방안(소위 phasing)을 적극 수용하겠다는 입장을 정하여 '95년 7월 19일 워싱턴 한국 대사관 J 공사로 하여금 국무부의 Sandra Clistoff 대사('95.7.4 삿포로 SOM 회의

시 한국측 발언에 분노를 표시한)에게 전달한 것이다.

이에 Clistoff 대사는 한국측의 전향적인 입장에 환영을 표하고 보고르 선언 추진에 한국의 농업과 같은 민감분야에 대한 특별 고려는 인정될 수 없다고 하였다. 이어 J 공사는 이와 같이 전환한 한국측 입장은 9월 홍콩 SOM 회의 등 적절한 시기에 밝히게 될 것이라 하였다. 농림부는 이와 같은 외무부의 독자적 행보에 대하여 강하게 항의함과 동시에 이에 상관없이 초안의 8항 유지를 위한 외교활동(8.22~26, 필자의 중국, 일본 방문)을 전개하고 경제기획원('85.9.1)과 협의하여 기존의 방침을 그대로 밀고 나가기로 하였다.

2. 홍콩 고위간부회의('95.9.10~13)
도쿄 고위간부회의('95.10.9~13)

농업 등 민감분야의 특별취급을 포함한 Osaka Action Agenda 8항의 존치 문제로 한국·일본·중국·대만과 미국·호주·캐나다 등 수출국들이 첨예하게 대립하면서 제4차 홍콩 고위간부회의(SOM)와 제5차 도쿄 SOM이 별다른 진전을 보지 못하게 되어 보고르 선언 달성에 위기감이 조성되었다.

홍콩 SOM('95.9.10~13)을 대비하여 한국·일본 활발히 움직이다

제3차 삿포로 회의('95.7.2~5)에서 위기를 느낀 우리와 일본은 4차 홍콩 SOM('95.9.1~13)을 대비하여 활발히 움직이기 시작하였다. 먼저 필자의 베이징 방문(8.23~24)과 도쿄 방문(8.25~26)을 통해 중국의 확실한 지지를 확인하고 이를 바탕으로 일본이 오사카 회의까지 민감분야 특별 취급을 표시한 행동지침 8항을 유지토록 강력히 권고하는 계기를 마련하였다. 한편 일본에서는 자민당 농림부회 회장인 후타다 고우지 중의원, 오오타 요시아키 참의원 등 7명의 대표단이 8월 29일 방한하여 국회 양창식 농림수산위원장과 농림부 박상우 차관을 만나, APEC에서 예외를 인정하는 차별화가 필요하고, 협의기구인 APEC의 협력체로의 전환은 받아들일 수가 없으며, 일본 정부가 의장국으로 중립을 지키려고 하기에 한국이 앞장서서 8항을 지켜줄 것을 요청하였다. 이에 양 위원장과 박 차관은 협정 초안의 내용이 상당히 중요함을 인식한다고 하고 오히려 일본이 의장국 역할을 최대한 활용할 필요가 있음을 강조하고 한국도 적극 활동할 것을 약속하고 앞으로 한·일이 긴밀한 협조를 해나가기로 합의하였다.

한편 필자는 일본 농림성 엔도 국제부장과 유선 통화(9.1, 10:00)로 일본 의원단 방한 결과와 공조 합의를 알려주고 일본의 동향을 문의하였다. 이에 엔도 부장은 일본 외무성이 다소 약화된 입장이나 자민당의 강력한 지원으로 8항이 최소한 지난번 수준은 유지될 것이라고 전망하며, 홍콩 SOM에서 한국의 강력한 지원을 다시 한 번 요청하였다. 이어 필자의 제안으로 홍콩에서 한·중·일 및 한·일·대만의 사전협의를 갖기로 합의하였다.

그리고 9월 1일 재정경제원(신명호 차관보, 정덕구 국장)과 농림부(조일호 차관보, 필자)는 별도 협의를 갖고 외무부 반기문 실장으로 하여금 8항 유지를 위한 일본과 사전협의를 요청토록 하며, 홍콩 회의부터 농림부 차관보를 대표단에 포함하는 것을 적극 검토하고, 국내 홍보는 가급적 조용하게(low key) 자제토록 하며, 9월 6일 관계부처 회의를 갖기로 합의하였다.

이에 따라 반기문 실장은 9월 5일 당일 출장으로 일본 외무성 하야시 사무차관과 APEC 공동의장인 세키 대사, APEC 일본 대표 우치다 대사와 만나 민감분야 별도 취급을 다루는 8항을 오사카 회의까지 가져가야 하며, 특히 phasing은 별도 개념이므로 이를 변경하는 것에 반대한다고 하고, 8항을 더 이상 완화하는 어떠한 수정도 받아들일 수 없다고 하였다. 이에 하야시 차관은 8항은 회원국 간의 합의가 없어 조화롭게 조정하는 것이 과제이며 한국의 입장은 참고하겠다고 언급하였다. 한편 세키 대사는 홍콩 SOM에서 8항 문안 협의를 위한 소그룹회의를 고려 중이라고 하였다.

정부는 9월 6일(07:30, 팔레스호텔) 관계부처 1급 회의(재경원 신명호 차관보 주재, 외무부 반기문 실장, 농림부 조일호 차관보, 필자, 통상산업부 한덕수 실장 등)를 갖고 홍콩 SOM에서 의장 초안의 8항을 수정 없이 유지하고, 정부 대표단에 농림부 조일호 차관보를 포함하기로 결정하였다.

제4차 APEC SOM('95.9.10~13, 홍콩) 전에 지지 활동을 강화하다

제4차 APEC 홍콩 SOM(정부대표단: 수석대표 반기문 외정실장, 농림부 조일호 차관보, 필자, 김대근 사무관, 어명근 박사)의 목적은 '95년 11월 오사카 정상회담에서 채택할 보고르 선언 실행지침(Action Agenda)의 골격을 결정하고, 7월 삿포로 SOM의 미합의 부문인 민감분야 별도 취급(8항)의 반영 여부를 결정하는 것이었다. 아울러 9월 12일 공식회의에 앞서 각국에게 비공식 협의 기회를 주어 의견을 모으도록 하여 우리는 11개국(미국, 일본, 중국, 대만, 홍콩, 칠레, 캐나다, 호주, 싱가폴, 필리핀, 뉴질랜드)과의 비공식 협의를 통해 동조국(일본, 중국, 대만)을 확인하고, 반대국(미국, 호주, 캐나다, 뉴질랜드, 칠레, 홍콩, 싱가폴)에게는 우리 견해를 설명하였으며, 그 동안 중립적이었던 필리핀에는 동조를 요청하였다

비공식 양자협의와는 별도로 8항과 관련하여 확실한 공조 체제를 갖고자 우리 주관으로 사전 만찬 협의를 추진하여 9월 10일에는 한·일·중(필자, 엔도 부장, 리엔행 부사장) 협의를, 9월 11일에는 한·일·대만(필자, 엔도 부장, Shen 대표) 협의를 가졌다. 중국의 APEC 부대표인 리 부사장은 phasing 개념인 during에 대한 확실한 의미를 확인하고 8항 유지를 위한 지지를 약속하였으며, 대만의 Shen APEC 대표는 삿포로 SOM 후 귀국하여 농업위원회(우리의 농림부에 해당)의 강한 반발을 받았으며, 특히 Chen(陳武雄) 기획처장으로부터 필자의 요청을 전적으로 지원해 주라는 부탁을 받았다고 하면서 8항 관련 지지를 약속하였다.

※대만의 Chen 기획처장은 '94년 7월 1일 제네바에서 필자에게 GATT 가입과 관련 자문을 요청하였으며, 필자는 거의 4시간에 걸쳐 GATT 가입 시 문제점, 농산물 관세처리방법, 대미협상방법, 특히 쌀과 관련된 협정문 부속서 5의 Section A, 즉 일본형인 6년에 최소시장접근허용 4%에서 8%를 제공하는 방안을 권고하여 실제 대만은 가입 시 이를 원용한 바 있다. 그는 그 후 대만성 농업청장, 농업위원회 부위원장을 거쳐 장관급인 위원장까지 역임하였다.

공식회의(9.12. 10:00), 소그룹회의(9.12. 18:00), 최종회의(9.13. 18:30)에서 준동조 국가가 늘어나다

9월 12일의 공식회의에서 우리 대표인 반기문 실장(조일호 차관보, 필자 외)이 먼저 8항의 존치가 한국 정부 입장임을 천명하자 일본, 중국, 대만이 삿포로 회의 때 보다 강력하게 지지를 표명한 반면, 미국, 호주, 캐나다, 뉴질랜드는 예외 허용은 불가하다고 반대 의사를 개진하였다. 특히 인도네시아가 8항에 경제발전 수준에 대한 고려를 반영할 경우 존치 입장을 지지하고 나섰다. 그리고 필리핀은 8항의 분야별 특수성을 고려한다는 내용을 삭제할 경우 존치를 지지한다는 발언을 하여 결국 합의에 이르지 못하자 세키 의장은 홍콩 대표 Tony Miller에게 소그룹의장을 맡아 별도 협의토록 요청하였다.

9월 12일 밤(18:00~20:00)에 열린 소그룹회의(한국, 일본, 중국, 대만, 인도네시아, 미국, 호주, 캐나다, 뉴질랜드)에서도 한국(필자, 외무부 박 과장), 일본, 중국, 대만은 8항 유지의 필요성에 강력한 입장을 개진하였다. 특히 필자와 일본, 중국, 대만 대표는 보고르 선언의 실현 가능성 있는 실행지침이 되기 위해서는 8항이 유지되어야 함을 강조한 반면, 미국, 호주, 캐나다 등은 예외적 의미의 별도 취급은 보고르 선언의 위배이므로 받아들일 수 없으나 자유화시기를 조절하는 것은 가능하다는 입장을 내세우며 대립하였다. 여기에서 특이한 것은 인도네시아가 8항 문안을 아래와 같이 일부 수정하여 존치하자는 것이다.

이 인도네시아 수정안은 후일 오사카 회의 직전에 일본과 호주가 제시한 최종제안의 근간이 되기도 하였다.

〈인도네시아의 중재안〉

◇ 제목 : Divergent conditions of APEC economies Due Consideration will be given to the divergent and sectoral conditions of APEC member economies. Flexibility will be exercised in the liberalization and facilitation process.

그 밖에 호주 등 수출국들이 phasing 개념으로 문안 수정을 시도하였으나 한국, 일본의 강경한 반대로 중단되었다. 결국 의장(Tony Miller)은 양측 견해의 근본적 차이가 있음을 확인하고 ① 도쿄 SOM에서 재논의하거나 ② 오사카 정상회담까지 정치적 타결을 모색하는 방안을 건의하겠다고 하고 회의를 종결하였다.

그리고 9월 13일 18:30에 열린 최종회의에서 소그룹회의 의장인 Tony Miller 홍콩 대표는 협의 결과 합의에 이르지 못했음을 설명하고, 각료회의에서 수정 방안을 강구하거나 정상회담에서 결정되도록 하는 방안을 보고하였다.

이번 회의에서 8항 관련 동조국(한국, 일본, 중국, 대만)의 입장이 강경해지고 반대국(미국, 캐나다, 호주, 뉴질랜드, 홍콩, 싱가폴, 태국)이 줄어드는 한편, 준동조국(인도네시아, 필리핀, 멕시코)과 중립적 국가(말레이시아) 등이 늘어나면서 미국의 태도가 7월의 삿포로 회의 때보다 상당히 변화한 것을 감지할 수 있었다. 그 예로 미국이 8항 삭제보다 자유화시기를 조절(phasing)하자는 호주, 캐나다의 발언에 반대하지 않은 점을 들 수 있었다.

특히 일본이 과거와 달리 확실하고 강한 입장을 갖게 된 것이 우리에게는 고무적이었다. 물론 일본 국내에서 자민당의 영향으로 농림성의 입김이 강해진 점도 있으나, 한국, 중국, 대만의 강경한 태도, 준동조국(인도네시아, 필리핀 등)이 늘어난 점 등에 영향을 받은 게 아닌가 한다.

결국 홍콩 SOM 회의는 8항 삭제라는 최악의 상황에서 점차 우리에게 희망적인 시그널을 준 결과를 가져왔다고 할 수 있겠다.

도쿄 SOM('95.10.7 ~ 9)을 위해 준비하다

홍콩 SOM 후 정상회의를 위한 확정 지침을 마련하기 위해 5차 SOM(도쿄, '95.10.7~9)을 앞두고 먼저 의장국인 일본의 동향을 파악하고자 필자는 9월 30일(14:00) 유선으로 일본 농림성 엔도 국제부장에게 실행지침과 관련하여 먼저 우리 정부의 입장이 확고하다고 전하였다. 특히 9월 25일과 26일의 국정 감사 시 야당의원의 APEC 관련 질의에 농업분야의 별도 취급 입장이 확고하고 UR 이상의 농산물시장 개방은 없을 것임을 분명히 하였다고 하고, 10월 4일 국내 관계부처 협의에서 최종 입장을 정리할 것이나 홍콩 SOM 때와 유사한 강경한 입장이 될 것이라 전했다. 또한 퀘벡에서 열릴 예정이었던 FAO 창설 50주년 기념 식량안보 각료회의(10.15)와 FAO 총회(10.23)에 참석하는 농림부 최인기 장관과 일본 농림대신 간의 조찬 또는 오찬 회담을 제안하며 8항 관련 일본의 수정 동향을 문의하였다.

이에 대하여 엔도 부장은 외무성과 통산성의 수정 시도가 있었으나 농림성과 자민당이 강하게 반대하여 존치 가능성이 높다고 하고, 퀘벡 회의나 FAO 총회 기간 중 의회에서 예산결산위원회(중의원 10.11~14, 참의원 10.16~19)가 있어 동 회의에 농림대신의 참석이 어려울 수 있다고 설명하면서 10월 초에 참석 여부가 결정된다고 하였다. 그리고 이와는 별도로 필자와는 10월 7일 저녁이나 10월 8일 중 양자 간의 사전 협의를 약속하였다.

'95년 10월 4일 도쿄 SOM에서의 우리 정부 방침을 정하다

한편 정부는 10월 4일(07:00~09:00, 팰리스 호텔) 관계부처 1급 회의(재정경제원 신명호 차관보, 정덕구 국장, 반기문 실장, 조일호 차관보, 필자 등)를 갖고 도쿄 SOM('95.10.9~13)에서의 정부 지침을 다음과 같이 확정하였다.

① 자유화 원칙은 수용하되 농업에서의 민감분야 별도 취급은 반드시 반영되어야 하며, 어떠한 형태로든 보다 약화된 수정안 논의는 사전 봉쇄토록 하고,

② UR 협상 결과를 앞당기는 것은 각국이 자발적으로 선택한 분야에 국한하고,
③ 자발적 선행 조치(Down payment)에서 농업은 제외하고,
④ 자유화 추진은 강제적이 아닌 회원국 스스로 자유화할 수 있는 부분을 정하고(concerted unilateralism),
⑤ 중국이 강하게 주장하는 무차별 원칙(Non-discrimination)에 대하여는 역내 회원국은 최혜국대우원칙(MFN)을 준수하되, 역외 회원국은 최빈개도국에게만 적용한다.

도쿄 특별고위간부회의 및 SOM으로 행동지침 결정을 추진하다

의장국인 일본은 도쿄에서 특별고위간부회의(S/SOM)와 SOM을 연이어 열고, 사전에 오사카 각료회의에서 채택할 보고르 선언의 행동지침을 결정하기로 하였다. 각국 대표단은 10월 6일에 미리 도착하여 활발한 비공식 사전 양자협의를 전개하여 합의 도출을 위한 노력을 기울였다.

특히 각국은 S/SOM(10.9~10) 이전에 다른 나라 대표와 양자협의를 활발히 진행했다. 농림부는 먼저 일본과 대만의 농업 관련 대표들과 별도의 양자협의를 갖고 공조 협의를 하였다. 일본과는 필자(김대근 사무관)와 엔도 국제부장(국제협력과장)이 만나(10.7, 20:30~22:00) 양국의 입장과 전체적인 논의 동향에 대한 의견을 교환하였다. 특히 양국은 금번 SOM에서 민감분야 특별취급에 대한 입장에는 변함이 없으며 주요국들을 설득해 나가기로 하였다. 다만 호주와 미국의 전략이 8항을 정상회의에서 타결하도록 유도하려는 의도가 있

는 것으로 감지되어 이에 유의할 것과, 10월 8~9일에 타결되지 않으면 SOM을 연기할 가능성, 소그룹회의를 구성할 가능성도 염두에 두고 긴밀히 협조해 나가기로 하였다. 또한, 필요한 경우에는 한·중·일 또는 한·대만·일의 3자 협의도 추진하기로 하였다.

그리고 필자는 동일 밤늦은 시간(23:00~24:00)에 대만 농업위원회 Chen(陳) 기획처장을 만나 공조체제 유지에 대한 공감대를 형성하였다. 특히 필자는 대만이 조만간 WTO에 가입하게 될 때 APEC에서 농업분야 별도 취급이 없을 경우에는 어려움에 직면하게 될 것이며, 최악의 경우 0~5%의 관세만 남게 될 것임을 경고하고 그렇게 될 경우 대만의 농업 보호는 불가능할 것이라고 설명하면서 확고한 공조체제가 필요함을 강조하였다. 이에 대하여 Chen 처장은 과거 두 차례의 회의에서와 같이 한국측의 입장을 적극 지지할 것이며, 특히 이번 SOM에서도 긴밀히 협의해 나갈 것임을 약속하고, 우리측이 계속하여 중국과 공동보조를 취해 줄 것도 요청하였다.

10월 8일, 각국 대표(14개국)와 하루 종일 양자 협의를 진행하다

우리 대표단(반기문 실장, 조일호 차관보, 필자 등 관계부처 직원)은 한 시간 간격으로 미국(08:00), 중국(09:00), 캐나다(10:00), 대만(11:00), ASEAN 6개국(12:00), 일본(14:00), 홍콩(15:00), 호주(16:00), 싱가폴(17:30)과 양자협의를 가졌다.

특히 우리는 포괄적인 자유화는 받아들이나 보고르 선언의 성격, 타 국제기구에서의 자유화 원칙, 농업의 특수성, 장래 예측 가능성 등을 고려할 때 실현 가능성이 있는 실행지침이 되기 위해서 반드시 농업분야 등 각국의 민감분야는 별도 취급이 필요함을 설명하였다

이에 대하여 미국은 별도 취급은 보고르 선언의 위배라고 하면서, 오사카 정상회담에서 각국이 문제점을 제기하면 아무것도 할 수 없는 상황을 초래할 것이라 하였다. 중국은 현 의장 초안의 8항 유지는 중국의 마지막 수준이며 반드시 유지되어야 한다는 강한 입장임을 강조했다. 캐나다는 별도 취급을 수용할 수 없다고 하면서 2010/2020에 전 분야의 완전 자유화가 이루어져야 한다고 하였다. 한편 대만은 8항을 약화시키는 어떠한 수정안도 받아들일 수 없다고 하고, 그밖에 ASEAN 국가는 별도 취급 규정이 적절히 유지되어야 하며, 인도네시아의 적절한 역할이 필요하다고 하였다. 일본은 8항 유지가 분명한 일본의 입장임을 밝히고 특히 뉴질랜드의 중재안 제시 시도는 적극 반대한다고 하였다. 그 외 호주는 자국도 섬유, 자동차 등이 민감분야라면서 8항을 받아들이면 모든 나라가 별도 취급 주장을 하게 되어 남는 것이 없다고 하면서 목표연도까지는 자유화해야 한다고 하였다.

그리고 다음날 열린 S/SOM(10.9, 08:00~18:00, 반기문 실장, 조일호 차관보, 필자 등 참석)에서 최대 관심사인 농업 등 민감분야 별도 취급 유지에 대하여 한·중·일·대만 등 강력하게 지지하는 국가들과 미국·호주·싱가폴·태국 등 반대하는 국가들의 첨예한 의견 대립으로 결론을 내지 못하였다. 의장은 각국의 기존 입장이 크게 변함이 없음을 확인하고 회의를 종결하였다.

마지막 공식회의(10.11~12, 반 실장, 조 차관보, 필자 등 참석)에서는 우리가 먼저 민감분야 별도 취급 없이 APEC의 순조로운 출발이 어렵다고 하자 일본, 중국, 대만이 이를 지지하면서 8항의 존치를 강하게 주장하였다. 한편, 미국·홍콩·호주·뉴질랜드, 태국, 칠레, 파푸아뉴기니는 특별 취급은 보고르 선언의 위배라면서 phasing 개념으로 자유화가 가능하다고 하고, 인도네시아는 협의가 더 이루어질 때까지 유보입장을 표시하였다. 특히 이 회의에서 특이했던 점은 그동안 8항 존치에 강하게 반대해왔던 캐나다의 침묵과 멕시코, 말레이시아, 필리핀, 브루나이가 발언을 하지 않았던 점이었다. 결국 의장은 별도의 소그룹회의 구성없이 회의를 종결하였다.

이와 같이 도쿄 S/SOM과 SOM은 별다른 진전 없이 끝나면서 결국 마지막 회의가 되는 오사카 각료회의와 이어지는 정상회의 직전의 SOM 회의로 최종 결정이 넘어가게 되었다. 특히 이번 회의에서 캐나다를 위시하여 침묵을 지킨 5개국으로 인해 홍콩 SOM보다 우리 입장이 호전되었음에도 불구하고, 중요한 결정이 정상회의로 넘겨지는 바람직스럽지 못한 상황이 만들어졌으나 끝까지 우리의 입장을 반영하는 것이 반드시 필요하다는 점은 분명해졌다.

갑자기 찾아온 미국 농무성 리차드 슈로터 해외농업처장의 미국산 쌀 구매 요청에 놀라다

'95년 10월 8일 미국과의 양자협의 시 미국 농무성(USDA) 대표가 필자에게 다가와 미 농무성 해외농업처(FAS)의 리차드 슈로터 처장이 도쿄에 왔다고 하며 10월 9일 필자와의 회동을 요청하였다. APEC 대표가 아닌 슈로터 처장이 도쿄까지 와서 필자를 만나자는 것은 상당히 급박한 상황이 아닐까 하면서도 회의장을 떠날 수 없어 10월 9일 회의장인 New Otani Hotel 양식당에서 오찬을 함께하기로 하였다.

그 자리에서 슈로터 처장(차관보급)은 '94년 11월 3일 제네바에서 필자와의 만남을 상기시키고 우리의 '95년도 쌀 의무 수입량(5만 톤) 중 일부를 미국산으로 구매해 줄 것을 요청하였다. 얼마나 급하였으면 도쿄에서 회의 중인 필자를 찾아왔을까? 필자는 미국 내에서의 그의 입장이 상당히 난처함을 직감하였지만 어쩔 수 없이 "우리의 현행 제도 내에서는 미국산 쌀을 별도로 구매할 수 있는 방법이 없다. 그럴 경우 국내 정치적으로 심각한 문제를 야기하게 될뿐 아니라 동 물량이 Global Quota이기 때문에 WTO에서도 문제가 될 수 있다. 그러니까 미국이 가격을 낮추어 정당하게 입찰에 응하여 낙찰될 경우, 미국산 쌀을 우리 국민에게 알릴 기회를 갖게 하는 것이 좋은 방법이 아니겠는가?"라고 설명하였다. 그리고 당시 미국산 쌀 가격이 국제시세보다 높기 때문에 실제 낙찰될 수 없다는 것은 그도 필자도 잘 알고 있었다. 그는 대단히 실망하는 표정으로 돌아갔다.

이 문제로 그는 다시 '96년 2월 9일 서울로 필자를 찾아왔을뿐 아니라 계속하여 한·미간 쟁점 문제로 남게 되었다.

3. APEC-오사카 고위급회의('95.11.14~16), 각료회의(11.17~18), 그리고 정상회의(11.19~20)

도쿄 고위급회의(SOM, 10.7~9) 이후 다각적 외교 노력(세계식량안보 각료회의 '95.10.15, 한국·캐나다 농업장관회의 '95.10.19, 한·캐 확대 정상회담 '95.10.20, FAO 총회 '95.10.23~25)과 캐나다의 도움으로 그 동안 8항 설정에 반대하여 왔던 국가들을 설득해 우리가 제안한 '융통성' 문안이 채택되었다. APEC 정상회담('95.11.19~20)을 무사히 마침으로써 우리는 추가적인 농산물 개방을 막을 수 있게 되었다.

최인기 장관, 8항 유지를 위한 다각적 외교 활동을 전개하다

먼저 '95년 10월 15일 캐나다의 퀘벡(Quebec)에서 열린 FAO 창립 50주년 기념 세계식량안보 각료회의에서 최인기 농림부 장관은 이 회의에 참석한 중국 농업부의 Liu Jiang 부장(10.15. 08:00~09:00)과 일본 농림성 마츠오카(松岡利勝) 정무차관(10.15. 17:00)을 만나, APEC에서 융통성(Flexibility)조항 유지를 위한 공동보조를 역설하고 두 나라와 확실한 공조 약속을 하였다. 특히 일본 농림성 마츠오카 차관은 일본 농업신문과의 인터뷰('95.10.16일자)에서 동 회의 참석의 "최대의 수확이 한국각료와의 회담"이었다고 하였다.

그리고 최 장관은 캐나다에서 바로 로마로 건너가 FAO 총회('95.10.23~10.25)에 참석하였으며, 미국 농무부 Rominger 차관(10.23. 10:00)과 호주의 Tayor 1차 산업성 장관(10.23. 17:00)을 만나 UR에서의 쌀과 같이 APEC에서도 농업분야는 별도취급이 인정되어야 한다고 말했다. 그러자 이들은 하나 같이 자유화 시기는 조절할 수 있으나 예외는 곤란하다는 입장을 밝혔으며, 결국 정상들의 결단이 필요하다는 견해를 보였다.

한국·캐나다 정상회담을 계기로 캐나다를 설득하다

FAO 총회에 앞서 캐나다의 수도 오타와에서 예정된 한국·캐나다 정상회의('95.10.20)와 농업장관회의(10.19)를 하루 앞두고 필자는 사전에 캐나다 농업부의 UR 때부터 알고 지내던 기포드(Gifford) 국장(APEC 고위급회의 캐나다 수석대표)을 만났다(10.18. 18:00~

20:00). 필자는 그에게 APEC에서의 협조를 요청하고 다음날 양국 장관회의에서 최 장관으로부터 캐나다에게 도움이 될 수 있는 제안이 있을 것임을 암시하였다.

다음날 한·캐나다 농업장관회의(10.19.10:00~12:00)에서 최 장관은 굿데일(Ralph Goodale)장관에게 APEC은 의무적 강행성을 띈 조약이나 협정이 아닌 협력을 통해 공동이익을 증진하려는 협의체이므로 각국의 능력에 따라 자유화의 이행이 이루어져야 하며, 실행 가능한 방안이 되도록 각국의 사정이 고려되어야 함을 강조했다. 특히 민감분야 특별취급에 대한 캐나다 측의 이해와 협조가 필요하다고 하였다. 이에 대하여 굿데일 장관은 예외 인정은 곤란하다는 캐나다의 기본 입장을 피력하였다. 그리고 회담이 끝날 무렵 최 장관은 APEC과는 무관하게 금번 김영삼 대통령의 방문 기념으로 캐나다산 보리 10만톤(사료용)을 특별 구매할 것을 약속하였다.

그리고 이어서 10월 20일 열린 한·캐 확대정상회담에서 김 대통령이 APEC에서의 자유화 원칙은 동의하지만 민감분야의 별도취급을 강조하자, 장 크레티앙(Jean Chretien) 수상은 처음부터 예외를 두어서는 자유화 추진이 어려우므로 이행 과정에서 융통성을 부여할 수 있음을 강조하였다. 한편, 회담 말미에 굿데일 장관이 수상에게 전날 열린 양국 장관회의에서 최 장관이 캐나다산 보리 10만톤을 특별 구매해 주겠다고 약속하였다는 보고를 하자, 크레티앙 수상은 크게 만족해하면서 김 대통령에게 자주 캐나다를 방문하여 줄 것을 요청하는 등 우호적 분위기가 조성되었다.

국내 의견 조정으로 우리의 입장이 담긴 제안을 하기로 결정하다

한편 농림부는 반대국들의 움직임 등 그동안의 활동을 평가하고 이를 바탕으로 가급적 마지막 단계인 정상들의 결정은 피하는 것이 바람직하다고 보아 어떻게든 각료회의에서 결정하는 데 모든 협상력을 집중하기로 하였다. 먼저 관련부처 1급 조찬간담회('95.10.20, Palace Hotel, 07:00~09:00, 재경원 신명호 차관보, 외무부 반기문 실장, 농림부 조일호 차관보)에서 오사카 정상회담 준비 모임을 가져 8항(신축성) 문제를 각료회의 전에 타협 가능한 문안을 도출토록 하였다. 이 회의 결과를 토대로 반 실장이 일본을 방문(10.26~28)하여 세키 의장과 우치다 대사와 협의를 추진토록 하였으며, 이어 10월 27일에 우치다 대사를 만났다.

우치다 대사는 현재 미국, 호주 등 반대국들과 가급적 각료회의 전 타결을 협의 중이나, 전망에 자신이 없다고 언급했다. 이어서 그는 다음주 중 호주의 Peter Grey SOM 대표가 방일할 예정이어서 그 협의 결과를 한국, 중국, 미국, 캐나다, 뉴질랜드와 협의하겠다고 하며, 특히 한국측이 제시하는 민감분야 별도취급에 대한 어떠한 대안도 검토할 수 없다고 말했다. 이는 의장국으로서 중립적 입장으로 가려는 움직임으로 사전에 강경한 한국의 입장 완화를 요청하는 것이었다. 이와 같은 반 실장의 방일 결과를 토대로 우리는 다시 관계부처 1급 회의('95.10.31, 07:30~09:00, Palace Hotel, 재경원 신 차관보,

정덕구 국장, 외교부 반 실장, 주철기 심의관, 농림부 조 차관보, 필자, 통상산업부 한덕수 무역실장, 이종구 심의관)를 갖고 집중 협의하였다.

그 자리에서 외무부는 3개안을 제시하였다. 첫째, 인도네시아의 제안을 중심으로 별도취급(Differential Treatment)이란 용어를 포함하되, 'in'을 'during'으로 수정하는 것을 상황에 따라 수용하는 방안, 둘째, 쌀 등 특정 농산물을 WTO와 연계시키는 안과 셋째, 8항 결정을 위한 별도의 위원회를 구성하는 세 가지 방안이었다.

이에 재경원은 8항 존치를 전제로 별도위원회 구성이 바람직하다고 하였으나, 농림부는 그 동안 농림부 장관이 한·캐 정상회담(10.20), UN 관련 회의(퀘벡 FAO 식량안보 각료회의, FAO 총회)에서 반대국 각료에게 우리의 입장을 충분히 설명하고 설득한 결과 어느 정도 성과가 있었다고 설명하였다. 아울러 일본, 중국과는 함께 끝까지 8항 유지를 약속하였다고 하고, 외무부가 제시한 대안 중 'in'을 'during'으로 바꾸는 것은 자유화 연도에 기속되므로 삿포로 SOM 회의 이후 그 동안 우리가 여러 차례 받을 수 없다고 분명히 언급한 사안임을 역설했다. 또한, 쌀 등 특정 농산물과 WTO를 연계하는 방안은 한국과 일본 두 나라만 고립될 가능성이 크며, 별도 위원회 구성은 지금까지 어느 나라도 제시하지 않았던 제안으로 앞으로의 회의에서 찬성 가능성이 낮아 받아들이기 어렵다고 말했다.
그러나 이러한 농림부의 설명에도 결국 부처간 의견 일치를 보지 못하였다. 다만 8항 문제를 각료회의 전에 결정하여 정상회의까지 가지 않도록 하자는 의견만 일치하게 되었다.

일본 우치다 대사, 호주와 협의하고 한국의 동의를 구하러 오다

한편 호주의 Peter Grey SOM 대표는 11월 3일 일본을 방문하여 세키 의장과 우치다 대사를 만나 "민감분야"인 농업부문 "별도취급"이란 용어를 사용하지 않는다면 여타 대안에는 융통성이 있다고 말하며, 이미 미국과는 사전 협의를 거쳤다고 언급했다. 이에 일본은 8항의 골격을 유지하면서 "별도취급"을 "다양한 상황"으로 바꾸어 한국과 협의해 보겠다고 하였다. 그리고 11월 7일 우치다 대사는 비밀리에 방한해 김포공항에서 반 실장과 협의를 마친 후 바로 일본으로 돌아갔다. 특히 그는 호주와 협의한 안은 아직 일본 내부의 의견조정도 거치지 않은 것으로, 양측 최선의 노력 결과인 동시에 받아들일 수 있는 최소한의 수준(bottom line)이라며 한국의 동의를 요청하였다.

〈수정 제시된 8항의 내용〉

8. Flexibility
Considering the different level of development and diverse circumstances of APEC economies, flexibility will be available in the liberalization and facilitation process.

특히 우치다 대사는 동 내용이 양측이 유리한 대로 해석할 수 있도록 상호 모순된 양면을 모두 수용하는 모순성(玉虫色, 다마무시 이로, 다음 설명 참조)을 가지는 결과일 것이라고 언급하였다.

반 실장은 이 협의 내용을 바로 상부에 보고하는 한편, 이에 대한 관계부처 1급 회의를 11월 9일(Palace Hotel, 07:30, 재경원, 외무부, 농림부 1급 및 국장급) 열어 수정안에 대한 평가와 앞으로의 대응 방안을 협의하였다.

농림부는 먼저 우치다 대사가 제시한 수정안에 기본적으로는 우리가 요구하는 최소한의 수준은 반영되었으나, 경제분야별 특수성을 반영한다는 문구가 없어 아쉬운 점이 있다고 보았다. 그리고 이와 같은 뜻을 반영하는 수정안을 만들 필요가 있다고 주장하고 다른 부처가 동의하여 그 문안의 작성은 외무부가 맡기로 하였다. 그리고 그 결과를 반 실장이 중국의 왕 대사와 사전 협의해 이를 다시 일본의 우치다 대사 및 호주의 Grey 대사에게 전화로 우리 입장 반영을 요청해 보기로 하였다.

※ (玉虫色, 비단벌레색) : 비단벌레의 날개처럼 광선의 방향에 따라 녹색이나 자주 빛으로 보이는 빛깔을 말함. 같은 내용도 보는 각도에 따라 다른 해석을 할 수 있다는 뜻으로 일본에서 자주 사용하는 격언임. 결국 8항 문안을 한국, 일본은 완전 자유화에 예외라고 해석하고, 미국, 호주는 아니라고 해석할 수 있음.

오사카 고위급회의(SOM)에서 한국 제시안이 받아들여지다

오사카 APEC 각료회담(11.19~20)에 앞서 열린 마지막 고위급회의(SOM)가 11월 12~14일 열렸다. 이 회의가 원만히 진행되어야만 이어지는 각료회의와 정상회의가 순조롭게 진행되기 때문에 각국은 이 고위급회의에서 결론을 내기 위하여 활발히 활동하였다. 특히 가장 걸림돌이 되는 융통성(행동지침 8항) 조항이 어떤 결론을 내느냐가 큰 관심의 대상인 데다가, 우리나라가 그 논의의 중심에 있기에 더욱 긴장감이 클 수밖에 없었다.

먼저 11월 12일 열린 사전 양자협의(일본, 미국, 홍콩, 중국, 태국, 뉴질랜드, 호주, 캐나다, 싱가폴, 대만의 10개국)에서 일본 농림성(마나베 농림성 차관급 심의관, 엔도 국제부장)은 11월초 호주와 합의한 절충안을 수용한다고 하였다. 중국은 우리가 주장하는 8항의 강화는 동의하나 분야별 특수성 반영에는 소극적이었으며, 호주는 일본과 합의한 8항을 고수한다고 언급했다. 한편 캐나다는 기본적으로 예외는 없다는 입장이나 한국의 제안이 있으면 검토해 보겠다는 유연한 태도를 보였다. 그리고 11월 13일 오전(10:00) 비공식 실무협의에서 세키 의장은 일본과 호주의 절충안을 상정하여 토론 없이 회의를 종결시키려는 의도를 보였으나, 우리가 강하게 이의를 제기하여 중단되었다. 그리고 그날 오후(18:00) 열린 회의에서 우리는 별도의 안을 제시하여 절충을 시도하였다.

〈우리가 제시한 안〉

8. Flexibility

Considering the different levels of economic development among APEC economies and diverse circumstances in each economy, flexibility will be available in dealing with issues(or sensitive problems) arising from such circumstances in the liberalization and facilitation process.

이에 세키 의장은 우리에게 호주와 먼저 상의할 것을 요청하여 호주와 협의를 가졌다. 호주의 Grey 대사는 괄호안의 sensitive problems는 곤란하다고 하여 우리는 괄호 밖의 issues로만 해도 좋다고 하였다. 이에 그는 다시 본국에 확인 요청을 해보겠다고 말했다. 그리고 별도로 만난 캐나다의 기포드 국장은 우리 안을 비공식적으로 자신이 다른 나라 대표(미국, 케언즈 국가)들을 만나 논의해 보겠다고 했다. 캐나다 대표가 우리 안을 가지고 다른 나라들을 설득하겠다는 것은 무엇보다도 바람직한 일이었다.

한편 반기문 실장도 따로 각국 대표들을 만나 적극적으로 설득에 나섰다. 그러자 점차 분위기가 우리에게 호의적으로 바뀌어 가기 시작했다. 특히 그동안 강경했던 호주가 적극 반대하지 않는 자세로 돌아서는 것이 보였다. 그리고 11월 15일 오후(18:00)에 열린 마지막 비공식 고위급회의(SOM)에서 세키 의장이 우리의 수정안(괄호안을 뺀)을 세시하자 일본, 중국 등 국가들이 지지 발언을 하고 호주, 미국이 반대를 하지 않아 최종안으로 결정되었다.

그리고 다음날(11.16) 열린 각료회의에서 우리의 수정안이 의장 초안으로 배포되었으며, 각국 각료들의 발언 후 자유토론에서 8항 관련하여서는 별다른 논의 없이 회의가 종결되면서 그 안이 그대로 정상회담에 상정하게 되었다.

특히 이날 각료회의에서 한국 외무부 공로명 장관은 "자유화 과정에서 민감분야에 대한 적절한 고려가 필요함"을 천명하는 것을 잊지 않았다. 사실 보고르 선언 시('94.11) 일본의 무라야마 총리는 "자유화 과정에서 농업부문에 문제가 있음"을 발언하였는데, "한국은 보고르 선언 당시 이에 대한 아무런 유보발언을 한 적이 없었다"는 호주 대표('95.10.8, 16:00 한국과의 양자협의 시)의 지적은 앞으로의 협상을 위하여 되새겨 볼 필요가 있는 대목이다.

그리고 보고르 선언의 행동지침(Action Agenda) 작성을 위한 오사카 정상회담(11.18~19)은 우리가 제시한 각료회의에서 결정한 문안 그대로 받아들여져 무사히 끝나게 되었다.

〈타결된 행동지침 8항의 내용〉

- APEC 회원국간의 상이한 경제발전수준과 각 개별회원국의 다양한 사정을 고려하여, 자유화 및 원활화 추진과정에서 이러한 다양한 사정으로부터 야기되는 문제를 취급하는데 신축성을 부여한다.

- Considering different level of economic development among the APEC economies and diverse circumstances in each economy, flexibility will be available in dealing with issues arising from such circumstances in the liberalization and facilitation process.

융통성 조항 설정에는 여러 가지 성공 요인이 있었다

보고르 선언 당시에는 그 결정적 내용인 "2010년(선진국), 2020년(개도국) 완전자유화"가 언론에 크게 부각되지 않아서 사실 국내에는 잘 알려지지 않아 큰 저항(특히 농업계)이 없었다.

그러나 만약 오사카 행동지침 작성에서 8항(융통성 조항)이 없었더라면 우리는 꼼짝없이 쌀을 위시한 UR에서 애써 얻은 고율관세의 농산물이 늦어도 2020년(내년)까지 모두 0%에서 5%의 저율 관세로 개방될 수밖에 없었을 것이다. 지금 생각해보면 아찔한 일이었다. 이와 같이 삿포로 SOM 회의('95.7.2~5)에서 삭제 위기까지 몰

렸던 8항 융통성(Flexibility) 조항이 마지막 정상회담까지 살아 남게 된 것은 우리의 커다란 외교적 성과라 할 수 있겠다.

필자는 이 8항 설정 성공에 몇 가지 요인이 있다고 생각한다.
첫째, 보고르 선언의 행동지침을 작성하는 회의가 민감분야 특수성 반영이 가장 절실히 필요하였던 일본이 의장국이 된 점이다. 만약 일본이 의장국이 아니였다면 그 조항의 설정뿐 아니라 작성된 안도 끝까지 유지할 수 없었을 것이다. 게다가 초기에 반대한 국가가 한국, 일본 정도였으니 소수 의견으로 취급되어 조기에 삭제가 불가피했을 것이다.

둘째로 중국, 대만의 확실한 동조 국가의 확보이다. 초기에 외무부의 적극적 협조 없이 농림부의 단독 노력으로 중국과 대만을 설득하여 확실한 동조국가가 되게 한 것이 8항 유지에 큰 힘이 된 것이다. 한국과 일본만으로는 8항 유지에 어려움을 겪었을 것이 분명하였기 때문이다. 그리고 점차 아세안 국가들까지 설득하여 유보뿐만 아니라 지지하는 입장까지 이끌어 내어 분위기를 전환시킨 점이다.

셋째로는 마지막 단계에서 캐나다의 도움이 컸다고 본다. 캐나다는 처음부터 8항 유지에 강하게 반대하여 왔으나 도쿄 SOM('95.10.7~9)이후, 특히 마지막 SOM 회의 직전에 우리의 제안을 미국, 호주, 케언즈 국가들을 이해시키는 노력을 해주어 그동안 심하게 반대했던 다른 나라들이 반대의 유보 내지는 일부 지지하도록 결정적 역할을 해 주었다. 필자는 캐나다가 우리를 도와준 가장 큰 이유가 도쿄 SOM 이후 한·캐나다 정상회담(10.20)을 전후한 양국 농업장관회의(10.19)를 통해 우리가 캐나다에 제시한 호의에 대한 배려가 아니었는가 생각해 본다.

끝으로 국내적으로는 UR 이후 한국 농업보호에 뜻을 같이 해주고 농림부의 의견을 적극 지원해준 관련부처(재정경제원, 외무부)의 도움이 컸음은 두 말할 필요가 없겠다. 특히 우리의 제안 문안을 작성하여 마지막까지 상대국 대표를 일일이 찾아 설득한 반기문 외무부 외정실장의 노력도 빼놓을 수 없다.

외무부는 외교 성과, 농림부는 농산물 추가 개방 막는 실리를 얻다

APEC 정상회담 직후 가진 기자회견에서 우리의 수석대표인 반기문 실장은 융통성 조항 8항의 설정 성공에 대한 기자회견을 갖고 회담 성과를 발표하였다. 이는 바로 국내 신문에 대서특필로 이어졌다.

"'95 오사카 APEC 회의 농업개방 「예외인정」 최대수확" 95.11.20, 동아일보(박제균 기자) 등

그리고 얼마 후 외무부 인사에서 반기문 외교정책실장은 차관보로, 주철기 외정실 심의관은 국제기구국장으로 영전 발령을 받았다. 또한, 농림부는 쌀 등 농산물의 추가 개방을 확실히 막는 실리를 얻는데 만족했다.

필자는 이 오사카 행동지침 작성을 위한 일련의 협상을 "우리의 주도로 우리가 바라는 방향으로 결과를 이끌어 낸 최상의 농업관련 협상"이 아니었는가 생각한다.

4. APEC-분야별 조기 자유화(EVSL) 논의

'95년 오사카 APEC에서 보고르 선언 완전 추진(2010 선진국, 2020 개도국의 전분야 완전 자유화)에 실패한 수출국들은 '96년 필리핀(수빅)과 '97년 캐나다(밴쿠버) APEC에서 우선 가능한 분야별 조기 자유화를 결정하여 '98년 말레이시아 APEC에서 9개 분야(임산물, 수산물 등) 조기 자유화 계획을 이끌어 낸다. 이 과정에서 우리는 수산물 85%, 임산물 80%이라는 수입국으로서는 획기적인 개방계획을 제시하였다. 결국 이 안은 WTO의 동의를 얻지 못해 무산되었다. 이어서 진행된 '99년 APEC(뉴질랜드)에서 추진하려던 식품, 유지종자(농산물) 조기 자유화 계획도 실패하여 결국 2010년 선진국, 2020년 개도국의 완전자유화라는 보고르 선언 추진은 동력을 잃게 된다.

'97. 11월 밴쿠버 APEC 회의에서 수산물과 임산물이 조기 자유화(EVSL)분야로 결정되다

오사카에서의 APEC 회의('95.11) 이후 보고르 선언의 자유화 목표 연도 달성(선진국 2010년, 개도국 2020년)을 위해 미국, 호주 등 수출국들은 그때까지 기다릴 수만은 없었던 것은 분명하였다. 따라서 수출국들의 주도로 이듬해('96년) 필리핀 수빅에서 열린 APEC 회의에서 목표연도보다 조기(early)에 달성 가능한 분야를 우선 선정하기로 결정했다. 각국은 조기에 자발적(voluntary)으로 자신있는 분야(sectoral)의 무역과 투자의 자유화(liberalization)를 제시하고, '97년 10월 열릴 예정인 캐나다 밴쿠버 APEC 회의에서 구체적 대상 분야를 선정하기 위한 작업계획을 세웠다.

'97년 5월 캐나다 몬트리올에서 개최된 통상장관회의에서 분야별 조기 자유화(EVSL, Early Voluntary Sectoral Liberalization) 분야를 선정하기로 결의한 후, 각 회원국에게 11월 회의 전 희망분야를 제출하도록 하여 '97년 11월 밴쿠버 APEC 회의에서 결정하는 방안이었던 것이다.

우리는 오사카 행동지침(Action Agenda)에 따라 민감분야인 농업은 우선 고려 대상 외로 하고, 우리가 경쟁력이 있다고 보는 정부 조달, 철강 및 철강제품, 석유화학 3개 분야를 희망분야로 선정하여 제시하였다. 한편 우리와 민감분야가 유사한 일본은 투자, 환경제품, 필름, 비료, 과학기술 장비 등 8개 분야를 제시하였고, 호주는 식품, 에너지, 비철금속의 3개 분야를, 미국은 화학제품, 유지제품, 자동차 및 부품 등 8개 분야를, 그리고 캐나다는 유지제품, 나무, 어류 등 9개 분야를 제출하는 등 각국이 자국의 경쟁력이 있다고 보는 41개 분야에서 총계 61개(일부 중복 분야 포함)가 제시되었다(참조 표 1).

표 1. 회원국별 조기 자유화 희망분야

국가	조기자유화 대상분야	계
호주	식품, 에너지, 비철금속	3
브루나이	어류 및 어류제품	2
캐나다	민간항공기 및 관련 제품, 맥주 및 맥주보리, 증류주, 환경세품 및 서비스, 비료, 어류 및 어류제품, 유지 및 유지제품, 종이 및 종이제품, 나무 및 나무제품,	9
중국	완구, 자전거, 회계서비스, 소액관세	4
홍콩	완구, 소액관세	2
인도네시아	어류, 신발, 펄프 및 종이	3
일본	투자, 환경제품, 필름, 고무 및 고무제품, 수송 장비, 과학기술 장비, 비료, 악기	8
한국	정부조달, 철강 및 철강제품, 석유화학	3
말레이시아	식물성기름	1
멕시코	지적재산권, 경제정책, 정부조달	3
뉴질랜드	나무 및 나무제품, 어류 및 어류제품, 신선과일 및 야채	3
싱가포르	화학, 가전제품, 정밀 엔지니어링 및 기기, 의료기기 및 과학기술기기	4
대만	환경기술 및 장비	1
태국	어류 및 어류제품, 통조림 및 가공식품과 과일류, 천연 및 합성고무, 에너지, 보석, 쌀 및 관련제품, 의료기기	7
미국	화학제품, 의료기기 및 서비스, 자동차 및 부품, 유지제품, 통신 및 정보기술, 에너지관련 장비 서비스, 환경기술 및 서비스, 나무 및 종이	8
계	41개 분야	61

* 자료 : 농업통상 50년사 : 농림축산식품부 2017. 02. p.383

이어서 '97년 11월 APEC 고위급 회의(SOM)와 각료회의에서 구체적 대상 분야를 위한 선정 작업이 진행되었다. 특히 각국이 지지하는 정도(① 절대적 지지: strong support, ② 원칙적 지지: principle support, ③ 부분적 지지: partial support, ④ 관심: interest)의 등급을 표시하여, 이를 토대로 조기 자유화 대상 분야를 선정하는 논의가 진행되었다. 그리고 마지막 정상회의에서 각국의 지지 정도 등을 고려하여 15개 분야를 조기 자유화 대상 분야로 선정하였다(참조 표 2).

특히 각국의 지지 정도에 따라 우선 추진분야로 9개 분야가 선정되

표 2. 조기자유화 분야별 지지 현황

분야		제안국	지지국	지지국수
우선추진(9)	완구	중, 홍, 싱, 미	호, 캐, 뉴, 브, 인, 말, PNG, 대, 캐	13
	수산물	브, 캐, 인, 뉴, 태	홍, 호, 말, 필, PNG, 싱, 미	12
	환경제품 및 서비스	캐, 일, 대, 미	홍, 싱, 호, 말, 뉴, PNG	10
	화학	미, 싱, 호, 홍	캐, 일, 말, 뉴, PNG, 태	10
	임산물	캐, 인, 뉴, 미	홍, 싱, 호, 일, 대, 태	10
	보석	태, 대	호, 캐, 홍, 말, 뉴, PNG, 싱, 한, 미	11
	에너지 및 관련장비	호, 태, 미	싱, 홍, 일, 뉴, PNG, 대	9
	의료장비	미, 싱	호, 일, 뉴, PNG, 홍, 태	8
	정보통신 상호인증협약	미	캐, 일, 싱, 홍, 호, 한, 뉴, PNG, 대	10
후속검토(6)	식품	호	홍, 뉴, 칠, 브, 캐, PNG, 싱, 태, 미	10
	유지종자	캐, 말, 미	호, 브, 인, 뉴, PNG, 싱, 대	10
	비료	캐	싱, 태, 일, 뉴, PNG, 대, 미	8
	자동차 표준	미	싱, 호, 캐, 일, 뉴, PNG, 한	8
	고무	태, 일	호, 캐, 인, 뉴, PNG, 싱, 대	9
	민간항공기	캐	일, 싱, 대, 미, 호, 뉴, PNG	8

* 자료 : 농업통상 50년사 : 농림축산식품부, 2017. 02. p.384

었는데, 이 중 우리의 가장 큰 관심사였던 민감분야인 수산물과 임산물이 포함되었다. 이들 분야는 '98년 중 자유화 계획을 제시하고 '99년 중에는 이행에 들어가야 하는 분야였다. 더욱이 후속 검토 사업으로 농업분야에서 식품과 유지종자(oilseed) 분야가 들어가 있어 UR 보다 조기 자유화를 이행해야 하는 우리에게는 상당히 부담이 되는 분야이기도 하였다.

반면 우선 추진으로 결정된 비농업분야는 완구, 환경제품 및 서비스, 정보통신, 보석, 에너지 및 관련장비, 의료장비, 정보통신, 상호인증협약의 7개 분야로 우리에게는 거의 부담이 없거나 적은 분야이다. 이 분야 선정 논의 과정에서 농림부(대표 : 유병린 통상협력과장)는 일본과 긴밀한 공조체제로 협조하기로 하고 중국, 대만 등 비슷한 입장의 국가들을 설득하는 등 농업분야가 우선 추진분야에 들어가지 않도록 하는 노력을 경주하였다. 결국 마지막 밴쿠버 APEC 정상회의에서 15개 분야 중 수산물, 임산물을 포함한 9개 분야는 '98년 6월까지 구체적 실행 계획을 완료하여 '99년부터 이행에 들어가는 한편, 식품과 유지종자 등 6개 분야는 추가적인 조치로 검토하기로 합의하게 되었다.

말레이시아 APEC 회의에서 수산물 85%, 임산물 80%의 대폭적 자유화 계획을 제시하다

'98년 11월의 말레이시아 APEC 회의를 위한 대책회의가 '98년 1월 14일 외교부에서 열렸다. '98년 조기 자유화 계획의 대상이 농림부 본부 소관이 아닌 수산물(해양수산부 수산청)과 임산물(산림청)이었기에 대부분의 회의는 농림부에서 일단 통상협력과장이 참석하였다. 이 자리에서 외교부 통상조정관(정의용)은 산림청과 수산청에서 획기적인 조기 자유화 방안을 제출할 것을 요청하고, 농림부에는 후속 검토분야인 식품과 유지종자는 전향적인 검토를 요청하였다. 이에 유병린 통상협력과장은 농산물의 자유화 일정은 UR 협상결과에 따라 WTO에서 결정한 대로 이행하고, 추가적인 개방은 어렵다고 하였다. 이는 그 후 '98년 12월 2일 후속분야 대책회의에서 필자와 관련되어 크게 문제되었던 사안의 발단이기도 하였다.

그리고 '98년 2월 고위급회의(SOM)와 '98년 6월 통상장관 회의를 거쳐 각국별 계획 확정을 추진하였으나 크게 진전하지 못하다가, 결국 '98년 11월 정상회의를 앞두는 각료회의까지 가게 되었다. 당시 IMF 경제위기를 조기에 극복해야 했던 우리 정부로서는 적극적인 대외개방 의지를 나타내야 할 필요가 있어, 외교부의 적극적 설득으로 '98년 10월 31일 관계부처장관 대책회의에서 수산물 85%, 임산물 80%로 개방계획을 결정하게 되었다.

이는 민감분야인 수산물 5개 품목(HS 9단위의 오징어, 명태, 조기, 갈치, 민어)을 제외하고는 2009년 말까지 자유화하고, 임산물도 5개 품목(HS 9단위의 파티클보드, 섬유판 4품목)을 제외하고는 단계적으로 개방한다는 상당히 획기적인 안이었다(참조 표 3).

표 3. 한국이 발표한 조기자유화 참여안

분야	대상 품목수	목표 년도	목표세율 (%)	우리 입장		
				불참	기간연장	참여율(%)
수산물	320	2005	0	5	43	85
임산물	230	1999(종이) 2001(목재)	0	5	40	80
에너지	149	2004	0	–	14	91
완구	55	2005	0	–	2	96
의료장비	273	2001	0	–	58	90
환경	109	2002	0	발표당시, 품목범위가 미정임에 따라 우리입장 유보		
보석	52	2005	5	–	–	100
화학	883	2005	6.5	–	–	100
통신	N/A	N/A	N/A	–	–	100

*주 : 수산물, 완구, 의료장비는 HS 10 단위, 기타분야는 HS 6 단위
**자료 : 외교통상부, APEC/EVSL 9개 우선분야 관련 입장, 1999. 1. 12 농업통상 50년사, p.387

이와 같은 결정은 정부 내 합의사항으로 현지에서 협상진행 상황을 보아가면서 단계적으로 제시하기로 한 것이었는데, 현지회의에서 임산물의 전면 개방이 어렵다는 우리 대표단(농림부 유병린 과장, 산림청 관계관)의 설명에 임산물 분야 조정국가인 뉴질랜드 대표가 이미 서울에서 좋은 소식(good news)이 있었는데 무슨 얘기냐고 답변하는 것이었다. 나중에 안 사실이지만 현지회의가 끝나지도 않은 단계에서 외교부가 사전에 주한 외교관들을 외교부로 미리 불러 임산물 80%, 수산물 85% 자유화 계획을 미리 알려준 것이었다. 그나마 현지에서 농림부 유 과장의 제안으로 임산물 자유화 80% 안을 회의 종료 마지막 날 밤늦게 제출함으로 공식 문서상에는 42%로 기

록되었다. 그러나 실제로 '98년 11월 15일부터 16일까지 이틀간 진행된 각료회의에서는 전반적으로 타결 가능성이 낮아져 가는 분위기가 진행되고 있었다. 특히 수산물의 경우 세계 1위 수입국인 일본뿐 아니라 대만이 참여하지 않음으로 실질적 합의에는 이르지 못하게 된 것이다.

〈표 4〉에서 보듯이 우리와 비슷한 입장이어야 할 일본(수산물 0%, 임산물 22%), 대만, 중국과 비교해 보면 우리와 큰 차이가 있을 뿐 아니라, 오히려 미국, 호주 등 수출국들과 비슷한 수준이었으니 우리가 한 제안이 얼마나 전체회의의 상황 파악이 안 된 과도한 제안이었는지 알 수 있다 하겠다. 오죽했으면 각료회의 후 미국 무역대표부(USTR)의 바세프스키(Barshefsky) 대표가 미국 기자들

표 4. 수산물과 임산물의 조기 자유화 참여율(%)

국 가		수산물	임산물
경쟁국	한국	85	80(주42)
	일본	0	22
	중국	12	7
	대만	0	40
	태국	74	4
	필리핀	0	3
수출국	미국	97	100
	호주	99	95
	캐나다	100	100
	말레이시아	82	87

*주 : 42%는 APEC 공식문서상 참여율임
**자료 : 농업통상 50년사 농림축산식품부 2017. 02, p.388

과 간담회에서 한국의 제안을 묻는 기자에게 "믿기지 않는 제안(Unbelievable Offer)"이라고 하였을까?

그리고 회의가 끝난 다음 해인 1999년 APEC 의장국인 뉴질랜드가 이 분야별 조기 자유화 9개 분야를 가속화된 관세자유화(ATL, Accelerated Tariff Liberalization)라는 이름으로 WTO에 제출하였다. 이 안을 WTO에서 성사시키는 데에는 특히 주요 협상 대상인 EU의 동의가 필요하기 때문에 뉴질랜드의 전문가를 브뤼셀로 보내 EU의 참여 유도를 하려고 하였다. 그러나 WTO의 동의를 얻는 데 실패하여 결국 APEC에서의 조기 자유화 방안은 무산되고 말았다.

'98년 1월 27일 후속 조치 검토로 외교부 통상조정관과 심하게 다투다

'98년 말레이시아 APEC 정상회의(11.18~19)가 끝나고 11월 27일 외교부에서 통상교섭조정관 주관으로 '99년 뉴질랜드 APEC 회의를 대비한 관계부처 회의가 열렸다. '99년 회의에는 조기 자유화의 후속조치 검토분야인 식품 및 유지종자에 대한 논의가 예정되었다. 이제부터는 농업분야가 포함되기 때문에 농림부에서는 필자가 참석하기로 하였다. 그 회의에서 다른 관련 부처는 과장 혹은 사무관이 참석하였지만 농림부만 국장이 참석한 회의였다. 이 자리에서 정 조정관은 '98년 말레이시아 APEC 회의가 성공적으로 끝났음을 설명하고, 내년도('99년) 의제가 되는 식품과 유지종자에 대하여 농림부에게 최소한 5% 이상의 품목이라도 조기 자유화 계획에 참여해 줄 것을 요청하였다.

이에 필자는 먼저 지난 말레이시아 회의에서 우리가 제시한 조기 자유화 계획의 경우 우리나라가 수산물, 임산물 수입국임에도 임산물 80%, 수산물 85%라는 아주 높은 자유화 안을 제시하였다고 말했다. 또한, 이는 우리와 입장이 유사한 일본(수산물 0%, 임산물 22%), 대만(수산물 0%, 임산물 40%)과 중국(0%, 40%)에 비해 상대적으로 아주 높은 안을 제시하였음을 언급했다. 이는 우리와 입장이 유사한 이들 국가들과 사전에 긴밀히 협의하였어야 함에도 불구, 이를 소홀히 하여 오히려 수출국인 미국, 호주 등과 유사한 수준으로 제시한 것으로 커다란 외교적인 실수일 뿐 아니라 일반에게 알려질 경우 특히 어민들의 반발이 클 것임을 지적하였다.

이어서 APEC회의 후 USTR의 바셉스키 대표가 미국 기자들에게 한국의 제안을 "믿기지 않는 제안(Unbelievable Offer)"이라고 한 것은 미국으로서는 한국이 생각지도 않았던 높은 수준으로 제시하였음을 그대로 나타낸 것이 아니냐고 반문하였다.

따라서 내년에 논의가 예상되는 식품 및 유지종자 부문과 관련해 농림부는 WTO 약속 이외에는 단 한 품목도 조기 자유화에 응할 수 없음을 분명히 하였다. 이에 회의는 필자와 조정관 사이에 언쟁으로 이어지고 결국 격앙된 분위기에서 회의가 그대로 중단되고 말았다. 이는 성공리에 APEC을 끝내고 돌아왔다는 외교부의 성과에 찬물을 끼얹는 결과가 된 셈이었다. 이후 과천청사로 돌아온 필자는 회의 결과를 상세히 서면으로 작성하여 보고하였다.

조선일보 1면에 "정부 APEC 협상 오판, 수·임산물 과잉 개방"으로 보도

그리고 외교부 회의 후 며칠이 지난 '98년 12월 2일 새벽 4시에 집 전화가 울려 받아보니, 당시 농림부 출입 모 통신사의 L 기자였다. 내용인 즉, 아침 조간 조선일보 1면 톱기사로 APEC 협상에서 정부가 잘못하여 수산물과 임산물을 과잉 개방했다는 내용이 나왔는데, 청와대에서는 며칠 전 외교부 회의에서 심하게 외교부를 비난한 필자가 제공한 것으로 본다는 것이었다. 그리고 실제 그 기사 내용은 회의에 참석한 필자의 발언 그대로였다(참고 '98.12.2 조선일보). 기사 제목은 「정부 APEC 협상 때 오판, 수·임산물 과잉개방, 품목 80~85%로 확대, 시기 앞당겨」, 「미 대표단 "믿기지 않는 제안" 반겨, 일은 협상 연기, 중국은 10% 안팎 약속」라고 나왔는데, 이에 대하여 외교부 관계자가 사실과 다르다고 하자, 조선일보는 다시 다음날인 12월 3일자 경제 30면에 「수·임산물 시장 개방 관계 부처간 갈등 표출」이라는 제하로 다시 내었다(참고 '98.12.3일자 조선일보).

특히 조선일보가 입수한 「APEC/EVSL 대책회의 결과보고」는 그 날 회의에 참석한 후 필자가 직접 작성한 보고서의 내용 그대로인 것이 틀림없었다. 그렇다면 그 자료는 어디에서 유출된 것일까? 보통은 회의가 끝난 후 각 부처 실무자들끼리는 결과보고서 사본을 서로 공유하고 있어, 처음에는 그 과정에서 다른 부처의 누군가가 유출한 것이 아닌가 생각하였다. 어찌되었던 필자가 작성한 보고서가 유출되었으니 책임을 질 수밖에 없어 직접 다음날 보직 전보 요청을 하였다.

공직기강실의 조사를 받다

그리고 며칠이 지나서 공직기강실에서 담당 과장과 함께 들어오라는 연락이 왔다. 첫째는 미국 무역대표부 대표의 "믿기지 않는 제안(Unbelievable Offer)"의 근거였다. 유 과장이 미국 USTR 홈페이지의 영문 발언내용 사본을 보여 주어 확인되었다. 둘째는 필자의 보고서 유출의 근거였는데, 마침 실제 기사를 쓴 조선일보 C기자가 보고서 입수 경위에 대한 전말을 인터넷에 올렸고, 그 보고서의 제공자가 필자가 아님을 밝힌 내용이 들어 있어 이를 제시하였다. 이를 담당자가 확인함으로서 결국 공직기강실의 필자에 대한 조사는 일단 문제가 없는 것으로 마무리되었다.

'99년 뉴질랜드 APEC 회의에서 조기 자유화(EVSL) 문제, 더 이상 진전 없이 끝나다

전술한 대로 '99년 초 의장국인 뉴질랜드가 '98년 말레이시아 APEC 회의결과인 9개 분야에 대한 분야별 조기 자유화 결과를 WTO에 제출하였으나, 회원국의 동의를 받지 못하여 무산됨에 따라 '99년에 논의, 이행결정을 하려던 후속 검토 6개 분야(식품, 유지종자, 비료, 자동차 표준, 고무, 민간 항공기) 관련 문제는 추진 동력을 잃어 가고 있었다. 그러나 회의가 급진전할 경우를 대비하여 '99년 6월 오클랜드에서 열린 고위급회의(SOM, 6.27~28)와 각료회의6.29~30)에는 필자가 직접 참석하였으나, 더 이상의 진전은 없었다.

이 APEC 회의에서 농산물의 추가 자유화 문제가 없게 된 것을 확인하고, 필자는 다시 현재 진행형의 현안인 WTO 농업 협상에 집중하기로 하였다. 그 후에도 APEC 회의는 예정대로 해마다 개최(표1 참조)되고 있으나, 보고르 선언(개도국 2020년, 선진국 2010년)에 의한 완전자유화 이행 혹은 분야별 조기 자유화(EVSL) 같은 농산물 개방의 추가 부담을 지지 않게 되었다.

5. 1996 세계식량정상회의
(World Food Summit '96.11.13~17, 로마)

새로 출범한 WTO 체제가 1년이 지난 '96년 초부터 농업통상에서 새로운 움직임이 시작되었다. 먼저 FAO의 세계식량정상회의(World Food Summit, '96.11.13.~17, 로마)에서 채택할 식량안보정책선언(Policy Declaration, 일명 로마선언)과 행동계획(Plan of Action)에 농업의 다원적 기능(Multifunction of Agriculture)을 포함하려는 한국·EU·일본 등과 이를 삭제하려는 미국·호주 등 수출국들의 심각한 대립이 있었다. 이와 더불어 제 1차 WTO 각료회의('96.12.9~13, 싱가폴)에서 WTO 후속협상을 앞당겨 시작하려는 수출국과 이를 협정문 대로 하자는 수입국들의 대립이 이어졌다. 「로마선언」에서 「농업의 다원적 기능」의 반영은 그 후 WTO 협상에서 큰 역할을 하게 되었다.

국제농업통상의 새로운 움직임이 시작되다

'95년 1월 1일 출범한 세계무역기구(WTO)가 1주년을 맞이하면서, 각국의 이행평가와 함께 새로운 후속협상을 위한 움직임이 '96년에 들어 시작되었다. 먼저 미국, 호주 등 농산물 수출국들은 지난 UR 협상을 통하여 일단 모든 농산물을 관세화(Tariffication)를 통해 단일 관세로 개방하는데 성공하였으나, 수입국 주요 품목의 관세가 거의 수입이 불가능한 높은 수준(수백% 이상, 심지어는 1,000% 가까운 수준도 있음)으로 되어 있어 실질적인 수출이 늘어나지 않게 되었다. 이에 따라, WTO 협정문 20조의 기설정의제(BIA, Built In Agenda, 참고 1 참조)로 되어 있는 WTO 차기 협상 개시('99.1.1)를 위하여 사전 준비 작업이 필요하다며, 조기 준비를 위한 협상 시작에 의견을 모으고 있었다.

참고 1. WTO 농업협정문

제20조 농업개혁의 지속

회원국은 근본적인 농업개혁이 이루어지도록 농업지원 및 보호에 대한 상당한 단계적 감축이라는 장기목적이 하나의 이행과정이라는 점을 인식하고 다음 사항을 고려하여 이행완료 1년 전에 지속적인 농업 개혁을 위한 협상을 개시할 것에 합의한다.

- 협의 시점까지의 감축약속 이행경험
- 비교역적 관심사항(NTC), 개도국에 대한 특별 및 우대조치, 그리고 공정한고 시장지향적인 농업무역체계 확립목적, 본 협정문 서문에 언급한 그 외의 목적 및 관심사항
- 위의 장기 목적 달성을 위하여 필요한 추가적인 약속사항

한편 EU, 일본, 한국 등 농산물 수입국들은 협상 개시는 협정문에 명시한 '99년에 해야 한다고 언급했다. 또한, UR에서 인용하였던 농업의 비교역적 관심사항(Non-Trade Concern)이 식량안보 등 다소 좁은 의미로 사용된 점(이용국가가 한국, 일본 등으로 한정)을 감안하여 보다 넓은 의미를 지닌 농업의 다원적 기능의 방향으로 의견을 모으고 있었다. 농업의 다원적 기능은 식량과 섬유를 생산하는 식량기능(food function) 외에 지역 경제의 활력 제공, 환경 이익의 창출 등 식량 이외의 기능(non-food function)을 가지는 것을 의미한다. 즉, 농업은 생물다양성, 자연경관, 토양침식 방지, 문화유산의 보존, 수자원 보존, 홍수방지 등 다양한 기능(EU는 동물복지까지 포함된다고 주장)을 가지고 있다는 것이다.[1)]

이와 같은 차기 WTO 협상을 위한 수출국과 수입국 간의 대립은 「세계식량정상회의」와 「제1차 WTO 각료회의」라는 별개의 회의로 진행되었지만 추구하는 목표는 같았다고 할 수 있다.

첫째는 FAO가 추진하는 세계식량정상회의인데 이는 얼핏 보면 WTO 농업 협상과 관련이 없어 보이지만, 정상들이 발표하는 식량안보의 「로마선언(Rome Declaration)」과 그 「행동계획(Plan of Action)」에 담을 내용이 어느 편을 더 들어줄 것이냐에 따라 차기 WTO 협상에서 받은 쪽이 우위를 점할 수 있다고 보아 서로 자기주

1) 차기 농산물협상의 전망과 대책 연구, 농촌경제연구원 2000.1, page125, 126

장을 끝까지 반영하려고 했다는 점이다.

둘째로는 WTO가 주관하는 농업위원회를 중심으로 후속협상의 개시시기를 논의하는 것 역시, 수출국과 수입국의 입장이 상이했다. 따라서 이를 어떻게 할 것인가를 결정할 수 있는 결과가 결국 제 1차 WTO 각료회의 선언에 담을 내용이였기에 더욱 격렬하게 대립하게 되었던 것이다.

세계식량정상회의(WFS)의 「로마선언」과 「행동계획」 작성에 적극 참여하다

세계식량정상회의에서 정상들이 채택할 「로마선언」과 「행동계획」을 작성하기 위하여 FAO 사무국은 두 차례의 식량안보위원회(21차 '96.1.29~2.2, 22차 '96.9.23~27)를 계획하고 있었다. 먼저 21차 회의에서 선언문 및 행동계획의 초안을 제시하고, 이를 토대로 4차에 걸친 중간실무회의(IWGM, Intermediate Working Group Meeting, 1차 '96.3.18~19, 2차 '96.5.20~21, 3차 '96.6.6~7, 4차 '96.7.29~8.2)에서 결론을 내어 22차 식량안보위원회에서 최종 결정한 후, 정상회의('96.11.13~17)에서 그 안대로 채택하는 일정이다.

그리고 세계식량정상회의를 위한 FAO의 첫 회의(21차 식량안보위원회, '96.1.29~2.2, 로마, 필자, 백현기 농무참사관 참석)에서 FAO 사무국은 정책선언문과 이를 실행하는 「행동계획」의 초안을 제시하였다. 이 초안은 무역자유화 및 원활화(Trade Liberalization and Facilitation)를 중시하는 수출국들의 주장이 그대로 표현되었을 뿐 아니라 농업무역에서 비교우위(Comparative Advantage)의 중요성을 강조하고 있었다.

그러나, 수입국들 뿐 아니라 많은 개도국들이 중요하게 여기는 농업의 다원적 기능은 제대로 반영되어 있지 않았다. 이에 EU, 일본, 한국 등 수입국들과 상당수의 개도국들이 식량안보 문제에 '비교우위'라는 용어를 사용한 점을 강하게 비판하고, 식량안보 달성에 농업의 다원적 기능이 보다 구체화되어야 함을 강조하였다. 물론 반대로 미국·호주 등 수출국들은 이를 옹호하고 나섰다.

회의가 끝나고 필자는 일본 농림성의 엔도 국제부장을 별도로 만나 지난해 11월 APEC 오사카 정상회의에서와 같이 양국이 긴밀한 사전 협의를 통해 공동보조를 취하기로 합의하였다. 또한, 필자는 이 세계식량정상회의가 앞으로의 WTO 후속협상과 상당히 연관되어 있어 그 중요성이 상당히 크다고 보아, 귀국 즉시 통상협력과의 오경태 서기관을 기술협력과 FAO 담당으로 배치하여 전담토록 하였다.

그리고 3월 18~19일 열린 제1차 중간실무회의(IWGM, 로마, 백현기 농무참사관, 오경태 서기관, 윤기호 농무관보 참석)에서는 사무국이 「정책선언」과 「행동계획」의 1차 수정안을 제시하였다. 여기에는 지난 21차 식량안보위원회에서 지적한 내용들을 반영하여 우리나라 등이 비난한 「비교우위」라는 용어가 사라졌고, 농업의 다원적 기능도 다소 개선되었으나 만족스럽지는 못하였다. 우리는 발언을 통하여 개선된 농업의 다원적 기능이 과도한 농촌 이주문제를 시정하는 것에 한정되는 등 유효성이 감소하는 점을 지적하고, 보다 넓게 보완해야 한다고 강조하였다.

일본 대표인 엔도 부장은 「비교우위」라는 용어는 사라졌지만 문맥 전반을 통하여 암시하는 내용이 상존한다고 지적하였다. 프랑스, 영국 등 EU 국가들은 처음 제시한 초안보다 간결하게 개선되었다는 긍정적인 반응을 보였다. 특히 중국 대표(아시아그룹 의장국)는 비교우위에 대한 부정적 발언과 농업의 다원적 기능을 강조하였다. 한편, 미국은 형식과 내용에서 크게 실망하였다고 언급하며, 식량안보의 국가책임, 민간분야와 환경보호의 중요성이 강조되지 못하였다고 지적하였다. 그 밖에 뉴질랜드는 「비교우위」 용어가 삭제된 것에 크게 실망하였다고 하며, 무역자유화와 원활화가 언급되지 않았다고 하는 등 수정 초안에 불만을 표시하였다.

다음날(19일) 일본의 엔도 부장은 FAO의 아시아 상주대표(한국, 중국, 필리핀, 인도네시아, 태국, 말레이시아, 방글라데시, 인도, 파키스탄)를 오찬에 초청하여 향후 회의와 5월에 개최 예정인 FAO 아태지역총회('96.5.14~18, 서사모아, 이상무 기획관리실장, 오경태 서기관 참석) 등에서 아시아 국가들이 공동 대응할 것을 요청하는 등 적극적인 외교 활동을 전개하였다. 한편 우리는 '96년 5월의 2차 중간실무회의(IWGM) 회의에서부터 「로마선언」과 「행동계획」의 작성의 중요성이 점차 커진다고 보아, 한국농촌경제연구원의 최정섭 박사를 FAO팀에 보강하여 향후 회의에 적극 참여할 수 있도록 하였다.

마지막 4차 중간실무회의(7.29~8.2) 최종협의에서 한국은 기초위원회(Drafting Committee)에 77그룹 대표(하영효 과장, 오경태 서기관)로 인도와 함께 참석하여 식량안보에 대한 일본 발언을 지지했다. 아울러 다원적 기능(Multi-function)의 제외를 요구하는 미국·호주의 발언에 대해 스위스, 인도, 아일랜드(EU 의장국), 예멘, 레소토와 함께 반드시 포함되어야 함을 강력히 주장했다. 이에 따라 Para 3의 국내생산 필요성에 대한 우리의 발언에 일본, 브라질, 레소토가 지지하여 주는 등 적극적으로 대응하였다.

한편 선언문 작성이 막바지에 들어선 '96년 8월 26일에는 일본 농림성 아즈마 히사오 차관급 대외담당 심의관이 방한하여 조일호 차관과 세계식량정상회의 「로마 선언문과 행동계획」 작성에 긴밀한 공동보조를 취해 나가기로 합의하기도 하였다.

이와 같이 4차에 걸친 중간실무회의에서 합의에 이르고 22차 식량안보위원회에서 결론을 지으려던 「선언문과 행동계획」은 수입국과 수출국의 현격한 입장차로 제때에 합의를 보지 못하게 되었다. 사무국은 정상회의를 보름 앞둔 '96년 10.28~30일에 제22차 회의의 연장회의(필자, 백현기 농무참사관, 오경태 서기관, 최정섭 박사 참석)를 서둘러 개최하게 되었다. 그러나 이 연장회의 또한 회의 마지막 날인 30일 자정까지 합의를 보지 못하고, 회의를 정회와 속개를 반복해 가면서 마침내 31일 아침 7시에 합의(언제 속개될지 몰라 뜬눈으로 대기상태)에 이르게 되었다. 결국 양측의 주장을 어느 정도 수용한 선에서 합의하게 되었다.

결과적으로 수입국들의 농업의 다원적 기능의 중요성이 인정되고, 수출국들에게는 무역정책이 시장지향적인 무역체계를 통해 식량안보 달성에 기여토록 노력한다는 내용으로 행동계획 공약 3항과 4항에 적시하였다(참고 2 참조).

참고 2. 가장 대립되었던 「행동계획」 공약

3항과 4항의 내용

공약 3 : 농업의 다기능적 특성(the multi-functional character of agriculture)을 고려하여 적절하고 안정적인 식량공급에 본질적인, 지속적인 농어업 및 농촌개발정책을 추구한다.

공약 4 : 무역정책이 공정하고 시장지향적인 세계무역체계를 통해 만인을 위한 식량안보 달성에 기여하도록 노력한다.

- UR 협정 특히 농업협정문 20조 규정과 일치하여 개혁과정(reform process)의 지속을 지지한다.

이 회의에서 특이한 점은 FAO 역사상 최초로 밤을 꼬박 새워 회의를 한 점과 마지막 회의의 발언에 나선 각국 대표의 대부분이 로마 상주대표가 아닌 제네바의 낯익은 대표들이었다는 점이다. 마치 또 다른 UR의 협상장을 보는 듯하였다. 그만큼 이 회의가 차기 WTO 협상에서 아주 중요하다는 것을 그대로 나타내는 것뿐만 아니라 실제로 그 후 계속되는 WTO회의에서 수입국들이 농업의 다원적 기능을 농업보호의 필요성으로 주장하여 수출국들과 크게 대립되는 결과를 가져왔던 것이다. 이 식량정상회의에서 농업의 다원적 기능이 포함된 것은 일본과 우리 등이 강력히 주장한데 기인한 점도 있지만, 무엇보다 주요 협상그룹인 EU의 주장이 크게 작용하였고 할 수 있다. 그 후 후속 WTO 협상에서 EU는 UR 때와는 달리 일본, 한국, 스위스, 노르웨이, 모리셔스와 함께 G6(Group6)을 형성하여 미국, 케언즈 그룹과 차기협상이 개시된 2001년 11월(Doha Development Agenda 회의)까지 대립각을 세웠다. 그뿐 아니라 G6은 그 후 회원을 확대하여 G10(EU는 중도에서 빠짐)으로 발전하여 계속 공조체제를 유지하고 있다.

결과를 놓고 보면 10월 31일 07시에 결정된 이 문안은 한자의 자구 수정 없이 마지막에 열린 정상회의('96.11.13)에서 만장일치로 채택되었던 것이다.

세계정상들이 「로마선언」과 「행동계획」에 식량안보의 중요성을 선언하다

식량안보를 위한 세계정상회의는 범세계적인 인류의 식량부족 문제를 논의하기 위하여 J. Diouf FAO 사무총장이 103차 FAO 이사회('94.5.30~6.1)에서 처음으로 제안하였으며, 28차 FAO 총회

('95.10.20~11.2)에서 회의 개최 결의안이 채택되고, 제 50차 유엔총회('95.12.20)에서 동 정상회의 개최를 지지하는 결의안을 채택함으로 이루어졌다. 이는 인류의 식량안보 달성(Food for All)을 위한 정치적 의지를 재확인하는 기회를 제공하기 위한 것으로, 최근의 식량 불안정 상황을 직면하고, 이 회의를 통해 안정적 식량안보 달성과 관련해 다양한 견해를 종합 및 대안을 제시하는데 그 목적이 있었다.

1996년 11월 13일부터 17일까지 로마에서 계속된 이 회의는 세계 183개국이 참석(국가원수 47개국, 부통령 16개국, 총리 40개국, 부총리 14개국, 기타 66개국)한 대규모 회의로 우리나라에서는 이수성 총리를 수석대표로 하여 총 67명의 대표(농림부 이상무 기획관리실장, 백현기 농무관, 하영효 과장, 오경태 서기관, 원철희 농협회장)가 참석하였다.

이수성 총리, 국내 생산의 중요성과 건실한 농촌사회유지·발전이 식량안보의 요체임을 강조하다

회의는 '96년 11월 13일 09:30시 로마 FAO 본부에서 교황의 메시지를 시작으로 개최되었으며, Scalfaro 이태리 대통령, B. Ghali 유엔 사무총장, J. Diouf FAO 사무총장의 개막 연설, 의장단 선출에 이어 기합의된 정상회의의 「로마 선언」과 「행동계획」이 수정 없이 만장일치로 채택되었다. 이어서 정상 또는 각국 대표의 기조연설이 회의 마지막 날인 11월 17일까지 이어졌다.

주요국에서는 수하르토 인도네시아 대통령, Castro 쿠바 대통령, 이붕 중국 총리, Juppe 프랑스 총리, 아일랜드(EU 의장국) Bruton 총리가 참석하였으며, 미국, 일본, 호주, 뉴질랜드 등은 농무장관이 참석하였다.

우리나라의 이수성 총리는 기조연설을 통해 식량안보의 요체는 「국내생산 증대」와 「건실한 농촌사회의 유지·발전」에 있음을 강조했다. 또한, 식량 수출국들이 「자의적 수출제한 조치」를 취하지 않도록 요청하고, 국제 농업 분야에서의 우리나라 기여 상황을 소개하였으며, 공적개발원조를 점진적으로 확대하여 개발도상 지역의 발전에 기여해 나갈 의지를 표명하였다.

6. UR 합의 이행과정에서 생긴 문제들

'95년부터 UR 합의 이행이 시작되면서 몇 가지 예기치 않은 문제들이 노출되었다. 그중 EU와의 WTO 모조분유 분쟁, 뉴질랜드의 키위 독점 수입권 문제 그리고 유통공사의 실수로 대만으로의 사과·배 수출 중단 등의 여러 가지 문제가 발생하였다.

EU, 한국의 모조(혼합)분유 수입 수량제한 조치를 WTO에 제소하다

우리는 UR 협상과정에서 우리의 우유생산에 위협이 되는 분유의 관세를 220%인 비교적 고율로 결정하였다. 그러나 그동안 수입 분유로 국내에서 가공유(바나나우유, 딸기우유 등)를 생산해 오던 국내 유가공업계가 이로 인해 생산비가 높아지자, 그동안 수입이 거의 없었던 조제(혼합)분유(분유와 기타 유장분유 등 다른 유제품을 혼합한 형태)의 상대적으로 낮은 관세(75%)를 이용해 수입하여 가공유를 생산하기 시작했다. 그러나 점차 수입량이 크게 늘어나게 되면서 국내산 우유로 만든 분유의 소비가 크게 줄어들고 재고가 쌓이게 되자, 축협중앙회가 산업피해구제신청('96.5.2)을 하였다. 이에 따라 무역위원회의 10개월간의 조사를 거쳐 WTO 규정에 의한 긴급수입제한조치(safeguard)를 결정하였으며, 농림부는 '97년 3월 1일부터 4년간 수입물량을 2만251톤에서부터 매년 5.7% 증량하는 내용으로 수입수량제한조치를 시행하였다.

주 수출국인 EU(주로 프랑스, 네덜란드)는 한국의 safeguard 조치가 WTO 규정에 맞지 않는다고 제소하였다. 이에 WTO 패널은 양측의 공방을 거쳐 '99년 6월 21일 우리의 조치에 대하여 패소 판정을 내렸다. 그 과정에서 EU뿐 아니라 호주, 뉴질랜드까지 참여하여 논쟁을 벌였으나 결국 WTO는 EU의 손을 들어주었다. 우리는 패널 결정에 불복하여 '99년 9월 15일 상소하였으나, 결국 패소하여 2000년 5월 20일까지 이행하기로 EU측과 합의해 safeguard 조치를 종료하였다.

농업관계 WTO 첫 번째 피소에서 패소하고 말았다. 그러나 결과를 놓고 보면 별도의 배상조치 없이 끝나게 되어, 근 3년간 조제분유의 수입이 줄어들면서 국내 우유생산자를 보호하는 효과를 가져온 플러스 요인이 있기도 하였다. 필자는 EU와의 여러 차례 협의 과정에서 평소 친분이 있는 제네바 EU대표부 농업담당 L 참사관으로부터 믿기 어려운 창피스러운 이야기를 들었다. 이는 즉 EU는 한국이 수입해가는 그런 종류의 혼합분유를 실제 생산하고 있지 않다는 것이다. 다만 한국의 유가공업자로부터 보통의 분유에 다른 유가공품을 섞어서(그것도 분유의 함량을 높여) 만든 제품으로 보내 달라는 요청에 따를 뿐이라는 것이다. 결국 이들은 수입한 혼합분유를 원심분리기에 돌려 분유만을 가려내어 이를 사용하여 가공유를 만들어 냈던 것이다. 분유와 조제분유 두 제품의 관세차(220%→75%)를 이용하여 이익을 높이는 방법을 사용했던 것이다. 결국 이 문제는 머리를 쓴 한국인 유가공업자 때문에 일어난 사건이었다.

그 밖에 중국과의 '96,'97년의 마늘분쟁(일반마늘 400% 관세, 냉동·초산마늘 50% 관세)으로 중국측의 한국 전자제품 수입금지라는 보복까지 이어져 크게 문제되었던 사건과 저율관세의 찐쌀을 수입하여 김밥에 사용하였던 사건은 그 배후에 대부분 한국인이 관여되어 있었다.

뉴질랜드의 키위 수입 독점권을 지적하다

'96년 3월 15일 참다래(키위)유통사업단의 정운천 회장이 필자를 찾아왔다. 우리 참다래는 봄·여름에 생산하여 가을과 겨울에 판매하는

데 비해, 우리와 계절이 반대인 뉴질랜드산은 우리의 가을·겨울에 생산하여 봄에 주로 판매하기 때문에 우리 시장을 크게 위협하지는 않았다. 다만, 우리는 일 년에 한번 생산 및 판매하고 나면 상당기간 쉬어야 하기 때문에 경영에 어려움이 있어, 비수기에 뉴질랜드산 키위를 수입·판매하려 여러 차례 시도했으나 뉴질랜드 측에서 국내의 H상사에게 독점 수입권을 주고 있어 곤란하다는 것이었다. 필자는 바로 다음주에 주한 뉴질랜드 대사를 초치하여 키위의 독점 수입을 문의하였다. 대사는 H상사와 대한항공에 기내식용으로 납품하고 있어 독점 수입이 아니라고 항변하였으나, 필자는 이는 누가 보더라도 분명히 독점 수입임을 강조하고, 뉴질랜드가 이를 조기에 개선하지 않을 경우 금후 WTO 회의에서 문제 제기를 하겠다고 강조하였다.

그리고 한 달쯤 지나서 다시 찾아온 정 회장은 참다래유통사업단도 뉴질랜드산 키위 수입을 할 수 있게 되었다고 했다. 이로서 성수기에는 생산 판매, 비수기에는 수입 판매로 참다래유통사업단의 경영에 크게 도움이 되었으리라 생각된다. 상대국에게 WTO 규정 위반을 지적하여 시정한 경우이다.

대만산 양파 수입 유통공사 실무진의 잘못으로 우리의 사과·배 대 대만 수출이 중단되다

WTO의 규정을 어겨 사과·배의 수출중단을 가져온 사례가 있었다. 정부는 UR 협상 결과에 따라 그 동안 수입이 거의 없었던 품목에 대하여 일정량(3%)의 의무에 가까운 최소시장접근물량(MMA,

Minimum Market Access)을 저율관세로 수입하고 있었다. 이중 양파의 경우 150%의 관세 대신 50%의 세율로 1만2,400톤을 구매하게 되었는데, 그중 일부(약 3,000톤)를 국영무역 대행을 하고 있는 유통공사가 대만과 수의계약을 하고 수입하고 있었다.

마땅히 이 저율관세물량은 국제공개경쟁으로 입찰되어야 하는데 비회원국(WTO)인 대만과,그것도 수의계약을 하니까 수출을 기대하였던 관심국가들이 가만히 있을 리가 없었다. 이에 뉴질랜드가 우리의 조치가 WTO 규정에 위배된다고 이의를 제기하자, 유통공사는 서둘러 대만에게 계약 취소를 통보하게 되었다. 여기에 반발한 대만은 구상무역으로 그동안 중단되었다가 수입을 재개하던 우리의 사과와 배의 수입을 중단하였다.

특히 사과·배의 수출 문제는 '91년 한·중 수교로 중단되었다가 '94년도 제네바에서 대만의 WTO 가입 협상 시 얻어낸 조건이라, 유통공사의 어이없는 실수로 인하여 무산되어 큰 손실을 가져온 것이다. 마침 필자가 '97년 5월 28일자로 국제농업국장에서 원예특작국장으로 전보되어 사과·배를 담당하게 되었다. 필자는 Pending된 이 문제를 해결해 보려고 '97년 12월 2일 타이페이의 국제무역국 "황진용" 처장('94년 필자 제네바 재직 시 대만대표부 대표로 필자가 WTO 가입 관련 여러 가지 설명과 조언을 한 바 있었음)과 타이중의 대만성 "진무웅" 농업청장('94년 제네바에서 WTO 가입관련 쌀의 일본형 6년 4~8%를 권고 이용토록 한 바 있고, '95년 APEC 시

설득하여 우리와 공동보조를 취함)을 만나 재고를 요청하였다. 그들은 일단 고려해 보겠다는 대답을 하여 돌아왔다. 그러나, 대만은 결국 수입재개를 하지 않아 과실 수출은 무산되고 말았다. 규정대로 운영해야할 국영무역기관의 잘못으로 커다란 국익 손실을 가져온 경우이다.

독일의 "Green Week" 전시회로 양재동 aT센터 농산물 전시장 건립을 추진하다

'97년 1월 16일 독일 수도 베를린에서 열린 독일 농산물 전시회(Green Week Berlin '97)에 한국대표로 참석하였다. 이 전시회는 매년 같은 시기에 실내에서 개최되는 대규모의 국제 농산물 전시회이다. 필자는 오래전인 '89년 1월 중순에 개최된 같은 전시회(당시 유통통계과장으로 이병기 경제국장 수행)에 처음 갔을 때, 농산물 주요 생산국도 아닌 독일(당시에는 통일 전 서베를린시에서 개최)이 엄청난 규모의 실내 농산물 전시회를 한다는 것에 놀라움을 금치 못하였다. 우리에게도 저런 대규모의 실내농산물 전시시설이 있었으면 하고 부러워하였다. 그리고 필자가 국제협력과장('89.6)이 되고 난 후, 마침 대전 엑스포('93.8.7~11.7)가 추진되면서 '91년도 조직위에서 농업 관련 전시관 제안이 들어와 별도의 전시관 마련을 위하여 다방면으로 노력하였으나, 예산 부족과 농협 등 관련 단체에서 적극성을 보이지 않아 결국 포기하고 말았던 경험이 있었다.

필자가 참석한 '97 Green Week 전시회에는 우리나라도 유통공사 주관으로 국내에서 상당수의 식품 가공회사, 단체 등이 대거로 참석하여 우리의 농식품을 전시하면서 크게 인기를 끌었다. 1월 16일 Berlin 시장의 개회로 시작되어 1월 17일 저녁에는 유서 깊은 Challotenburg성에서의 농림부 장관 만찬('89년도에는 대통령 초청 만찬)을 통해 독일 정부의 농업을 중시하는 모습을 보며, 우리에게도 이와 같은 대규모 실내전시시설이 필요함을 절감하였다.

우리의 농산물 전시회는 대부분 수확기인 가을에 야외에 임시 전시장을 설치하여 하던 실정이었다. 필자는 귀국하자마자 유통공사의 간부들과 양재동 꽃시장 옆의 공터에 별도의 전시용 건물의 건립을 추진하기로 협의하고, 우선 '98년도 국제농업국 예산으로 설계용역비(5억원)를 계상하여 예산당국을 설득하기로 하였다. 그리고 유통공사 간부진의 노력으로 예산 확보에 성공해 지금의 aT센터(agriculture Trade 약자)가 건설되었다. 이와 같이 독일의 "Green Week Berlin" 참관이 농산물 관련 별도의 전천후 전시장이 생기게 된 계기가 되었던 것이다.

7. WTO : 제1차 각료회의(싱가폴, '96.12.9~13)

GATT에서 새로이 WTO 체제가 발족한 지 1년이 지난 '96년에는 4회에 걸쳐 농업위원회(1차 '96.2.5~7, 2차 '96.3.28~29, 3차 '96.9.24~25, 제 4차 '96.10.24~25, 제네바, 필자 참석)가 열려 주로 UR 합의 이행 문제가 제기되었다. 여기에 수출국들은 농업협정문 제20조에 의한 새로운 협상개시('96년 1월 1일)를 위해 사전 준비 작업을 바로 시작해야 한다고 주장하기 시작하였다.

WTO 제1차 각료회의에서 수출국들, WTO 차기 농업협상 개시를 앞당기려고 하다

그 첫 번째 구체적인 시도가 바로 '96년 12월 9~13일 싱가폴에서 열린 제 1차 WTO 각료회의였다. 이 회의에는 127개 회원국과 34개 비회원국 및 국제기구 대표들의 참석으로 시작되었다. 우리 대표단은 박재윤 통상산업부 장관을 수석대표로 한덕수 통상실장 외 각 부처 대표(농림부 필자)로 구성되었다.

우리의 가장 큰 관심사는 역시 농업 문제를 어떻게 다루느냐에 있었다. 특히 미국·호주 등 농산물 수출국들은 농업협정문 제20조의 후속협상 개시가 1999년 1월 1일로 되어 있으므로 준비 작업을 조기에 시작하여야 하며, 이를 이번 각료회의에서 결정하여 당장 1997년부터는 시작해야 한다고 주장하였다. 이와 관련해 EU, 일본, 한국 등은 협정문에 적혀 있는 대로 1999년에 1월 1일 협상을 개시하면 된다고 주장하며 팽팽히 맞서 있었다.

만약 수출국들의 주장 대로 1997년부터 준비 작업을 시작할 경우, 우리는 UR 협상의 후유증이 아직 남아 있는 상태에서 또 다시 농업분야의 새로운 협상이 시작된다는 점에 대한 국내적 반응이 클 것으로 우려되는 상황이었다. 때문에 협상의 추이를 예의 주시하면서 다른 수입국들과의 농업분야의 공동 대응을 위한 적극적 협의가 필요하였다. 필자는 회의 중에 일본(엔도 부장), EU(David Roberts 농업담당 부총국장), 프랑스(Penne 주 제네바 농무관) 등을 별도로 만나 전망과 공동대응 방안을 협의하였다.

이를 통해 특히 EU의 입장에 가장 영향력이 큰 프랑스 정부의 입장이 확고한 점을 확인할 수 있었다. 프랑스는 과거 '90년 12월 브뤼셀 각료회의 결렬과 '92년 12월 미국·EC의 Blair House 합의 반대를 통해 협상지연에 막강한 영향력을 행사한 경력이 있어, 필자는 항상 프랑스의 입장을 중시해 왔을 뿐 아니라 프랑스 대표들과 개인적인 관계를 유지해 왔다. 따라서 일본, EU, 프랑스의 각국 대표들과의 협의결과를 토대로 우리 대표단 내부회의에서 미국 등 수출국들의 의도대로 되지 않을 것임을 보고하였다. 결국 각료회의 결과는 필자의 보고대로 끝나게 되어 다행히 국내에서 차기 농업협상 문제가 더 이상 제기되지 않아 조용히 96년 말을 보내게 되었다.

그러나 그 후에 미국을 위시한 막강한 수출국들이 그대로 가만히 있지는 않을 터이다. 어쩌면 이 WTO 1차 각료회의는 실질적으로 새로운 협상의 시작이 될 것임을 알려주는 경고 메시지였다.

8. WTO 차기협상을 위한 준비('96~'98)

'96년 12월의 싱가폴 각료회의 이후 차기 협상을 위한 준비를 위한 대립이 '98년 5월 19~20일 제네바 각료회의까지 이어지게 되면서 '99년 11월 30일~12월 3일 시애틀 WTO 각료회의에서의 New Round 선언 시도를 하게 된다.

WTO 농업협상을 위한 "농업의 다원적 기능"을 중시하는 그룹협성을 추진하다

우리는 과거 UR에서 어느 협상그룹에도 속하지 못한 채 독자적이고 외로운 싸움을 한 경험이 있었다. 그나마 겨우 일본과 함께 쌀을 지키기 위한 공동전선을 편 것이 고작이었다. 그러다 '95년 11월의 FAO 세계식량회담의 선언문과 행동지침에 "농업의 다원적 기능"을 EU, 일본과 함께 포함시킨 것을 계기로, 이들 국가와의 공동 노력에 대한 필요성을 공감하게 되었다.

이어서 이들 국가들과 함께 '96년 12월 15일 싱가폴 WTO 각료회의에서 '97년부터 차기 협상을 시작하려는 미국과 케언즈 그룹의 시도를 저지시킨 바 있었다. 그러나 회의 타협의 산물로 '97년부터 구속력은 없으나 차기협상을 위한 「분석 및 정보교환(AIE, Analysis and Information Exchange)」을 합의한 바 있어, 그 논의 과정에서 가급적 공통의 목소리(Voice)가 필요하다는 공감대가 형성되기 시작하였다. 특히 2대 협상 Major인 EU가 농업의 다원적 기능의 중요성이라는 우리와 공통된 인식을 갖고 있다는 것은 우리나 일본에게는 큰 힘이 되는 것이었다. 필자는 독일 박람회 참석('97.1.16~17)후 귀로에 브뤼셀에 들려 EU의 농업부총국장인 David Roberts를 만나 공동 관심사인 농업의 다원적 기능을 WTO 농업회의에 반영하는 문제를 협의하였다.

그리고 그 후 필자가 국제농업국장을 떠나 원예특작국장('97.5

~'98.3)으로 있는 9개월 동안 후임 이명수 국장, 배종하 과장이 WTO 농업위원회의를 잘 대처해 주었다. '97년부터 '98년 3월까지의 WTO 농업위원회의는 보통 3일간 개최하였는데 첫째 날은 비공식회의인 「분석과 정보교환(AIE)」 회의로 차기 협상 관련 기존 협상의제 중심으로 논의하고, 나머지 2일은 공식회의로 지난번 회의 이후 각국이 제출한 UR에서의 합의 이행통보 내용을 점검하는 형식으로 논의하였다. 그리고 보통 회의 전후에 EU, 일본, 한국, 스위스, 노르웨이가 별도로 모임을 갖고 공조방안을 협의하는 과정을 거치게 되었다. 이후 9개월간의 원예특작국장을 지낸 필자는 '98년 3월 3일부터 공직사회에서는 보기 드물게 국제농업국장 자리로 다시 돌아가게 되었다.

'98년 5월 19~20일 제네바 2차 WTO 각료회의에서 시애틀 각료회의('99.11.30~12.3)에 따라 New Round 개시를 결정하다

'98년 5월 19일, 20일 열린 제네바 WTO 각료회의에서는 차기 New Round 협상 일정을 결정하게 되었다. 차기 협상은 '98년 9월부터 준비 작업을 하되, 광범위한 분야를 짧은 기간에 끝내기로 합의하고 New Round 선언을 위한 차기 각료회의를 '99년 11월 30일에서 12월 3일까지 미국의 시애틀에서 하는 것으로 결정하였다. 특이한 것은 이 각료회의에서 특별히 Clinton 미국 대통령이 연사로 등단하여 연설을 함으로서 미국의 WTO 차기 협상의 강력한 의지를 엿볼 수 있었다.

그러면 시애틀 각료회의를 앞둔 당시의 차기협상이 우리에게 주는 과제는 무엇일까? 여기에는 우리가 당면한 세 가지 관심사항이 있었다.

첫째, 쌀 관세화 유예를 현행 협정문대로 지속할 수 있을 것인가?
둘째, 회원국들이 우리의 개도국 우대를 계속 인정해 줄 것인가?
셋째, 고율관세를 얼마나 크게 삭감할 것인가? 였다. 결코 우리에게 유리한 협상이 되지 못할 것이 예견되었다.

특히 쌀의 관세화 유예문제는 UR협정문에 명시되어 있어 그나마 강하게 주장하면 어느 정도의 성공 가능성이 보였다. 그러나, 개도국 우대 문제는 당시 상당수의 국가가 부정적이었다. 끝으로 고율관세 품목이 많은 우리에게 고율관세 대폭 삭감은 치명적이 될 것이 분명하였다. 따라서 차기 협상이 현재 상태 그대로 진행된다고 하면 우리에게 불리한 조건이 상당히 많을 것이 예상되어 우리의 더 많은 노력이 필요한 상황이었다.

이에 우리는 시애틀 각료회의('99.11.30~12.3)전까지 제네바에서의 농업위원회 차원의 적극적인 협상 준비를 위해서 우리의 입장을 담은 "농업의 비교역적 기능에 대한 제안서(Non Trade Concern: Food Security)"를 농촌경제연구원과 함께 작성하여 WTO 농업위원회에 제출('98.8)하였다. 물론 다른 회원국들도 역시 앞다투어 자국의 입장을 담은 제안서를 제출하였다. 한편 필자는 동조국가인 EU, 일본을 수시로 방문하여 공동대응 방안을 강구하고, 결코 소홀히 할 수 없는 주요협상 상대인 미국 농무부를 찾아 미국의 입장을 들어주고 우리의 입장을 설명하는 기회를 갖기도 하였다.

먼저 '98년 9월 18일에는 '98년 8월에 새로운 협상 라인을 구성한 일본을 방문하여 농림성의 구마자와 대외담당 차관급 심의관(필자의 동경 근무 시 국제기획과장과 UR 막바지에 국제부장을 역임)과 하야시 국제부장(필자와 같은 시기에 제네바 일본대표부 참사관)과 공동대응방안을 협의하였다. 또한, '98년 9월 23일에는 브뤼셀 EU 본부의 David Roberts 농업부총국장을 다시 만나 차기 협상을 위한 공동제안 등을 협의하였다. 그리고 이에 앞서 '98년 9월 21일에는 미국 농무부의 슈마커 차관과 하타미야 해외농업처장을 만나 미국의 차기 협상 관련 입장을 듣고 한·미간의 농업통상현안 등을 폭넓게 협의하기도 하였다.

이와 함께, 필자는 정부 협상 공무원을 만나는 것 외에 과거의 협상 전문가, 학자, 기자 등을 만나 그들의 차기 협상에 관한 견해를 듣기도 하였다. 동경('98.9.18~19)에서는 시와쿠 전심의관(당시 육류협회 이사장), 아즈마 전심의관(당시 일본해외협력단 JICA 부총재), 하토리 동양대 교수(UR, WTO에 관한 다수의 저서가 있음), 가루베 시사통신기자("일·미 쌀협상"의 저자)를 만나 향후 전망과 대응에 대해 논의했다. 또한, 워싱턴('98.9.21)에서는 슈로터 전 미농무부 FAS 처장을, 브뤼셀('98.9.23)에서는 멜러 전 EU 농업부총국장을 각각 만나 각국의 입장과 향후 전망, 그리고 우리의 대응 방안 등에 대한 전문가의 폭넓은 견해를 듣기도 하였다. 이 전문가 그룹 선배들의 해박한 견해와 정확한 전망은 그 후 필자의 업무수행에 큰 도움이 되었음은 물론이다.

일본의 정보 파악 능력에 크게 놀라다

한번은 이런 일이 있었다. 일본 방문 시('98.9.19) 필자가 농림성에는 얘기하지 않고 별도로 주일 농무관을 통하여 「일·미 쌀 교섭」의 저자인 시사통신사의 가루베 기자를 만났던 적이 있었다. 그는 UR이 끝난 후 일본 정부의 쌀 협상결과의 발표, 즉 제네바의 GATT 시장접근회의 의장인 드니의 제안에 따라 일본과 미국이 동의한 결과였다는 미·일 쌀 합의 내용이 사실과 다르게 일본과 미국의 양자비밀협상에서 결정한 것이라고 쓴 워싱턴 시사통신사 특파원이었다.

실제로 그는 미국의 「정보공개법」에 의거, 신청을 통해 입수한 국무부, 농무부, 무역대표부의 비밀문서에 근거하여 동 합의가 두 나라의 비밀 협상에 의하여 결정된 것이라고 하면서, 정부가 거짓말을 하고 있다고 하였다. 일본 정부로서는 아주 반갑지 않은 인물인 셈이다.

'98년 9월 19일 저녁 구마자와 심의관이 초청한 만찬 자리에서 그는 느닷없이 필자에게 그날 오후에 왜 가루베 기자를 만났느냐고 묻는 것이 아닌가. 사실 일본과 미국 사이의 쌀 협상 내용을 깊이 알고 있는 필자가 그에게 진실을 얘기해준 것이 아닌가하는 질문이었다. 갑

작스러운 질문에 순간 당황했지만, 필자는 그의 책 내용 중 그가 미국 에스피 농무장관과 인터뷰에서 한국의 허신행 장관과의 한·미 쌀 협상을 설명하는 내용이 들어있어 이를 확인하는 것이었다고 대답하여 안심시켜 주었지만 내심 놀라지 않을 수 없었다.

필자가 아무에게도 알려주지 않은 인사를 만난 사실을 그들이 어떻게 알고 있었을까? 필자가 언제 어디서 누구를 만나고 있는지를 소상히 알고 있는 일본 정부의 정보 파악 능력, 역시 일본은 정보 선진국이었다.

9. 새로운 다자협상 출범을 위한 제2차 WTO 각료회의(미국, 시애틀 '99.11.30~12.3)

'99년에 들어 새로운 다자협상(New Round) 출범을 위한 시애틀 각료회의를 향한 분주한 움직임이 시작되었다. 미국은 세계농업포럼('99.5)을 통하여 새 의제가 될 GMO 농산물의 안전성을, 한국·일본·EU·스위스·노르웨이 5개 NTC 국가들은 농업의 다원적 기능의 공동제안을, 수출국들은 농산물의 획기적 개방과 보조금 감축을 주장하였다. 10월 7일 일반이사회 의장 각료선언문 초안에서의 각국의 제안과 시애틀 각료회의는 격심한 논의 끝에 실패로 돌아갔다. 그 와중에 우리에게 치명적일 쌀 관세화 유예의 예외 문제가 불거져 홍역을 치렀다.

고급 해외정보 수집을 위하여 미국 로펌과 계약하다

해외 고급 정보 부족을 절감하였던 우루과이라운드 경험을 바탕으로 새로운 다자협상에서는 우리와 가장 중요한 협상 상대인 미국의 움직임을 파악하는 것이 무엇보다도 중요하였다. 특히 WTO 첫 각료회담('96.11)을 앞두고 있어 미국뿐 아니라 케언즈 그룹(호주 등 15국)에 대한 정보 수집이 필요했다. 이러한 배경 속에 미국 워싱턴 D.C에 있는 Arent Fox라는 로펌의 한국계 미국인 Jinhee Kim Wilde 변호사와 계약을 하고 월별보고를 받게 되었다. 우리에게 별도 예산이 없어 농협과 계약하고 동시에 보고서를 받는 형태였으나, 예산사정에 의하여 '97년 초까지 1년 정도 활용하는데 그쳤다.

예산과 관련해 필자가 '97년 5월 국제농업국을 떠나 원예특작국으로 가보니, 예산 규모가 연 6,000억원이 넘는데 놀라지 않을 수 없었다. 당시 국제농업국 예산이 연 240억원정도인 것과 비교해보면 원예특작국에 비해 초라하기 이를 데 없었다. 당시 화훼용 유리온실 하나에 65억원을 배정했으니, 대외통상을 맡아 하는 국제농업국 예산은 유리온실 5동을 짓는 것만 못한 것이 아닌가? 이후 '98년 3월 다시 8개월만에 국제농업국장으로 돌아온 필자는 예산당국에게 유리온실 한 동 값만 더 배정해 주면 차기 협상까지 원활하게 마칠 수 있다고 설득하였다.

그러던 중, '98년 5월 WTO 각료회의(제네바,'98.5.19~20)에서 전부터 알고 지내던 워싱턴 D.C 로펌(Arter&Hadden)의 Dabaghi 대표로부터 자신의 회사가 퇴직한 R. Shoeroter 전 미국 농무부 해외 농업처장을 영입하였다는 소식을 듣고 그를 활용하기로 하였다. 그 후, 접촉을 계속해 '99년 3월 8일자로 WTO 관련 미국 등의 동향에 관한 월별 보고를 받는 용역계약을 맺었다.

동 계약을 바탕으로, 필자는 제네바 회의에 가거나 워싱턴 D.C를 방문할 경우 필히 그와 만나 동향 및 전망 등을 협의하였다. 특히 WTO 차기협상을 결정하기 위한 시애틀 각료회의('99.11.30~12.3) 기간 중에는 매일 밤늦게(22:00~24:00) 따로 만나 바쁘게 돌아가는 미국 등 주요국의 협상동향을 실시간 파악하고 대처하는 효과를 거두었다. 그리고 필자가 국제농업국을 떠난('01.5)후인 2001년 7월, Dabaghi 대표로부터 Shoeroter 전 처장이 갑자기 타계하였다는 소식을 접하고 아까운 친구 하나를 잃은 슬픔에 젖었다. 이후 농림부는 Arter&Hadden사와 용역계약을 접고, 전 제네바 미 대표부의 Craig Thorn이 근무하는 로펌과 새로운 계약을 하였다는 소식을 들었다.

시애틀 각료회의를 대비한 활동을 시작하다

'99년에 들어 WTO가 분주해지기 시작하였다. 필자는 '99년 3월 24~25일 제네바에서 열리는 농업위원회와 새로운 다자협상 준비를 위한 "분석과 정보교환(AIE, Analysis and Information Exchange)" 회의에 참석하고자 출장에 나섰다. 먼저 워싱턴을 들러 Shoeroter와 만나(3.21, 19:00) 전반적인 미국의 동향을 협의했다. 다음날 오전에는 오랜 친구인 전 제네바 주재 Craig Thorn 참사관(그도 '98

년 중 미 농무부을 그만두고 한 로펌에 근무하고 있었다)을 만났다(12:00). 오후 3시에는 미 농무부에 들러 J. Gruef 부국장 등과 전반적인 동향과 우리의 입장 등을 논의하였다. 다음날에는 바로 제네바로 이동해 농업위원회(3.24~25)와 AIE 회의에 참석하였다.

또한 회의와는 별도로 일본의 하야시 국제부장(3.25, 10:00)을 먼저 만나고, 5개국 NTC 그룹(한국, 일본, EU, 스위스, 노르웨이) 국장급 오찬 모임(하야시 부장 초청, Chateau de Genthold)에서 향후 공동대응 방안을 협의하였다. 그날 저녁(19:30)에는 워싱턴에 이어 Shoeroter를 다시 만나 전반적인 동향과 앞으로의 전망을 논의하였다. 귀로에 다음날인 3월 26일(10:00)에는 파리로 가서 EU의 중심이자 영향력이 가장 큰 프랑스 농무부 국제국장(10:00, 오경태 OECD 주재 서기관 동행)을 만나는 한편, 오후에는 OECD의 Viatte 농업국장을 만나 차기 협상에 대한 의견을 들었다.

적극적인 일본의 나카나와(中川) 농림장관

일본은 '99년 4월 쌀을 이행연도 중반에 관세화 함으로써 차기협상에서의 큰 짐을 덜게 되었다. 그러나 우리와 마찬가지로 고율관세의 농산물이 많은 관계로 차기 협상에서 관세의 대폭 삭감 결정이 치명적일 수 있어, 이를 적극 저지해야 하는 입장이었다. 내각책임제로 국회의원이 장관인 일본은 대개 특별한 경우(각료회의 등 정해진 회의)를 제외하고는 직접 해외로 움직이는 경우가 드물었다. 그러나 '98년(7월 30일) 부임한 나카가와 쇼이치(中川昭一) 장관은 WTO

에서 적극적으로 일본 입장을 설득하기 위하여 각국을 순방하는데 주저하지 않았다. 특히 '99년 5월 18일에는 하야시 국제부장이 사전에 방한하여 필자와 나카가와 장관의 방문에 따른 사전협의를 하기도 하였다. 5월 15일 방한한 나카가와 장관의 의제는 차기협상을 위한 시애틀 각료회의에서의 공조였다. 그날 김성훈 장관과의 만남은 양국 간의 굳은 공조합의였다.

40대 중반의 젊은 나이의 나카가와 장관(그의 부친도 80년대 중반 농림장관을 역임함)은 '99년 초부터 아프리카 등 여러 개도국을 순방하면서 일본의 지지를 요청하는 등 적극적인 외교활동을 전개하였다. 그에 관한 이런 일화도 있었다. 농림성이 쌀의 관세화를 준비하던 '99년 1월 7일, 작가 출신의 사카이야(堺屋) 경제기획청 장관이 파리의 한 대학 강연에서 「일본의 농림성은 현재 쌀에 대한 고율 관세화를 생각하고 있으나, 이는 세계무대에서 통용될 리가 없는 조치다」라고 하여 크게 문제가 되었다.

이에 아프리카 순방 중에 있던 나카가와 장관은 '99년 11일 카이로의 한 호텔에서 이루어진 일본 기자단과의 간담회에서 '그(사카이야 장관)는 전혀 농정을 이해하지 못하고 있다. 한 마디로 생각도 식견도 없고 사고의 깊이도 얕은 사람이다. 확실히 말해서 바보멍청이(ばか)다'고 직설적으로 강하게 비난하였다. 결국 그 후 쌍방 모두가 '사실과 좀 다르다', '진위가 아니다'라고 해명하면서 끝나기는 하였다 ('91.1.13, 일본농업신문).

세계농업포럼에서 미국의 차기 협상 의지와 GMO 농산물의 선전을 보다

필자는 '99년 5월 23일부터 25일까지 미국 미주리주 세인트루이스에서 열린 세계농업포럼(WAF, World Agriculture Forum)에 장관 대신 참석하였다(이상재 사무관 동행). 행사 주최기관은 전 상원의원인 John Danforth가 의장인 Danforth Foundation였으며, 장소는 세계적으로 유명한 종자회사 몬산토(Monsanto)가 소재한 곳으로, 어쩌면 차기 라운드의 의제가 될 수 있는 유전자변형농산물(GMO, Genetically Modified Organism)을 생산한 회사가 후원한 것이 아닌가 했다. 특히 유력한 차기 의제로 예상되는 GMO 농산물의 경우, 미국은 위해성이 없는 것으로 검증되었다고 하나, EU 등 국가들은 잠재적 위해(Potential Risk)가 아직 규명되지 않았다고 하는 등 논란의 여지가 있었던 시기였다.

첫날인 5월 23일 회의에는 미 하원 공화당 원내총무 Gephart 의원, 노벨경제학자 Lowrence Klein 펜실베니아 대학 교수, OECD Viatte 농업국장 등의 주제연설이 있었으며, 특히 오후 12시 15분에 농무부 Dan Glickman 장관의 특별연설이 있었다. Glickman 장관은 WTO 차기 협상(New Round)에서 수출보조를 완전철폐(Elimination)하고 관세는 일률적으로 50% 대폭 감축해야 하며, GMO 농산물은 과학적 검증을 거쳤으므로 문제가 없다고 주장하였다.

회의는 분야별로 6개 Panel(① Industry Roundtable, ② Research,

③ Technology, ④ Nutrition, ⑤ Sustainability, ⑥ Building Food Market)을 설치하였으며, 마지막에 Summary Panel로 Agricultural Ministers, Secretaries and Gov't Officials를 설치하는 2일간의 포럼이었다. 이 마지막 Panel은 영국 Financial Times 소속 Nancy Dunne 대 기자의 사회로 진행되었으며, 참석자로 인도네시아의 S. Solahudd 농업부 장관, 멕시코의 F. Gurrio 농축산부 장관, 루마니아의 E. I. Turuta 농식품부 차관, Azuma 일본 해외협력단(JICA) 부총재(전 농림성 차관급 심의관), L. Downey 아일랜드 TEAGASS 국장, 그리고 한국의 국제농업국장인 필자 등 각국에서 온 6인이 참석하여 발표와 토론을 하였다.

필자는 발표를 통하여 UR 이후의 한국농업의 개관, IMF 금융위기 이후의 한국농업발전과 농업개혁, 그리고 쌀을 중심으로 하는 식량 안보의 필요성, 농업의 다원적 기능의 중요성을 강조했다. 또한, 생명공학(Biotechnology) 기술에 대한 일부 국가의 독점을 우려하고 개발된 기술의 잠재적 위험성을 검증할 필요가 있음을 강조하였다.

그리고 26일 오후 필자는 미국 농무부 Sidiqi 담당관을 만나 24일 발표한 Glickman 장관의 연설이 너무 야심적이라고 지적하며, 이는 향후 협상의 정체를 가져올 우려가 있다고 말했다. 특이한 것은 미 농무부가 이미 한국이 슈로터 전 처장을 로비스트로 고용한 것을 알고 있다고 한 점이다. 같은 날 Azuma 부총재, Dabahgi A&H 회사 대표와도 별도로 만나 차기 협상에 대하여 논의하였다.

25일 늦게부터 26일까지는 Shoemaker 미 농무부 차관의 주제발표로 시작된 APEC의 Infrastructure and the Food System의 Workshop도 가졌다. 이와 같이 대규모 국제 포럼을 개최한 배경에는 미국이 시애틀 각료회의를 앞두고 의제로서 문제 소지가 될 수 있는 GMO의 안정성을 선전하는 기회로 활용한 것이 아닌가 하는 생각이 들었다.

시애틀 각료회의 5개국 공동제안 준비와 APEC 통상장관회의에서 농산물의 추가자유화를 저지하다

세인트루이스에서 돌아온 지 3주도 채 되지 않아 필자는 농업위원화와 AIE 참석을 위해 다시 제네바('99.6.22)로 향하였다. 특히 6월 23일 오찬에는 필자 초청(Maison de Corea)으로 NTC 5개국 국장 모임을 가졌다. 이 모임에서 각국은 의장이 제시하는 시애틀 각료선언문 초안을 작성하기 전 자국에 맞는 제안서를 작성·제출하고, 필요한 경우 5개국 공동제안을 준비하기로 합의하였다. WTO 회의가 끝나는 6월 24일 필자는 오후 귀로에 올라 6월 25일 도착과 동시에 공항에서 바로 뉴질랜드 Auckland행 비행기로 갈아탔다. 6월 27일부터 APEC 고위급(SOM, 6.27~28) 회의와 이어서 열리는 통상장관회의(6.29~30)에 참석하기 위해서였다.

우리는 이미 '98년 APEC회의에서 일본, 대만, 중국과 달리 임산물(80%)과 수산물(85%)의 과도한 자유화 계획을 제시하여 국내에서 크게 비난을 받았던 경력이 있었다. 특히 '99년부터는 분야별 조기자유화(EVSL)계획에 식품과 유지종자가 포함되어 있어 농림부에서 '98년도에는 과장이 참석하였으나 '99년부터는 반드시 국장이 참석토록 변경한 이유이다. 물론 회의 시작 전 필자는 일본, 대만, 중국 대표들과 별도로 만나 동 분야의 포함을 반대하기로 합의하였으며, 결국 회의 결과는 우리의 의도대로 아무 결론 없이 끝나고 말았다.

그리고 그해 Auckland에서 마지막으로 열린 APEC SOM 회의('99.9.6~7)와 통상장관회의(9.8~9.9, 한덕수 본부장, 필자)에서 분야별 조기자유화 문제는 합의 없이 끝나고 말았다. 이에 실망한 미국, 호주 등 농산물 수출국들은 다시 연말의 WTO 시애틀 각료회의('99.11.30~12.3)에 전력을 쏟을 준비를 시작하고 있었다.

Ali Mchumo WTO 일반이사회 의장, 시애틀 각료선언문 초안을 제시하다('99.10.7)

'99년 9월 들어서 WTO 일반이사회를 중심으로 시애틀 각료회의 준비가 본격화되기 시작하였다. 여기에서는 협상범위·방법·기간 및 분야별 협상내용이 중점적으로 논의되었으며, 각국은 앞다투어 자국의 입장을 담은 제안서를 제출(총 343개)하였다. 우리나라 역시 농업, 반덤핑, 서비스 분야에서 9개의 제안서를 제출하였다. 농업분야에서는 이미 '98년 9월 농업위원회에 「농업의 다원적 기능」을, '99년 4월 WTO 일반이사회에 우리의 입장을 제시한 바 있다. Ali Mchumo 일반이사회 의장은 그동안의 논의결과와 각국의 제안 등을 고려하여 10월 7일 「시애틀 각료선언문」 초안을 작성 배포하였다. 이 선언문 초안에 나타난 농업분야 내용은 다음과 같다.

(1) 관세의 상당수준 감축(무관세 약속 포함)
(2) 시장접근물량의 확대
(3) 수출보조의 상당수준 감축(철폐 약속 포함)
(4) 무역왜곡적인 국내보조의 대폭 감축

이와 같은 의장의 초안은 농산물 수입국의 입장보다는 수출국들의 입장이 더 많이 반영된 것으로, 이에 대해 한국, 일본, EU, 스위스, 노르웨이 등은 이 초안을 받아들일 수 없다고 강하게 반대하며 새로운 안을 다시 작성해야 한다고 주장하였다. 한편으로 다시 NTC 5개국이 모여 EU가 마련한 초안을 중심으로 새로운 제안서를 마련하여, 10월 14일 22개국 공동(한국, 일본, EU 15개국, 스위스, 노르웨이 외 터키, 슬로베니아, 키프로스가 동참) 명의로 제출하였다.

여기에는 식량수입국과 수출국, 선진국과 개도국 간 공정한 규범 확립, 회원국 간의 다양한 농업형태의 공존인정, 개도국에 대한 특별우대조치, 농업의 다원적 기능의 인정, 식품안전, 식량안보, 동물복지 등 농업의 비교역적 기능(NTC) 고려 등이 포함되었다. 이와 같은 각국의 제안을 반영하여 '99년 10월 20일, 이번에는 Moore 사무총장 이름으로 수정안을 제시하였다. 동 수정안에는 22개국 공동제안 내용의 일부가 반영되어 있었지만, 중요한 농업의 다원적 기능이란 용어는 빠지고 비교역기능(NTC)만 괄호 처리했으며, 논쟁의 소지가 있는 시장접근, 국내보조, 수출보조의 구체적 내용은 빈칸으로 처리하였다.

김성훈 장관, 차기 협상(New Round)을 위해 적극 나서다

시애틀 각료회의를 향한 필자 중심의 실무적 활동과는 별도로 김성훈 장관이 적극 나섰다. 이미 지난 5월 15일 방한한 나카가와 일본 농림장관 외에 10월 6일 방한한 노르웨이 요네스(Kare Gjønnes) 농업부 장관과 WTO에서의 공조를 합의하였으며, 10월 23일 제주에서 개최된 한일 각료회의에서는 일본 다자와 농림장관과 다시 한 번 양국 공조를 확인했다. 한편 '99년 11월 15일 30차 FAO 총회(로마)에서는 한국, 일본, EU, 노르웨이, 스위스의 NTC 5개국 농업장관회의(일본 다자와 농림장관, 노르웨이 요네스 장관, 스위스 펠라 농업국장, EU 드마튜 FAO 상주대사)를 별도로 갖고, 시애틀 각료회의에서의 농업의 다원적 기능 등에 관한 공조 협의를 하였다.

이는, 즉 FAO 총회가 본연의 농업생산의 중요성을 강조하는 회의이기 보다, 시애틀 각료회의의 전초전인 것처럼 농업의 다원적 기능, 시장개방 등 WTO 회의에서의 각국 입장을 발표하는 장소가 되어버린 것이다. 김 장관은 11월 16일 노르웨이 Gjønnes 장관을 다시 만나 구체적 협력방안을 논의하였다. 그리고 총회가 끝나기도 전인 11월 17일에는 제네바로 가 11월 18일 10시 Londono WTO 농업위원회 의장, 11시 Moore WTO 사무총장을 만나 WTO에서의 우리 입장을 강조하였으며, 다음날인 19일에는 OECD의 Johnston 사무총장을 만나 우리의 IMF 극복 사례, GMO 농산물의 위해성을 제기하는 등 폭넓은 의견교환을 하였다. 또한 20일에는 제네바를 방문한 EU의 Fischler 농업집행위원장을 만나 시애틀 각료회의에서의 공조방안을 협의하였다.

한편 필자는 '99년 10월 26일 브뤼셀 EU 본부를 찾아가 농업총국의 D. Roberts 국장을 만나(10.27, 15:00) Moore 사무총장의 1차 수정안에 대한 대응방안을 협의하고, 별도로 전임 총국장이었던 Mollher를 만나(12:00~14:00) 전반적인 평가와 향후 전략 등에 대한 의견을 들었다. 그는 한 마디로 시애틀 각료회의가 성사되기 어렵다고 전망하였다. 가장 큰 이유로 미국 행정부가 FTA(Fast Track Authority)를 얻지 못한 점을 들고, 그 밖에도 수출국들의 과도한 요구, 미국 대선(2000.11)이 다가온 점 등을 들었다.

그리고 11월 9일 필자는 다시 제네바로 출발하여 10일 NTC 5개국 모임(국장급)에서 대응방안을 논의하고, 다음날 11일에는 아침(09:30)부터 EU 대표부에 모여 보다 구체적인 대응방안을 논의하였다. 특히 동조국가 확보방안으로 EU는 EU 가입을 원하는 동구권 국가, 일본은 ODA 원조제공 개도국 등을 설득하는 방안이 논의되었다. 그리고 필자는 13일에 제네바에서 바로 로마로 가서 FAO 총회에 참석한 장관 일행과 합류하여 20일에 귀국하고, 일주일 후인 11월 28일 시애틀 각료회의 참석을 위한 출장에 나섰다.

차기 협상의 각료 선언문 채택을 위한 회의가 미국 시애틀에서 개최되다('99.11.30~12.3)

드디어 새로운 다자협상(New Round) 출범을 위한 각료 선언문 채택을 위한 회의가 '99년 11월 30일부터 12월 3일까지 미국 서부의 시애틀에서 개최되었다. 동 회의는 134개국의 통상·외교장관을 수석대표로 하는 대규모의 국제회의로 우리나라 대표단은 한덕수 통상교섭본부장을 수석대표로 각 부처 대표 30명으로 구성되었다.

농업분야는 김동태 차관(교체수석), 필자(농업분야 수석대표대행), 이명수 주제네바 농무관, 배종하 국제협력과장, 이재옥 농촌경제연구원 실장으로 구성되었다. 회의는 6개 작업반(농업, 시장접근, 이행 및 규정, 싱가폴 문제, 제도문제, 전체위원회)로 구성되고, 전체위원회는 Barshefsky USTR이 맡고 농업은 싱가폴의 George Yeo 통상장관이 의장을 맡아 운영하였다. 11월 28일 도착한 대표단은 29일부터 활동을 시작하였다.

농업분야는 29일 오전 8시에 NTC 5개국(한국·일본·EU·스위스·노르웨이) 회의를 시작으로, 오전 9시 30분에는 한국·EU 회의, 오후 1시 15분에는 EU를 제외한 4개국 전략회의, 오후 2시에는 농업위원회 의장인 Yeo 장관을 만나 우리의 입장 표명과 함께 전반적인 회의 운영을 문의하였다. 오후 6시 30분에는 일본의 구마자와 차관과 만나 보다 구체적 협조 방안을 논의하였다. NTC 그룹의 대체적 의제는 제네바에서 넣지 못한 「농업의 다원적 기능」을 어떻게 하면 포함시킬 수 있을까 하는 문제였다. 그리고 필자는 밤늦게(22:00) 우리와 계약한 로펌의 Dabaghi 대표와 슈로터 전처장과 만나 미국의 동향을 파악하였다. 이들과의 매일 밤 늦은 만남은 회의가 끝나는 12월 3일까지 이어졌으며, 실시간으로 변하는 회의 분위기, 특히 미국과 케언즈의 태도 변화에 대한 정보를 정확히 파악하는데 큰 도움이 되었다.

11월 29일까지 의장 초안에 없었던 문장이 갑자기 11월 30일안에 나타나 우리 쌀의 '04년 재협상을 위협하다

11월 29일 초안에 이어 11월 30일 오전 10시 30분에 제시된 의장의 각료 선언문 수정안에 그 전까지 없었던 문장이 갑자기 등장하였다. 바로 29항(i)의 시장접근(Market Access)문장에 괄호 처리한 [with no a priori exclusions on products or import measures]이 추가된 것이다.

이는 "품목과 수입조치에 사전적인 예외가 없이"라는 뜻으로, 우리가 우루과이 라운드에서 가까스로 얻은 쌀의 예외조항(부속서 5B)을 해석에 따라 인정하지 않을 수 있다는 뜻으로, 차기협상에서는 우리의 2004년의 쌀 관세화 유예 재협상조항이 무효화될 수 있다고 보았다. 우리로서는 도저히 받아들일 수 없는 문장이 등장한 것이다.

회의가 열리자 우리는 강하게 반대하고 나섰다. 그리고 대안으로 첫째로, 그 문장 자체를 완전히 삭제하거나, 둘째로 만약 그대로 둔다

(i) Market Access('99. 11. 29)

Comprehensive market access negotiations leading to further liberalization particularly with regard to products originating in developing country Members;

⇩

(i) Market Access('99. 11. 30

Comprehensive market access negotiations [with no a priori exclusions on products or import measures] leading to [the broadest possible] [further] liberalization particularly with regard to products [of export interest to] [originating in] developing country Members;

고 하면 다음과 같은 주석(footnote)*를 추가할 것을 요구하였다. 다시 말하여 UR에서의 우리의 쌀 관세화 유예 재협상 규정은 적용되지 않는다는 것이다. 따라서 두 제안 중 어느 하나라도 받아들이지 않을 경우 한국은 회의 전체(Consensus)를 받아들일 수 없다고 분명히 하였다.

* 주석: without prejudice to rights and obligations provide for the Annex 5 of Agreement on Agriculture

한편 필자는 이 문제에 관하여 과거 UR때부터 가깝게 지내던 각국 대표, 특히 수출국 대표들(미국 농무부의 Gruef 부국장, 캐나다의 Gifford 농업부 국제국장, 뉴질랜드의 전 제네바 대표부의 Hamilton 공사 등)을 별도로 접촉하여 회의에서 우리 입장을 공개적으로 반대하지 않도록 부탁하였다. 결국 12월 3일 마지막 전체위원회(한덕수 본부장, 필자의 2인만 참석)에서 Barshefsky 의장이 우리의 요청을 받아들여 최종안에 부속서 5의 예외를 인정하는 문장("except as consistent with Annex 5"를 괄호 처리)을 추가하는 것으로 결정해 가슴을 쓸어 내렸다. 물론 이 최종안은 각료회의 자체가 합의에 이르지 못하면서 무산되었으나, 만약 이러한 문장의 추가 없이 채택될 경우 나중에 논란의 소지를 남기게 되어 수출국들이 쌀 재협상(2004)시 이를 활용할 가능성이 있게 된다.

〈'99년 12월 3일 전체회의에서의 최종안〉

(i) Market Access

Comprehensive market access negotiations with no a priori exclusions (except as consistent with Annex 5) leading to the broadest possible liberalisation particularly with regard to products of export interest to developing country Members;

이 "a priori" 조항이 처음 들어간 경위를 보자면, 11월 29일 오후 2시 45분에 사무국에 제출한 미국·케언즈 그룹 공동 제안서에서 처음 나타난 것으로, 이를 다음날인 11월 30일 오전 10시 30분의 사무국 제안서에 그대로 반영하였던 것이다. 결국 미국과 케언즈의 입김이 작용한 것이 틀림없었다. 나중에 미국·케언즈 대표들은 필자에게 그 용어가 한국을 겨냥한 것이 아니라고 하였지만, 실제 몇 년 후의 협상(대부분의 협상대표들이 바뀐다고 봄)에서 강하게 주장하면 우리는 꼼짝 못하고 당할 수밖에 없게 되는 것이다. 협상에서 단어 하나 문장 하나가 그만큼 중요한 이유이다. 결국 회의 결렬로 소용없는 일이 되었지만 국내에는 알려지지 않았던 쌀의 "a priori" 사건은 그렇게 끝났다.

EU, 협상 막바지에 가까워 공조그룹과 상의 없이 미국과 합의안을 만들어 제출하다

협상이 한참 지지부진한 와중에 느닷없이 12월 2일 새벽(00:45), 미국과 EU가 합의한 수정안을 내놓았다. 특히 EU는 그동안 5개국 공조체제에서 다른 공조국(일본, 한국, 스위스, 노르웨이)과 협의 없이(우리는 배신이라고 불렀다) 미국과 합의한 것이었다. 주요 내용을 보면 시장접근분야에서 "a priori"는 빠졌으나 관세의 삭감을 "broadest possible liberalization(가능한 최대자유화)"으로 표시하여 수입국들이 받아들이기 어려웠으며, 수출보조부분의 "Substantial reduction(상당수준 감축)"으로 수출보조를 주는 국가는 물론, EU 내에서도 프랑스의 반발이 강하여 환영받기 어렵게 되었다.

특히 두 협상 주도국만의 합의는 개도국들은 물론, 대부분 국가의 비난을 받아 실제로 제대로 토론도 못한 채 흐지부지 되었으나, 그래도 상당부분은 최종안에 반영되기도 하였다. 오로지 자국의 이익만을 우선하는 협상의 속성을 그대로 나타낸 사례였다. 또한 두 협상 Major가 합의한 안이 이제는 더 이상 통하지 않는다는 교훈도 얻었다.

회의 마지막 날, 농업부문안을 일부 조정하였으나 합의에 이르지 못하다

회의 마지막 날 오후(14:20) 전체위원회(Barshefsky 대표 주재)에서 사무국이 제시한 안에는 미국·EU 합의안에 우리가 반대한 "with no a priori exclusions" 조항이 포함되어 있어 우리를 긴장하게 했다. 사무국 제시안 내 수출보조 분야와 관련해서는 "substantial reductions in the direction of progressive elimination(점진적 철폐방향에서 상당수준 감축)"의 표현으로, 국내보조분야는 "substantial progressive reduction(상당수준 점진적 감축)"으로 완화된 표현으로 제시되었다. 마지막으로 Barshefsky 의장은 각국의 주장을 받아들여 최종 수정안을 제시하였다.

먼저 협상의 기본방향에서 수출국들이 강하게 주장했던 농산물과 공산품의 동일취급(equal footing)을 삭제하고, 둘째로 시장접근 분야에서 한국의 의견을 받아들여 "a priori exclusion" 다음에 예외를 인정하는 괄호(11쪽에서 설명)를 넣었으며, 관세삭감을 "broadest possible liberalization"으로 기존 표현에서 수입국 입장을 고려하여 "possible(가능한 한)"을 넣어 완화시켰다. 셋째, 국내보조에서 substantial reduction(상당수준 감축)에 가운데 "progressive(점진적)"이라는 표현을 넣어 수입국들의 입장을 반영하였다. 넷째, NTC는 다원적 기능(multi-functionality)의 용어를 피하는 대신 환경, 식량안보, 지역개발, 식품위생 등 구체화함으로써 NTC 국가들에게 불만족스럽지만 크게 문제될게 없었다.

다만 수출보조분야의 "in the direction of progressive elimination of all forms of export subsidization(모든 형태의 수출보조의 점진적 철폐 방향)" 부분에서 EU 특히 프랑스의 반발이 컸다. 결국 이 부분이

농산물 분야에서 가장 큰 걸림돌이 되었다.

그리고 12월 3일(21:45) 열린 마지막 Green Room 회의(23개국)에서 Barshefsky USTR 대표는 회의(실패(fail)가 아닌 동결(freeze로 표현)을 선언하며, 많은 것이 합의에 이르고 얼마남지 않았다고 말했다. 이와 함께 Barshefsky는 그동안 시애틀의 각료들의 "잠 못 이루는 시애틀의 밤(「Sleepless in Seattle」, 동명의 1993년 톰 행크스, 맥라이언 주연의 낭만적 영화에 비유)"을 보냈다고 하였다. 정말 대표단 전체에게도 정신없이 바빴던 며칠간의 시애틀의 잠 못 이루는 밤이었다.

시애틀 각료회의 실패에는 여러 가지 요인이 있었다

새로운 다자협상을 출범시키려는 미국 주도의 시애틀 각료회의는 실패로 끝났다. 그 원인은 어디에 있었을까? 이는 몇 가지로 요약할 수 있겠다.

먼저 각료 선언문 작성에서 농업분야(수출보조), 반덤핑, 노동분야에서 합의를 도출하지 못하였고, 둘째로는 회의 운영면에서 개도국들의 반발이 컸다. 특히 중요한 결정을 20여개국의 Green Room 회의에서 거의 정하게 되니 100여개 나머지 나라의 각료들은 발언권도 없을뿐 아니라, 회의장 밖에서 귀동냥으로 회의의 흐름을 듣기만 하고 나중에 회의 결과를 동의하도록 강요받는다고 강하게 비난하였다. 이와 같은 개도국들의 반발은 시애틀 각료회의 이후의 회의까지 이어지면서 새로운 다자협상 진행에 커다란 영향력을 미치게 되었다.

마지막으로 UR 이후 전에 없던 결집된 NGO들의 반대운동도 한몫을 하였다. 우리나라뿐 아니라 10여개국가의 NGO들이 시애틀에 모여 "국제농업의원, NGO 대표, 농림수산단체(우리의 농협, 수협의 임원, 조합장들이 대거 참여했다)장들의 공동선언문"을 채택하는 등 적극적 활동을 하였으며, 약 5만명이 거리에 나와 시내교통이 마비될 정도였다. 필자도 가까운 회의장 이동에 2시간 이상이 소요되는 불편을 겪기도 하였을 뿐아니라, 오랜만에 최루탄의 매운 맛을 보기도 하였다.

마지막으로 간접적 원인으로는 미국 행정부가 UR과는 달리 협상기한('93.12.15)을 정하는 「신속협상 권한」(FTA)을 얻지 못한 점, 2000년 11월 미국 대통령선거가 예정되어 있어 협상팀의 적극적인 협상 의지가 결여된 점도 기여한 것으로 평가한다. 이와 같은 평가는 필자가 이미 '99년 10월 26일에 브뤼셀에서 만났던 전 EU 농업총국장 Mollher의 예상대로였음에 다시 한 번 그의 통찰력에 놀라지 않을 수 없었다.

그러나 이러한 각료회의의 실패에도 불구하고 UR 농업협정문 20조에 따라 WTO 농업협상은 2000년 1월 1일부터 시작되지 않으면 안되었다.

10. 본격적인 WTO New Round 대비 : NTC 국제회의('2000.7, 노르웨이, 울렌스방)와 NTC 장관회의('2000.12, 파리)

시애틀 각료회의 실패 후 수출국(미국, 케언즈 등)들과 수입국(NTC, 비교역적 관심사항)들은 차기 협상을 대비하여 각 그룹별 결속 활동을 계속하였다. 특히 NTC 국가들은 회원을 늘리려는 노력과 함께, 별도의 대규모 NTC 국제회의를 개최하는 등 적극적으로 움직였다. 한편 국내에서는 과거 UR협상 주역(일본, EU)을 초청하여 차기협상을 대비하였다.

협상진행과 함께 동조국과는 결속을, 반대국에는 설득을 계속하다

시애틀 각료회의('99.11.30~12.3)가 실패로 끝났지만 농업분야에서는 수출보조를 제외하고는 어느 정도 의견이 모아지고 있었기 때문에, 2년 후의 차기 각료회의까지 제네바에서의 정기회의를 위한 각국의 움직임은 2천년 새해 들어 바빠질 수밖에 없었다. 특히 시애틀 회의의 마지막 단계에서 동조국(한국·일본·스위스·노르웨이)과 협의 없이 미국과 공동제안을 내놓은 EU와 관련해 더 이상 NTC 그룹에서 떨어져 나가 않도록 노력해야 한다는 필요성이 대두되었다. 특히 필자와 일본 농림성 하야시 국제부장은 가능한 EU와 자주 접촉하기로 하고 그 결과를 제네바 농업위원회 등 회의에 앞서서 양자 간에 사전협의를 갖도록 약속하였다.

필자는 2000년 1월 하순 인도 뉴델리에서 열리는 아시아·아프리카 농촌재건기구(오늘날 AARDO) 총회('01.1.22.~24)를 참석하고, 바로 브뤼셀로 건너가 EU농업총국의 David Roberts 부총국장을 만나(1.26. 10:00) 시애틀 각료회의 평가와 함께 향후 전망을 논의하는 한편, NTC 국가 간의 협의를 더욱 강화해 나가기로 합의하였다. 특히 그는 기존의 NTC 5개국에 더하여 전형적 개도국인 아프리카의 섬나라 모리셔스(Mauritius)를 포함할 것을 제안하였다. 그러지 않아도 한국의 개도국 지위를 반대하는 국가들이 많아 고민이었던 우리로서는 그룹에 진정한 의미의 개도국이 들어오는 것은 환영할 일이었다. 그 날 오후(13:00)에는 그의 전임자인 Rolf Molher를 만나 시애틀 회의 전에 그가 내린 예측을 높이 평가하고 차기협상의 향후 전망 등을 논의하였다. 다음날(1.27)에 바로 제네바로 가서 WTO의 Rodriguez 제2차장(15:00)과 F. Wolter 농업국장(16:00)을 만나 앞으로 농업위원회의 운영방안을 문의하고 다시 한 번 우리의 입장을 강조하였다.

그리고 제네바 방문 한 달 후인 2월 27일에는 도쿄를 방문하여 하야시(林)부장(2.28. 10:00)과 구마자와 심의관(熊澤, 11:00)과 만나 향후 대응방안을 협의하였다. 이 자리에서 하야시 부장과는 앞으로의 회의에서 한·일이 식량안보에 관한 공동제안을 하기로 합의하였다. 특히 양국은 환경, 경지규모, 쌀이라는 주곡(staple food)의 높은 의존도, 유사시의 낮은 식량자급율, 순수입식량국이라는 공통점을 갖고 있는 점을 들어 두 나라가 분담하여 제안서를 작성하기로 하였다. 실제 이 공동 작업에 의한 결실은 노르웨이 울렌스방(Ullensvang)에서 개최된 NTC Conference('00.7.1.~7.4)에서 공동으로 작성 발표하고 그해 말 파리에서 열린 WTO주관 회의(12.5~12.6)에서도 발표함으로써 이루어질 수 있었다. 그날 오후에는 Azuma(東)일본 국제협력단 부총재(전심의관)를 만나 새로운 다자협상(New Round)의 향후 전망(14:00)을, 일본 시사통신의 가루베(經部) 차장("미·일 쌀협상"의 저자)과는 협상동향 논의와 함께 그동안 그가 취득한 비밀에서 해제된 미국의 내부문서 사본을 얻기도 하였다.

그리고 필자는 다시 3월 22일 열리는 WTO 농업위 참석을 위해 먼저 3월 19일 워싱턴으로 가서 우리와 계약한 A&H사의 슈로터 전 해외농업처장(3.19. 17:00)과 만나 미국의 최근 동향을 설명듣고, 3월 20일에는 농무부 Shoemaker 차관(10:00), Galvin 담당관(12:00)을 차례로 만나 앞으로의 전망과 양국의 입장을 주고받았다. 오후에는 그해 초에 퇴직하여 한 로펌에 근무하고 있는 Graig Thorn 전 제네바 주재 참사관도 만나 미국 동향과 향후 전망을 논의하였다.

이어서 3월 21일에는 워싱턴에서 바로 제네바로 건너가 먼저 하야시 부장(15:00)과 그동안의 양국의 활동 내용과 앞으로의 NTC 그룹의 운영방안을 협의했다. 그날 밤에는 필자 주관으로 NTC 6개국 국장 만찬(Masion de Coree) 모임을 가졌으며, 동 모임에서는 22일과 23일의 농업위원회 운영방안, 공동대응 방안을 논의하고 특히 EU가 추천한 모리셔스를 새 회원으로 받아들이는 한편 차기 농업위원회(6.29~30)후 노르웨이에서 대규모의 NTC에 관한 국제회의를 갖기로 하였다. 그리고 3월 22일의 농업위원회와 3월 23일의 특별회의를 끝내고 사전에 전 회원국에게 공지한 NTC 확대모임(18:00, WTO Room A)을 갖고, 참석한 대표들에게 6월 농업위원회 회의 직후 7월초에 노르웨이의 울렌스방에서 NTC 국제회의(International Conference on NTC)가 개최됨을 알리고 적극적으로 참가를 요청하였다. 그리고 그날 밤 늦게 NTC 핵심 5개국(한·일·EU·스위스·노르웨이)국장이 다시 모여(20:00, 노르웨이 주관) 7월 노르웨이 회의의 비용 분담과 회의진행에 대하여 논의하였다.

먼저 회의비용은 자발적인 분담으로 하면서 EU, 일본, 스위스는 각 4만달러씩 갹출하고, 한국은 2만달러를, 그리고 개최국인 노르웨이는 회의장 운영, 공항이 있는 Bergen에서 회의장인 울렌스방까지의 교통편의 등을 제공하기로 하였다. 한편 각국은 분야별 주제를 작성하여 발표하는 것도 결정하였다. 특히 최빈개도국이 참여를 원할 때에는 일부 참가비용을 부담하는 것도 결정하였다.

노르웨이의 소도시 울렌스방에서 NTC 국제회의를 개최하다

6월 27일 필자를 위시한 대표단(필자, 이명수 제네바 대표부 농무관, 국제협력과 김종철 서기관, 제4의제 공동작성자인 농촌경제연구원 이재옥 실장, 외교부 자문관인 곽노성 동국대 교수 등5인)은 서울을 떠나 제네바에 도착하여 6월 28일부터 30일까지 농업위에 참석하여 농업의 다원적기능(NTC), Peace Close, SSG(Special Safe Guard)에 관한 논의를 하였다. 필자는 6월 28일 오후에 하야시 부장을 만나 사전협의를 하는 한편, 저녁에는 노르웨이 국제회의에 관한 최종점검을 위해 NTC 6개국 대표 만찬(19:30, Inter Con. Hotel)에 참여했다.

6월 29일 농업위회의에서는 의제인 SSG(Special Safe Guard)에 관한 논의가 있었으며 필자는 별도로 오전(09:00)에 Wolter 농업국장을 만나 NTC 국제회의 개최를 알려 주고, 6월 30일 오찬에는 A&H사의 Dabagi 대표를 만나 미국의 최근 동향을 듣는 한편, NTC 국제회의에 관한 우리의 계획도 설명 해주었다. 대표단 일행은 그날 저녁(19:20)에 항공편으로 노르웨이의 Bergen으로 가서 일박한 후 7월 1일 노르웨이 정부가 제공한 버스로 회의장소인 소도시 울렌스방으로 향했다.

회의는 7월 2일에 개최(09:00)하여 오전에 두 세션, 오후에 두 세션을 진행하고 7월 3일 오전에 나머지 두 세션을 하는 총 6개 의제로 진행되었다. 각 의제별 제목, 발표, 사회, 토론은 다음과 같다.

주제	제목	발표	사회	토론
Session 1	Specific characteristics of agriculture and the need to treat agriculture separately within WTO	Switzerland	Norway	Venezuela, Israel
Session 2	Agriculture's contribution to rural development	EU	Japan	Poland, Madagascar
Session 3	Food security and the domestic agricultural production	Japan & Korea	Swiss	Egypt & Estonia
Session 4	Agriculture's contribution to environmentally and culturally related non-trade concerns	EU	Korea	Morocco, Jamaica & Cyprus
Session 5	Developing countries and non-trade concerns	Mauritius	EU	Barbados & Sri-Lanka
Session 6	The need for flexibility in national policy design to address non-trade concerns	Norway	Mauritius	Bangladesh & Slovenia

특히 제3 세션에서는 한국과 일본이 공동 작성한 식량안보와 국내농업생산의 역할에 대한 발표가 있었다. 동 세션은 하야시 부장과 이재옥 농촌경제연구원 국제실장이 발표하였고, 이를 스위스 대표인 바세샤(Wasecha) 대사가 의장으로 진행하였으며 필자는 제4 세

션인 "NTC 관련 환경, 문화적 농업의 기여"에 대한 EU 발표를 의장으로서 주관하여 토론을 통해 결론을 이끌어 내었다.

이 회의에는 주관하는 6개국 외에도 34개국이 참여하였으며 특히 프랑스, 아이슬란드, 헝가리, 체코, 이스라엘 등 선진국뿐 아니라 경제전환 중인 라트비아, 에스토니아 등 발틱 국가, 아프리카의 최빈개도국, 마다가스카르, 피지 등 섬나라로 구성된 개도국 등이 다양하게 참여하여 NTC에 대한 이해를 높였을뿐 아니라, 회의 결과를 WTO에 제출하여 농업의 비교역적인 다양한 기능에 대한 관심이 단순히 한국, 일본, EU 등 6개국에만 한정된 것이 아님을 보여주는 큰 성과를 거두었다.

특히 제2차 NTC회의를 다음해인 2001년 7월 모리셔스에서 개최하여 그후 NTC 6개국 그룹에서 10개국으로 참가국이 늘어나 NTC G10을 형성하는 계기가 되었다고 하겠다.

※ G10 : 그후 EU가 빠지고 아이슬란드, 불가리아, 이스라엘, 리히텐슈타인, 대만이 참여하여 한국, 일본, 스위스, 노르웨이의 10개국이 됨

2000년 8월 7일 개각으로 새로 부임한 한갑수 장관, FAO 지역총회에서 NTC를 강조하다

2000년 8월 30일부터 일본 요코하마에서 개최된 FAO 제25차 아·태지역총회에서 신임 한갑수 농림장관은 기조연설을 통하여 농업의 다원적 기능의 중요성을 강조하고, 이는 차기 WTO 협상에서 반드시 반영되어야 함을 강조하였다. 일본 등 상당수 국가의 장관들도 연설을 통하여 NTC를 강조하여 FAO 본연의 생산중시의 내용보다 차기 새로운 다자협상(New Round)을 강조한 경연장이 된 셈이었다. 한 장관은 8월 31일, 다니(谷) 일본 농림대신(17:00)과 만나 양국의 공조관계를 재확인하고 오후에는 바로 직전 농림대신이었던 나카가와(中川) 중의원(18:00)과도 별도로 만나 일본 의회 차원의 협조를 요청하자 적극 지원을 약속하였다. 물론 필자는 하야시 부장과 사전(8.26)에 만나 그 동안의 WTO 농업위의 진행사항을 평가하고, 앞으로 예정된 회의(9월, 11월)에서의 대응방안도 협의하였다.

필자는 다시 9월 25일 제네바로 가서 9월 26~28일에 열리는 우리나라의 TPRM(Trade Policy Review Mechanism 무역정책평가회의, 4년마다 열리는 특정 국가를 대상으로 하는 평가회의)에서 그동안의 우리의 무역정책에 대한 투명성 등의 성과를 설명하고 각국의 질의에 응답하여 이를 무사히 마쳤다. 이어서 열린(9월 28~29일) WTO 농업위에 참석하였다. 특히 일본의 구마자와 심의관(9.29. 12:00~), 프랑스 제네바 농무관 Pemm(9.30. 08:00~)을 만나 그동안의 평가와 전망을 논의하였다. 특히 프랑스는 EU 농업의 중심에 있어 EU정책결정에 핵심적 역할을 하기 때문에 항상 프랑스의 견해를 아는 것이 아주 중요하였다.

그리고 2000년 마지막 농업위원회가 되는 제네바 회의(2000.11.15.

~11.16)는 향후 도하 각료회의(2001.11)까지의 Work Plan(작업일정계획)을 위한 것으로 아주 중요하였다.

필자는 먼저 일본의 하야시 부장(11.14. 12:00~)과 만나 전반적인 전략을 논의하고 NTC 6개국 국장모임(18:00~)에서는 12월 5일부터 12월 6일까지 파리에서 열리는 WTO 농업과 개도국에 관한 국제회의에서 NTC 국가 장관회의를 하기로 하였다. 그리고 11월 15~16일 열린 WTO 일반 농업위원회에서는 한해 동안의 논의내용을 종합하는 회의가 되었다.

NTC 그룹의 국장들은 11월 16일 다시 한 번 모임(20:00~, 일본 주관)을 갖고 12월 NTC 장관회의와 향후 대응 방안을 논의하였다. 한편 우리는 미국의 요청에 따라 한·미 양자 협의(11.16. 18:00~)를 갖고 각국 입장을 서로 설명하고 확인하는 기회도 가졌다. 필자는 별도로 A&H사의 Dabagi 대표와 Shoeroter 전 처장(11.17. 19:30~)을 만나 미국 동향과 전반적인 움직임을 청취하였다.

NTC 장관회의(2000.12.5.~12.6, 파리)로 결속을 강화하다

노르웨이의 울렌스방에서의 성공적인 NTC Conference에 이어 프랑스 파리에서 WTO Conference(2000.12.5.~12.6)를 계기로 NTC 국가의 장관들이 모여 결속을 한층 강화하게 되었다.

필자는 회의 전에 먼저 파리로 가서 12월 5일에 일본의 하야시 부장(11:00~)을 만나 전반적 동향과 회의 운영방향을 논의하고, 오후에는 NTC 국장회의(15:00~)를 가졌으며, 다시 모리셔스 주관의 만찬(19:00~)에 참석하였다. 특히 그 자리에서 제2차 NTC Conference를 모리셔스의 주관(사실 노르웨이 회의 시 모리셔스는 재정적 부담을 하지 않았다) 제안에 모두 동의하였다. 또한 한국과 일본도 3차 회의를 서로 주관할 의사가 있음을 밝히기도 하였다.

그리고 12월 6일 15:00시에 열린 장관회의(EU, 노르웨이는 장관, 한국, 일본은 차관 참석)에서는 향후 협상과정에서의 긴밀한 공조를 합의하였다. 본 회의를 전후하여 다각적인 양자회담도 있었다. 한국의 김동근 차관은 일본의 정무차관 야스(安) 의원(개각중이어서 장관 불참)과 만나(12.6. 09:00~) 양국 간의 긴밀한 공조를 재확인하고, EU의 Fischler 농업담당 집행위원(11:~)과는 양국 간의 국내보조 정책의 유사성과 차기 협상에서의 공동대응이 여러 면에서 가능하다는 인식을 같이 하였으며, 저녁(18:00~)에는 회의에 참석한 Moore WTO 사무총장과도 만나 차기협상 동향 논의와 함께 한국의 입장을 전달하였다.

이와 같은 NTC 각료회의는 수출국 모임인 케언즈 각료회의에 맞서 NTC 국가들의 결속력을 보여주는 계기를 마련했다고 할 수 있다. 사실상 본회의(Conference on the WTO Negotiations Agriculture and Developing Countries)에서는 개도국에게도 발표의 기회를 주었으며 방글라데시와 EU가 시장접근(Market Access)에 관한 발표를, 프랑스가 특별 및 별도취급(Special and Differential Treatment)

을, 일본이 식량안보와 농업생산의 역할(Food Security and the role of domestic agricultural production)을, 독일이 농업의 다원적 기능(Multi-functionality of agriculture)에 관한 내용으로 발표하였다. 특히 일본 하야시 부장이 발표한 내용은 지난 7월 3일 노르웨이에서 한국과 일본이 공동 발표한 내용이었다.

UR협상의 주역인 일본 시와쿠 전 심의관과 EU의 Moehler 농업총국 전 부총국장을 초정, 차기협상을 전망하다

2000년 11월 28일 농림부는 한국농촌경제연구원이 주관하는 「차기 WTO 농산물협상의 전망과 대응」이라는 주제로 세미나를 개최토록 요청하여 필자가 추천한 일본의 시와쿠 지로(鹽飽二郎) 전 농림성 대외담당 차관급 심의관과 EU의 전 농업총국 부총국장 Rolf Moehler 박사를 초청하였다.

먼저 시와쿠씨는 「UR농업협상의 특징과 차기협상 전망」이라는 발표에서 UR협상의 특징으로 ① 시장접근, 수출보조, 국내보조의 3분야에 걸친 포괄적인 국제 농업무역의 규율을 확립했고, ② 실시기간 6년(개도국 10년) 종료 후 차기협상에서 농정개혁의 계속을 합의했으며, ③ 합의성립 조건은 보조금 전쟁, 재정부담, 냉전붕괴, 7년 반의 협상과 과거 GATT협상의 누적효과를 가져 왔다고 하였다.

또한 그는 차기 협상에서 고려해야 할 점으로 ① 강력한 국내연대의 필요성 특히 농업 관련단체뿐 아니라 비농업단체의 대다수와의 연대를 강조하고, ② 동조국가와의 강력한 연대가 중요하며, ③ 의장단(드쥬, 헬스트롬, 던켈 Paper 등)이 제시하는 안과 각 초안 작성과정에서의 사무국과의 관계에 주목해야 한다고 하고, ④ 책임 있는 정치지도자의 의사결정이 중요함을 강조하였다. 특히 한국의 김영삼 대통령이 협상의 최종단계에서 발휘한 높은 정치적 지도력을 목격했다고 하였다('93.12.7. 김영삼 대통령의 클린턴 대통령과의 직접통화로 쌀에 관하여 일본보다 많은 차이의 결과를 얻은 것을 지칭하는 것이다) 시와쿠씨는 필자와 여러 차례 가진 사석에서 이 내용을 몇 번이고 강조하였다. 특히 그는 그날 강연에서 자신은 UR 협상 후 결과에 대하여 일본 국내에서 크게 비난받았으며 마치 전쟁 범죄자처럼 취급 받기도 하였다고 하였다. 그러나 일본정부는 그를 각의의 특별결정으로 공무원 정년연장을 하여주어 UR 협상을 끝내도록 하였을뿐 아니라, 퇴직 후에 일본농수산업협동조합 저금보험기구 이사장(당시직책)으로, 이어서 일본 축산물유통사업단 이사장으로 중요한 자리를 계속 주어 대우해 주었다.

두 번째 연사인 Rolf Moehler 박사(전 EU 농업총국 부총국장)는 「WTO차기 협상에서 미국과 EU의 협상전략」이라는 주제로 발표하였다. 그는 먼저 EU는 수출경쟁, 생산제한하의 직접지불(Blue Box) 식품의 질에 대한 분야별 제안을 하였다고 하고 EU의 입장은 보다 시장개방을 추진하면서 공동 농업정책 하의 유럽 농민에 대한 지원을 지속하는데 우선적 관심을 갖는다는 전략이라고 설명했다. 특히 EU는 수출보조분야에서 감축하는 데는 동의하지만 철폐는 어렵다고 언급하며, 이 분야가 미국·케언즈 국가들과 가장 크게 부딪치는 분야임을 강조하였다. 또한 환경보호, 농촌개발 촉진, 동물복지 등에서의 다원적 기능의 중요성을 강조했다(이점에서 한국·일본 등과 NTC 그룹 형성으로 이어졌음 : 필자 주).

한편 미국은 EU의 제안과는 크게 차이가 나고 있었다고 하며, 특히 관세의 대폭 감축, TRQ의 확대, 수입독점과 특별긴급구제조항 철폐 등 수출을 위한 시장접근 확대에 최우선 전략을 둔다는 점을 지적하였다. 또한 수출보조의 단계적 철폐 주장은 EU와의 큰 차이를 두고 있을뿐 아니라, 국내보조에서도 사실상 자신들의 실제 지원 수준은 그대로 유지하기를 원하고 있다고 하였다.

여기서 문제가 되는 두 나라의 큰 차이는 새로운 의제(New Issue)로서 EU는 식품안전, 지리적표시, 동물복지, 원산지표시 등이며 농업의 다원적 기능(Multi functionality), 즉 NTC는 새로운 의제이기 보다는 국내보조의 정당성을 유지하려는 의도로 보아야 한다고 하였다. 한편 미국은 GMO 농산물은 과학적으로 입증되었다고 하면서 정당성을 인정받으려고 하는 등, 두 나라간에는 차이점이 존재하며 특히 EU의 동물복지규정은 다른 나라들이 따르기 어려운 점이 있어 이러한 새로운 의제가 차기 협상에서의 걸림돌로 예상된다고 하였다.

그러나 EU와 미국 두 나라 모두 포괄적인 다자협상 라운드를 선호하는 점과 두 나라의 협상이 라운드의 성공적인 결말을 위한 선결 조건임을 감안한다면, 전략의 양립 가능성은 협상 성공의 중요한 역할을 하기 때문에 양국의 전략 수정이 불가피하다고 본다고 하였다. 그러나 이제는 협상의 성공이 UR과 같은 기존의 협상 결정방식에서처럼 미국과 EU만의 타협만으로는 불가능하다고 생각한다고 언급하면서, 즉 케언즈 그룹도 중요한 당사자이며, 개도국의 영향도 크다고 본다고 하였다. 그렇지만 일본의 시와쿠, 한국의 최용규 국장 그리고 EU의 자신이 UR에서 한 것처럼 우리의 협상가들도 성공에 대한 강한 의도와 정치적 의지, 기술, 그리고 약간의 행운을 가지고 협상을 성공시킬 것으로 확신한다고 하였다.

실제 Moehler 박사는 은퇴 후 EU가입을 앞둔 동구권 국가들의 자문을 하면서 지내고 있었으며 필자가 브뤼셀을 방문할 때마다 항상 예리한 평가와 조언을 해주곤 하였다. 특히 시애틀 회의 전에 만났을 때 당시 대체로 타결 가능성이 높다는 견해가 많았음에도 시애틀 각료회담이 실패할 것이라는 그의 예리한 전망은 지금도 필자의 뇌리에 선명하게 남아 있다.

11. 한·칠레 자유무역협정(FTA)과 WTO 도하개발어젠다(DDA) 협상의 시작

WTO의 출범이후 농산물 수출국 중심으로 각국은 UR의 성과가 미흡하다고 보아 이와 같은 장기간의 시간과 의견조율이 필요한 다자간(多者間, Plurilateral) 방식보다는 소수의 복수국간 또는 양자간(bilateral) 협상 방식의 자유무역협정(FTA, Free Trade Agreement)의 추진을 선호하기 시작하였다. 우리나라도 '98년에 처음으로 칠레와 자유무역협정을 추진하였다. 한편, 새로운 WTO협상의 시작인 '01년 11월 도하개발어젠다(DDA, Doha Development Agenda)의 출범은 우리 농업에 또 다른 시련을 예고하고 있다.

외교통상부, 특히 칠레와 주요국 FTA를 우선 추진하다

'98년에 들어와 외교통상부는 관계부처와 사전 협의 없이 주요국과 FTA를 국내연구기관(KIEP)의 연구를 통하여 추진하여 왔던 것이다. 그리고 '98년 10월 31일 대외경제조정위원회 실무위원회(국무조정실장 주재, 김동태 농림부 차관, 유병린 통상협력과장 참석)에서 "주요국과의 자유무역협정추진 계획"을 안건으로 내놓고 먼저 칠레와 시작하겠다는 안을 제시하였다. 특히 칠레는 지리적으로 멀리 있고 계절이 우리와 반대여서 농산물 수입이 늘어나기 어렵다고 보아 첫 상대로 칠레를 선정하였다고 밝혔다.

이에 농림부 차관은 우리나라는 농산물 관세가 높으나(평균 63%), 농산물 수출국인 칠레는 아주 낮은 점과, 우리의 관세구조가 할당관세(TRQ) 등 이중구조일 뿐 아니라 국영무역 등 다양하고 복잡한 반면, 칠레는 관세가 단순하여 두 나라가 일률적으로 조정하는 데 어려움이 있다고 하여 강하게 반대하였으나 외교통상부는 '98년 11월 5일 열린 국무총리(김종필) 주재 대외경제조정위원회(재경, 농림, 문화, 산업, 건설교통부장관, 외교통상부 통상교섭본부장, 국무조정실장, 청와대 정책기획수석 등)의 제1호 안건으로 올려 원안으로 통과시켰다.

이 회의에서도 김성훈 장관은 "중장기적으로 자유무역협정체결은 우리의 농업부문에 부담이 되며, 특히 칠레는 케언즈 그룹의 일원으로 칠레와 FTA를 체결할시 다른 국가들도 동등한 요구를 해올 것이 예상되어 앞으로의 WTO 협상을 앞두고 바람직하지 못할뿐 아니라 국내 정치적으로도 상당한 부담이 되므로 더 충분한 연구가 필요하다"고 언급하였다. 한편 재경부 장관 역시 칠레와의 FTA는 큰 효과가 없을 것임을 지적하고, 오히려 중국 및 일본과의 교역 확대가 필요하다고 하였다. 그러나 외교부는 칠레가 중남미 교두보라고 주장하고 이에 산자부까지 강력히 요청함으로 총리가 "농업부문의 어려움을 배려하는 조건"으로 한번 시험해 보자고 결론을 내어 이 회의에서 한·칠레 FTA 추진이 정부의 입장으로 공식화 되었다.

외교통상부는 대외경제조정위원회 결정('98.11.5) 후 열흘 정도 지난 말레이시아 APEC 정상회의('98.11.17)에서 관련 내용을 한·칠레 양국정상회담의 의제로 올려 두 나라 사이의 FTA협상을 위한 준비회의를 조속히 칠레 산티아고에서 갖기로 합의하였다. 그리고 '98년 12월 2일 산티아고에서 공식협상을 위한 실무준비 회의가 열리고, '99년 4월과 6월 사이 두 차례의 정보교환 회의(서울, 산티아고)가 열리는 등 급속히 진전되었다. 그리고 '99년 9월 뉴질랜드에서 열린 APEC 정상회의에서 양국 정상은 공식협상의 개시를 합의하였다.

대내외 여건에서 가장 어려움을 겪는 것은 또 다시 농업부문이 되었다

우루과이라운드 등 WTO의 다자간협상이 점차 장기간(UR의 경우 7년 반 소요)이 소요된 점, 다양한 회원국의 의견 조율이 어려운 점 등을 들어 점차 소수의 복수국가간 또는 양자간협상(FTA)을 선호하면서 미국·캐나다·멕시코 간의 NAFTA(북미자유무역협정) 합의, EU

의 양자 FTA 추진 등으로 세계 경제의 추이가 다자에서 복수국 또는 양자로 전환하는 추세에 맞추어 국가경제의 대외 의존도가 높은 우리나라로서는 이를 추진할 필요성이 제기되는 것 또한 불가피하게 된 점은 이해할 수 있다.

그리고 상대국이 우리에게 공산품 시장을 내어 주게 되면 자국의 경쟁력 있는 농산물 수출을 위하여 우리 농산물 시장의 개방을 요구하게 되는 것 역시 필수적이다. 특히 우리의 농업부문은 이미 '93년 우루과이라운드(UR) 협상에서 큰 홍역을 치렀고, '95년 APEC 오사카 정상회의에서 농업부문 조기 자유화 문제를 겨우 해결한지 얼마 지나지 않은 시점에서 또다시 한·칠레 FTA라는 커다란 장애물을 마주하게 된 것이다.

농업협상팀은 이중, 삼~사중의 외부협상과 내부협상을 병행해야만 했다

일반적으로 협상을 분류하는 방법 중 하나로 외부협상과 내부협상이 있다. 한·칠레 FTA협상을 예로 들어 보면, 먼저 국내의 내부협상의 하나로 외교통상부, 재경부, 산업부와 우리의 입장을 결정하는 협상이 있다. 이들 부처들은 가급적 상대국과의 협상이 조기에 원만하게 끝나기를 원한다. 그러기 위해서는 농림부가 어느정도 양보하기를 바라며, 그 결과를 가지고 상대국과 직접 밀고 당기는 외부협상을 하게 되는 것이다. 물론 상대국과의 외부 협상도 농림부가 주도하는 경우가 대부분이다.

사실 국제농업국의 협상 팀에서 가장 어려운 협상은 부내 관련부서와 농민들과의 내부협상이다. 먼저 국제협상 팀은 부내의 관련분야(예: 원예특작, 식량, 축산 등)와 협상을 하게 되는데, 즉 부내의 입장 그것도 어느 정도 양보를 정해야 하는 협상과정이 있다.

그리고 마지막 단계의 내부협상 즉 농민 또는 관련 피해예상 단체들과의 협상이 있다. 실제로 우리에게는 이들이 가장 어려운 협상상대인 것은 틀림없으나 그 결과는 순조롭지 못하고 거의 파행으로 끝나는 경우가 대부분이다. 주로 정부가 농민들에게 양보만을 요구 해야하기 때문이다.

특히 부내 관련부서는 대 농민(단체) 설득을 대체로 협상팀에게 미루는 경우가 많다. 따라서 국제농업국장인 필자가 직접 대 농민 또는 단체 앞에 나서는 경우가 적지 않았다. 이들과의 여러 차례 만남을 통하여 주요 품목은 끝까지 지키도록 하겠다고 하고, 피해가 예상되는 품목에 대해서는 보상과 함께 장기적인 보호 조치도 함께 추진하겠다는 약속을 해야만 하였다.

한편 상대국과의 협상은 협상구도가 실무대표의 수석대표를 외교통상부의 다자통상국장이 주로 담당하여, 필자가 참석하지 못하고 통상협력과장이 맡았다. 그러나 국내의 관계부처 회의(외교통상부 1급인 외정실장 주재)에는 필자가 대부분 참석하여 우리의 입장을 설명하는 경우가 대부분이었다. 많은 경우 부처간 특히 외교부와의 의견이 달라 잦은 마찰도 있었으며 때로는 고성이 오가는 경우도 빈번하였다.

특히 필자는 말레이시아 APEC 정상회의('98.11.17 FTA 준비회의 결정)와 뉴질랜드 APEC 정상회의('99.9. 공식협상개시)에서의 양국 정상간 회의대화 녹취록을 끈질기게 요구하였다. 대화록을 보게 되면 FTA가 어느 국가 주도로 진행되었는지를 알 수 있을뿐 아니라, 이를 통해 우리 외교통상부의 실제 의도를 파악하기 위함이었으나 외교통상부는 끝까지 내놓지 않았다. 이와 같이 국내 대책회의가 필자와 잦은 마찰을 빚게 되자 외교통상부는 회의 주재를 청와대 경제비서관에게 맡기고, 청와대는 몇 차례의 회의에서 필자와 외정실장과의 잦은 마찰을 보자 회의 자체를 관련부처 1급 회의로 상향 조정('01.1.12.)하여 자연히 강성인 필자의 참석을 막게 하는 효과를 얻게 되었다.

사실 필자의 부처간 협의에서의 강경발언은 다소 의도적인 면이 있었다. 우리로서는 처음 시작하는 FTA라 여기에서 농업이 많은 부분을 양보하게 되면, 앞으로 계속 있을 다른 나라와의 FTA에서도 최소한 그와 동등하게 해주거나 그 이상을 내어 주어야하기 때문이었다.

다른 한편 필자는 실무진에게 철저한 사전 준비와 함께 다른 나라들의 FTA 사례들을 면밀하게 연구하도록 하였다. 그 중 가장 두드러진 성과가 "DDA 협상 이후에 논의"하자는 카테고리를 찾아낸 것이다. 이는 1997년 EU·멕시코 FTA를 원용한 것으로써, 우리가 칠레와 최종합의를 하던 당시에는 New Round인 DDA 협상이 곧 2~3년

내에 끝날 것으로 예상되어 칠레가 우리의 주장을 쉽게 받아들였던 것이다. 이 중에는 고추·마늘·양파 등 우리의 주요 품목(전체의 27%에 해당하는 391품목)들이 동 카테고리로 분류되어 제외하였는데, 실제로 DDA협상은 근 20년이 지난 아직까지 합의를 보지 못하고 있어 그동안 우리에게는 상당수의 품목이 실질적 예외가 되었다. 결과적으로 보면 칠레에게는 커다란 실수였으며 우리에게는 "신의 한 수"가 된 셈이었다.

※ 1997년 합의된 EU/멕시코 농산물 FTA 양허내용 중 EU의 총 2,137품목(HS 8단위)중 599품목(28.0%)이 차기 WTO협상 이후 논의

4차 협상에서 일부 진전을 보이다

'99년 4월과 6월의 잇따른 정보교환 회의(서울, 산티아고), '99년 12월 1차 협상, 3차 협상(2000.5. 산티아고) 후 브루나이 APEC 정상회의에서 (2000. 10) 양국 정상이 다시 협상의 조속 추진에 합의한 후, 4차 협상(2000.12.12~15, 서울 유병린 통상협력과장)이 있었다.

우리는 완전 예외 품목(쌀, 사과 등) 및 상당수 품목과 관련해 WTO 이후 논의를 주장하였고, 칠레측은 일정기간 내의 완전자유화를 요구하였다. 우리는 기존의 미제시 품목 중 유채, 닭고기, 건포도 등 37개 품목은 5년 50% 감축안, 신선채소, 돼지고기, 과실, 채소주스 등 163개 품목은 10년 50% 감축안을, 포도(1~5월), 키위(6~8월), 살구(9~4월), 복숭아(1~4월), 자두(10~4월) 등 5개 품목은 계절관세 품목으로 하는 일부 개선된 안을 제시하였으나 칠레측은 10년

내 전 품목 자유화 주장(관세철폐)을 굽히지 않았다. 한편, 칠레측은 우리에게 자국의 관심품목의 축소(463개→263개)를 제시하고 2001년 3월 이내로 5차 협상을 개최하자고 하고 그 협상에서 타결할 것을 제안하였다. 그들이 줄여준 관심품목 대부분이 우리에게는 예외로 하고 싶은 주요품목들 이었다.

표 1. 칠레 측 제시 관심품목

관세유형	주요 관심품목
단일관세품목(229개)	사과, 포도, 쇠고기, 닭고기, 포도주 등
이중관세품목(34개)	분유, 마늘, 양파, 오렌지, 옥수수, 대두 등

* 자료 : KREI 한-칠레 FTA 백서

특히 칠레측이 요청한 3월 말까지의 협상시한을 놓고 국내 관계부처회의('01.1.12)에서 우리와 외교통상부의 의견이 갈렸다. 외교부는 조기타결을 희망하여 협상시한을 3월 말로 정하자고 하고, 농림부는 협상시한을 정하는 것은 협상이 졸속으로 끝날 우려가 있음을 주장하였다.

한편 농림부는 별도로 칠레 농수산물 유통조사단('01.2.7~18)을 파견하여 생산, 수출실태를 조사하여 양질의 농산물 특히 과실의 수입 가능성이 크다고 보는 보고서를 작성하였으며, 실제 일부 칠레산 생과실을 직접가지고 와서 관계부처 장관회의('01.2.23) 석상에서 시식회까지 하는 등 한갑수장관은 적극적으로 참석한 장관들을 설득하려고 하였다. 그 결과 이 회의에서 우선 34개의 이중관세품목에는 관세할당(TRQ)으로 조정하여 그 물량에 한하여는 무관세로 진행하자는 칠레 측 요구를 수용하고, 나머지는 기존 관세 대로하는 안으로 결정하였다.

농림부는 이 5차 협상을 위한 경제장관회의('01.2.23)를 하루 앞두고 농업생산자 단체협의회('01.2.22)와 회의를 열고 설득에 나섰으나, 참석자들은 그 자리에서 한·칠레 FTA 반대를 선언하고 자리를 박차고 나갔다 그리고 3월 2일에는 10만 농민 궐기대회가 열렸으며, 3월 5일에는 정부과천청사 앞에서 대규모 시위를 갖고 청사진입을 시도하는 등 과격하게 행동하였다.

이에 대한 직접적인 설득 또한 국제농업국장인 필자의 몫이었다. 필자는 청사 안내실에 모인 농민 대표들에게 주요 품목은 예외로 하고, 피해보상, 지원계획을 반드시 실시하겠다고 다시 한 번 약속하였다. 필자의 적극적 설득과 솔직한 모습 때문인지 농민들이 다소 누그러져 청사 진입 등 큰 충돌 없이 끝나기도 하였다. 필자의 한·칠레 FTA협상에 대한 역할은 여기까지였다. 2001년 5월 7일 필자는 산림청 차장으로 발령받아 드디어 20년 가까운 농업통상의 업무에서 벗어나게 되었다.

농업인의 강경한 반발 속에서 한·칠레 FTA 합의하다

2000년에서 2001년에 걸쳐 농민단체들의 한·칠레 FTA 반대는 계속되었으며, 2001년 8월 14일에는 전국 농민단체협의회 명의로 "한·칠레 FTA 농업부문 제외 요청" 제하의 대통령께 드리는 긴급 건의문을 채택하는 등 조직적인 반발이 계속되었다. 뿐만 아니라, 전국 농업경영인 중앙연합회에서는 전국 국회의원을 대상으로 "한·칠레 FTA 비준거부" 서약을 받는 운동을 전개하여 2000년 12월 18일까지 전국 172개 지역구 중 113개 지역구 의원과 전국구 3명의 의원으로부터 서명을 받아 내기도 하였다.

이와 같은 농업인의 강경한 반발 속에 협상이 다소 지연되다가, 한덕수 통상교섭본부장은 남미순방길(2001.6.1.~23)에 칠레를 방문(6.18~19)하여 칠레 외교부장관과 협의 후 가까운 시일 내 협상을 다시 추진하기로 합의하였으나 칠레의 총선이 '01년 12월에 예정되어 있어 '02년 초부터 협의할 것을 합의하였으며, 2002년 8월 20~23일 5차 협상에서 상당 수준 의견의 접근을 보이고, 2002년 10월 예정인 6차 협상을 앞두고 2002년 9월 11~13일의 제네바 협의, 10월 10~11일 국장급 실무협의에서 칠레산 신선 사과와 배를 제외하는 대신 반대급부로 한국산 세탁기, 냉장고 등 일부 품목도 예외를 하는데 합의하였다. 그리고 2002월 10월 18~21일 제네바에서 외교통상부 다자통상국장과 칠레 외통부 양자통상국장의 6차 협상에서 완전한 타결을 보았다. 이어서 우리 정부는 2002년 10월 24일 열린 대외경제장관회의에서 한·칠레 FTA 협상종결을 결정하게 되었다.

농업부문 협상결과

한·칠레 협상에서 우리의 주요 양허내용은 [표 2](한·칠레 FTA 양허유형별 주요 대상품목)와 같다. 여기에서 완전 제외 21개 품목(쌀, 신선사과, 신선배 등의 전체 2%), DDA협상 이후 논의 373개 품목(고추,.마늘, 양파, 참깨, 돼지고기, 감귤 등의 26%), 일부 TRQ를 제공하고 DDA협상 이후 논의 18개 품목(쇠고기, 닭고기, 자두 등의 1%) 등

표 2. 한 · 칠레 FTA 양허유형별 주요 대상품목

양허유형	대상품목	품목수(%)
제외	쌀, 사과(신선), 배(신선)	21(2%)
계절관세	포도(신선)	1
DDA협상 이후 논의	• 채 소 : 고추, 마늘, 양파, 참깨, 땅콩, 잎담배 등 • 곡 류 : 보리, 콩, 옥수수, 팥, 녹두, 땅콩 등 • 축산물 : 돼지고기(냉동도체, 설육), 오리, 분유, 버터, 치즈(신선, 커드 등) 등 • 과실류 : 감귤, 오렌지주스(농축), 파인애플, 망고 등 • 기 타 : 참기름, 참깨 등	373 (26%)
TRQ제공 DDA협상 이후논의	쇠고기(400톤), 닭고기(2,000톤 : 냉동, 조제저장), 유장(1,000톤), 자두(280톤), 만다린(100톤) 기타채소(100톤)	18 (1%)
16년내 관세 철폐(6년거치 10년 균등 철폐	• 조제분유 • 기타과실(건조), 혼합주스(사과, 포도, 기타과실) 등 • 차조제품 등	12 (0.8%)
10년 내 관세철폐	• 축산물 : 돼지고기, 양고기, 닭고기(미절단, 냉장) 등 • 채소화훼류 : 절화류(백합 등), 토마토, 당근 등 • 과실류 : 레몬, 건포도, 복숭아, 과실류(일시저장, 조제저장), 키위, 포도즙, 단감, 과일주스(오렌지-사과-복숭아) 등	197 (13.8%)
9년 내 관세철폐	기타 과일주스	1
7년 내 관세철폐	• 과실류 : 복숭아 통조림, 잼, 주스류(포도, 딸기), 봉숭아(조제저장) • 축산물 : 칠면조고기(TRQ 600톤 제공) • 곡 류 : 옥수수(종자), 완두-콩(냉동), 감자 등 • 채소류 : 기타채소(냉동), 균질채소 등	40 (2.8%) TRQ제공 6개 품목 포함
5년 내 관세철폐	• 축산물 : 말, 식용설육, 로얄젤리 등 • 화훼류 : 튤립, 백합, 장미, 난초, 카네이션 등 • 채소류 : 배추, 상치, 무 등 • 기 타 : 아몬드, 너트류, 커피 등	545 (38%)
즉시 관세철폐	• 축산물 : 종우, 종돈 등 • 곡 류 : 밀, 호밀, 귀리, 수수 등 • 기 타 : 당밀, 사탕무, 사탕수수, 커피 등	224 (15.6%)
합계		1,432 (100%)

* 자료 : 한국농촌경제연구원 외, 한-칠레 FTA 백서, 2004. 10, p. 135.

실제 예외나 다름없는 품목이 전체(1,432)품목 중 29%나 되었다.

이와 같은 한·칠레 FTA의 협상 구도(Frame)는 그 후 우리나라의 계속되는 다른 다라들과의 FTA 협상에서 본보기로 활용되어 한·아세안, 한·인도 FTA까지 비슷한 방식으로 이어졌다. 얼마나 첫 협상인 한·칠레 FTA 협상의 결과가 중요한 지를 단적으로 나타낸 사례라고 하겠다.

차기 WTO 협상에서 우리입장 반영을 위한 활동을 계속하다

한편 2001년 새해 들어 WTO 차기협상(2001.11, 도하 WTO각료회의 예정)을 위한 각국의 발 빠른 움직임과 제네바 중심의 핵심의제의 논의가 계속되었다.

한갑수 농림장관은 2001년 1월 12일 동경으로 가 지난해 9월 요코하마 FAO 지역총회시의 만남이후 다니(谷) 일본 농상과 재회하여, 차기협상에서의 긴밀한 공조체제를 재확인하는 한편 1월 22일에는 제네바로 건너가 Mike Moore WTO 사무총장과 만나 우리의 입장 개진과 함께 식량안보 등의 NTC가 반드시 반영되어야함을 강조하였다. 이어서 1월 23일 오후에는 프랑스 파리로 가서 EU 내에서 농업에 가장 영향력이 큰 프랑스 농업장관(Jean Glavany)을 만나 농업의 다원적 기능에 대한 WTO 반영 방안을 논의하고 지속적인 협조체제를 유지하기로 합의하는 등의 적극적인 활동을 하였다.

한편 필자는 그 후 장관 일행과는 달리 따로 미국 워싱턴 D.C로 날아가 1월 26일 새로 부임한 미국 농무부 해외농업처장 대리인 Ms. Sharpless를 만나 차기 협상 문제를 논의하고, 별도로 Gruef 국장 등 실무진과도 협의하였다. 또한 별도로 슈로터 전 해외농업처장, Thorn 전 참사관 등과도 만나 미국의 움직임과 차기 협상 전망등도 논의하였다.

그리고 3월 22일부터 열리는 WTO 농업위원회에 참석하여 3월 30일까지 비교적 장기간에 걸친 회의에서 그동안의 논의내용을 평가(Stocktaking)하고, 각종 의제에 관한 논의를 계속하였으나 워낙 의제의 수(19개)가 많고 각국의 입장 차이가 커서 좀처럼 의견의 일치를 보기 어려웠다. 또한 이와는 별도로 NTC 6개국 모임을 갖고 2001년 5월 28~30일 모리셔스에서 예정된 제2회 NTC Conference를 협의하였다.

그러나 필자가 2001년 5월 7일자로 산림청으로 발령을 받음에 따라 제2회 NTC회의는 후임인 이명수 국장이 참석하게 되었다.

※ 19개의제 : 관세, TRQ운용, 감축대상보조금, 수출보조, 수출신용, 수출세 및 수출제한, 국영무역기업, 식량안보, 식품위생, 식량원조, 허용보조, Blue Box, SSG, 환경, 무역특혜, 지리적 표시, 소비자 정보 및 표시, 분야별 자유화

WTO 차기협상인 DDA 협상 출범하다

필자가 국제통상부문에서 떠난 2001년 11월 제4차 WTO 각료회

의가 카타르의 수도 도하(Doha)에서 열렸으며, 그동안 실패에 따른 위기감에서 WTO는 차기협상을 하기로 합의하고 도하개발아젠다(DDA, Doha Develpment Agenda)라는 명칭으로 새로운 다자협상이 출범하였다. 세부 일정도 구체화하였으며, 국내보조, 관세, 수출보조의 감축에 관한 구체원칙(Modality)협상을 2003년 3월까지 도출하고, 2003년 예정된 제5차 각료회의(2003.10, 멕시코 칸쿤)까지 각국이 국별 이행계획서(C/S, Country Schedule)를 제출하고 2004년 말까지 협상을 종료하는 것으로 계획했다.

2001년 12월 7일 산림청에서 공직 생활을 마감하다

필자의 공직 생활 마지막 근무처인 산림청에서 7개월간의 근무(2001.5.7～12.7)를 마치면서 퇴임직전인 2001년 10월 29일 산림청 전 직원을 상대로 "국제통상여건 변화에 따른 한국임업의 대응"라는 제하의 다가오는 WTO 뉴라운드에 대한 임업분야의 대응방안을 약 2시간여의 퇴임 강연으로 제시하였다.

동 강의에서 특히 각종 국제협상을 통하여 타 분야에 비하여 상대적으로 높은 임산물의 양허수준, 일부 국내생산 품목의 낮은 관세허용으로 국내 생산이 저하되고 APEC의 부문별 조기 자유화에서도 높은 수준으로 참여한 점 등을 지적하고 다가오는 WTO 뉴라운드협상에서의 임업분야의 적극적인 대응 방안을 주문함으로서 필자의 공직생활을 마감하였다.

부록

통상 관련 기고, 발표와 연구

1. DDA 협상 FTA 관련 기고

최용규의 DDA진단 ①

DDA농업협상의 향방(2003. 03. 08)

제네바에 도착한 지난 달 26일 하늘은 잿빛을 띠었으며, 음산하고 싸늘한 날씨였다. 그리고 제네바를 감싼 레만호수는 바람 한 점 없이 잔잔하고 평화로워 보였다. 그러나 바로 그 호숫가의 WTO 본부 회의실에서는 연일 140여 개국 대표의 열기가 뿜어 나오고 있었다. 서로 자기가 옳고 상대가 틀리며 자기는 양보했는데 상대편은 양보를 않는다고 비난한다.

선진국과 개도국이, 수입국과 수출국이 농업개혁이 미진하니까 획기적인 조치가 필요하다고 주장하고, 개혁은 점진적으로 각국의 실정에 맞게 해야 한다고 하는 지난 2월 12일 발표한 협상방식(Modality)에 관한 1차 초안을 두고 벌이는 싸움인 것이다. 아니 어쩌면 세계 농업이 WTO에 편입된 95.1.1부터의 싸움의 연장선의 일부일지도 모른다.

다만 이번에는 DDA협상이라고 하는 시간을 정해 놓고 하는, 보다 짜여진 틀 속에서의 싸움일 뿐이다. 지난 2월 12일 밤 1차 초안을 받아든 나는 UR협상 때 던켈 텍스트(Dunkel Text;UR협정문초안)가 나온 1991년 12월 20일의 상황이 떠오르면서 그 당시와 아주 흡사하다는 예감을 지울 수가 없었다. 당시 던켈 텍스트에 대한 반응과 같이 이번의 초안내용이 수출국의 입장에 가까워 EU(유럽연합)·일본·한국 등 수입국들이 받아들일 수 없다고 크게 반발하는 점에서 그렇다.

던켈 텍스트는 그 이후 1년 가까이 별 진전 없이 소강 상태를 보이다가 마지막에(92. 11) 미국과 EU가 미국 워싱턴의 영빈관인 불래어하우스에서 합의(BHA;Blair House Agreement)를 한 것이 다음해 UR(우루과이라운드) 협상 타결(93. 12. 15)의 돌파구를 마련한 점이다.

이번 초안의 특징은 한마디로 관세와 보조금의 대폭 감축과 파격적인 개도국 우대를 들 수 있다. 전자의 경우 고관세와 높은 보조를 갖고 있는 한·일·EU 등 대부분의 수입국들이 불리하고 특히 한국은 개도국 지위를 유지하지 못할 경우 심각한 타격을 입을 것은 분명하다. 의장이 개도국 우대에 비교적 큰 특혜를 준 것은 이렇게 보고 싶다. 물론 UR 이후 개도국의 입지가 커졌을 뿐 아니라 특히 99.12 시애틀 각료회의 실패 원인 중 하나가 개도국의 반발 때문임에 비추어 누구도 개도국을 우대하자는 데 반대할 입장에 있지 않은 점도 있다. 그러나 의장은 현재 협상구도가 수출국·수입국·개도국의 3각 대립에서 일단 가장 말이 많고 다수인 개도국에 특혜를 줌으로써 협상력을 약화시켜 협상구도를 수입국과 수출국의 대립구도로 단순화하여 타결 가능성을 높일 수 있다고 본 때문일 것이다. 어떻게 보면 궁극적으로 UR과 유사한 EU와 미국의 대립구도를 상정했을지도 모른다. 미국·EU와 같은 메이저 플레이어(major player)들은 타협점을 찾는 데 명수일 뿐 아니라 항상 합의를 이루어 낸 전력들을 갖고 있기 때문이다.
이들은 저들만의 협상을 통해 자국의 이익을 가장 많이 챙길 수 있어 그런 방법을 은근히 기대하기도 한다. 가장 우려하는 것은 UR 때와 같이 또 다른 강대국 간의 합의인 BHA가 있어서는 안 된다는 점이다. 그럴 경우 소수 의견이 될 여타 국가의 이해 즉 우리의 이해가 무시될 소지가 크고 반영된다 하더라도 최소한으로 제한되기 때문이다.

결국 Dunkel Text는 큰 손질 없이 오늘날의 농업협정문을 이루고 있지 않은가? '역사는 되풀이 된다(History repeats itself)'고 했다. 만약 이번 초안이 크게 바뀌지 않으면 한국은 관세와 보조금이 대폭 삭감되어 수입농산물의 대량유입과 쌀 수매제도의 전환이 불가피해진다.

특히 한국의 개도국 지위 유지가 이번 협상의 가장 큰 관건인 것은 다시 말할 필요가 없다. 이번 회의 시 의장이 한국대표와의 개별접촉에서 국내보조와 전략품목(SP)의 설정 등 한국의 어려움을 특히 배려하였다고 한 것은 그 동안 협상팀의 노고 결과라고 볼 수 있어 긍정적으로 평가하고 싶다.

그렇다고 그의 언급에 고무되어서는 안 된다고 본다. 개도국을 인정하는 것은 의장이나 사무국이 아니라 협상 파트너인 회원국들이기 때문이다. 심지어는 우리의 NTC(비교역적 요소) 공조국인 EU, 스위스 등도 한국을 특별히 지칭은 하지 않았지만 선발 개도국은 선진국과 같은 수준의 의무를 해야 한다고 주장하고 있을 뿐 아니라 많은 개도국들이 한국을 개도국으로 보지 않는다는 점이다.

평소 친분이 있는 한 개도국의 농업차관은, "한국은 개도국"이라는 내 말에 펄쩍 뛰며 아니라고 한다. 정말 어려운 문제다. 예정 대로라면 이제 모델리티 협상을 위한 마지막 협의가 오는 25일부터 31일에 남았다. 그러나 그 이전 3월 중순경 배포될 2차 초안은 일부 변경은 있으나 크게 현재의 안과 다를 바 없을 것으로 보여지며 그럴 경우 어떤 극적 동기 없이는 3월말 합의가 어려울 것으로 보인다. 또한 그 이후 9월 각료회의 전후까지 협의일정은 잡혀 있으나 어쩌면 실질적 합의는 9월 멕시코 칸쿤에서 각료들에게 결정을 미룰 가능성이 커졌다.

그렇다고 안심하여서는 안 되는 것이 협상의 속성이다. 싸움이 이제부터 시작이라고 생각할 수도 있으나 경우에 따라서는 급속히 진전되기 때문에 항상 마지막 단계일 수도 있다는 것을 염두에 두어야 한다.

'라·미첼'이 말한 협상의 3원칙, 확고한 신념을 갖고, 상대방을 능가할 수 있는 철저한 준비와 경우에 따라서는 언제나 협상을 깨뜨릴 수도 있다는 최적선(BATNA : Best Alternative to a Negotiating Agreement)을 가지고 당당하게 임해야 되풀이되는 역사 속에서 우리의 국익을 극대화시킬 수 있지 않을까 생각한다.

제네바공항을 떠날 때 창밖에서 앞으로의 협상 방향을 예고하듯 비가 내리고 있었다.

– 농수축산신문 –

최용규의 DDA 진단 ②

희생양(Scapegoat) 사냥(2003. 04. 10)

예상했던 대로 DDA(도하개발아젠다)농업분야 세부원칙(Modality) 협상이 도하(Doha) 각료회의 결정사항(mandate)인 3월 31일 시한을 지키지 못했다. 이유야 어떻든 하빈슨(Harbinson) WTO농업위원회 특별회의 의장이 내놓은 1,2차안(Draft)이 어느 나라에게도 확인받지 못한 셈이다. 결과적으로 그동안의 실무급 협상에서 오는 9월 10일부터 14일까지 멕시코 칸쿤(Cancun)에서 열리는 WTO각료회의에 참석하는 각료들에게로 결정을 떠넘기게 되었다. 물론 협상은 중단된 것은 아니다. 오는 6~7월 및 그 사이에 별도의 회의를 갖고 불씨를 살리려고 하겠으나 현단계에서 예정대로 협상이 진행되기는 상당히 어렵게 되었다.

이번의 결과를 두고 조심스럽게 서로 상대방 탓이라고 손가락질이 시작되었고 이미 회의장 밖에서는 보다 노골적인 비난과 자기 때문이 아니라는 변명도 함께 섞여 설전이 오가고 있다. 잔치(9월의 칸쿤 각료회의) 준비를 위하여 또 잔치가 잘못 끝났을 때를 대비하여 벌써 희생양(Scapegoat) 사냥이 시작된 것이다. 특히 케언즈그룹(Cairns Group)은 회의장에서 EU와 일본 및 몇몇 보호주의 국가들(우리나라도 여기에 포함된다) 때문이라고 비난했다.

회의가 끝나자 미국 베너만(Veneman) 농무장관과 조엘릭(Zoellick)

USTR(미국무역대표부) 대표는 "실망했지만 놀라지는 않았다"고 말했으며, 스펜서(Spencer) 주제네바 호주대사는 직접적으로 EU와 일본 때문에 협상이 후퇴하고 있다고 맹비난했다. EU의 피슬러(F. Fischler) 농업집행위원은 "앞으로 초안을 보다 발전시켜야 한다"면서 EU의 입장이 "양극단입장의 가운데(a middle way between extreme positions) 있다"고 말해 협상교착이 EU 때문이 아니라는 우회적 표현을 하고 "협상시한(Deadline) 보다 중요한 것은 협상을 계속하기 위한 새로운 활력이 필요하다"는 점을 강조했다. 또한 난 3월 26일 존슨(A. Johnson) USTR 농업담당대사는 "EU 대표는 협상권한(have no mandate to negotiate)이 없다"고 지적하고 "일본대표는 협상할 의사(have no willingness to negotiate)가 없다"고 비난한 바도 있다. 이미 지난 3월 초에는 EU의 대외담당 집행위원인 래미(P. Lamy)가 미국을 방문, USTR의 조엘릭 대표와 만나 DDA협상 추진에 대한 협력에 합의하고 이미 EU가 관세 및 일부 수출보조 분야에서 양보했으니까 다음은 상대방 차례라고 공을 미국측 코트(Court)에 넘긴바 있다. 이는 현재 협상부진이 EU탓이라는 비난을 피하기 위한 얘기도 되고 메이저 플레이어(major player)인 미국과 주요한 협의를 계속한다는 의지를 보여주는 행동이기도 하다.

협상에서의 이와 같은 책임 전가에는 크게 두 가지 목적이 있다. 하나는 상대방을 비난함으로써 본선(main event)이 되는 멕시코 각료회의의 합의도출을 위한 유리한 위치 선점과 상대방에 대한 압력수단으로 사용하려는 데 있고, 또 하나는 각료회의가 실패했을 때 모든 책임이 상대에게 있다고 하는 구실을 찾는 데 있다고 볼 수 있다. UR(우루과이라운드) 때를 되돌아본다. 원래 UR은 86년 9월 푼타델 에스테(Punta del Este)에서 시작하여 4년 후인 1990년 12월 벨기에의 브뤼셀(Brussels)각료회의(12.3~12.7)에서 종료키로 약속되어 있었다. 그러나 초기 2년간을 허송하고 드쥬(Aart de Zeeuw) 의장이 주관하여 계속 논의하였으나 각국의 합의를 이루지 못한 상태에서 브뤼셀에 모이게 되었다. 헬스트롬(Helstrom) 스웨덴 농업장관이 임시로 의장을 맡아 제시한 안(non-paper)이 향후 5년간 국내보조, 국경조치, 수출보조를 대폭 삭감하자는 것이었다. 그대로 받을 경우 한국·일본의 쌀은 예외 없이 관세화하여 바로 개방하는 것이다. 미국과 케언즈그룹은 협상의 기초로 할 수 있다고 찬성했다. EC도 처음에는 찬성쪽으로 움직이는 듯하다가 프랑스와 아일랜드가 EC의 협상권한(mandate)를 넘어선 것이라고 반대하고 나섰다.

12월 6일 밤, 마지막으로 각국이 그 안에 대하여 공식입장을 밝히는 긴장된 순간이었다. EC의 맥 쉐리(MacSharry) 농업담당 집행위원, 일본의 야마모토 후미오 농림대신, 한국의 조경식 농림장관이 차례로 헬스트롬 안을 받을 수 없다고 했다. 특히 한국의 조 장관은 "(수용할 수 없다(can not accept)"라는 강한 외교용어를 사용했다. 각료회의가 농업 때문에 실패로 끝나자 부시(Bush) 미국 대통령은 곧바로 실패의 원인이 EC, 일본, 한국에 있다고 맹비난하였다. 한국이 잔치의 희생양이 된 것이다. 특히 우리는 그후 외교적으로 어려움을 겪기까지 하였으나 UR협상이 끝날 때까지 같은 입장을 견지하였다. 그때 그와 같은 명확한 입장 표시가 없었다면 1993년 12월 타결된 UR에서 우리의 쌀관세화 예외를 받을 수 있었을까? 아니라고 생각한다. 물론 협상에서 강한 것만이 전부는 아니지만 그와 같은 강한 반대가 오히려 유리한 결과를 가져올 수 있는 계기가 되기도 하기 때문이다. 그렇다고 지금의 협상 교착상태를 완전히 비관적으로 봐서는 안 된다. 우리가 경계해야 할 것은 앞으로 협상 외적인 요인의 전개를 예의 주시해야 한다는 점이다. 경우에 따라서 다음과 같은 시나리오가 예상된다.

만약 이라크(IRAQ) 전쟁이 조기에 끝나고, 오는 6월 초 예정된 에비앙(Evian) G8 정상회담에서 미-EU 간에 협조적인 분위기(과거 협상이 교착상태일 때 추진 합의가 나온 바 있다)가 조성되고, 6월 중 이집트(Egypt)의 카이로(Cairo)에서 개최 예정인 소규모 각료회의(20여개국) 결과가 긍정적일 때, 그리고 6월 말 예정인 EU 집행위에서 피슬러 농업담당 집행위원이 내놓은 EU의 CAP(공동농업정책) 수정안이 통과될 경우이다. 그렇게 되면 하빈슨 의장은 새로운 조정안을 제시하게 될 것이고 이를 오는 7, 8월 중 집중논의하여 어느 정도의 안을 다시 만들어 칸쿤에서 각료들 앞에 내놓게 될 것이며, 이를 받을 것이냐 말 것이냐(Take it or Leave it) 하는 선택을 강요하게 될 상황에 처할 경우이다. 다시 말하면 새로운 브뤼셀 회의의 재연이 될 가능성이 있다는 점이다.

이 같은 상황이 다시 올 때 우리는 어떤 태도를 취하여야 할까? 분명한 것은 우리의 국익에, 우리의 농업에 치명적인 결과를 가져올 것이 예상되면 분명히 '아니오(No)'라고 할 수 있어야 한다. 다른 나라 움직임 등 주위의 눈치를 보거나 실패할 경우 다른 나라들의 비난을 우려하여 분명한 입장을 밝히는 것을 주저해서는 안 된다고 본다. DDA협상은 칸쿤에서만 끝나는 것이 아니다. 다자협상은 언젠가는 끝나게 되어 있는 시간상의 문제일 뿐이다. 다만 언제가 될지는 아무도 모르지만…….

레만 호수 가의 목련, 벚꽃, 개나리가 흐드러진 3월 말 제네바의 화사한 봄 위에는 조용하게 희생양 사냥이 시작되고 있었다.

– 농수축산신문 –

내부협상에 집중할 때다(2003. 05. 14)

DDA 농업협상은 도하각료회의(2001. 11.13)에서 결정한 세부원칙(Modality)에 대한 협상시한인 금년 3월 31일을 넘겨 일단 소강상태로 들어가게 돼 앞으로의 협상향방이 불투명하게 됐다. 이어지는 기술적협의(4월 22~24일)에서도 각국이 기존의 입장만 되풀이 하는 등 별 진전이 없다고 한다. 정치적 결정이 필요한 사안을 실무급에서 시도하려니까 그럴 수밖에 없을 것이다.

우리가 이 시점에서 주의해야 할 것은 그렇다고 협상이 완전히 중단된 것이 아니라는 점이다. 특히 6월초(6. 1~3) 프랑스 에비앙에서 열리는 G8정상회담, 6월 19~20일 이집트 카이로에서 열리는 WTO 미니각료회의(주요 20여개국), 6월 말 예정인 EU 공동농업정책(CAP)의 중간 평가회의 등 협상에 영향을 줄 정치적 일정들이 기다리고 있다.

만약 이 과정에서 긍정적인 신호(Signal)가 올 경우 협상은 급물결을 타게 되고 9월 각료회의(Mexico의 Cancun, 9월 10~13일)에서 타결 가능성이 한결 높아질 뿐 아니라 우리의 이익이 반영되지 않은 채 주요국간의 합의결과를 강요받을 수도 있다는 점을 경계해야 한다.
과거 협상이 교착상태에 빠졌을 때 정상들이 모여 정치적 합의를 함으로 진전을 보인 적이 있기 때문이다. 다시 말해 협상의 외부환경이 급격히 변했을 때를 예상해야 한다는 것이다. 따라서 지금의 소강상태를 그대로 두고 협상의 진전이 있을 때를 기다려서는 안 된다는 것이다. 오히려 이와 같은 상황을 앞으로의 성공적인 협상을 위한 준비단계로 적극 활용하라는 것이다. 물론 제네바회의, 각료회의 등 외부협상의 준비는 두말할 필요도 없거니와 특히 지금이 그동안 미진하였던 내부협상에 집중해야 할 가장 중요한 시기라고 본다.

협상에서는 외부협상만 중요한 것이 아니라 그것 못지않게 국내에서의 여론(Consensus) 확보를 위한 내부협상(협의)도 중요하기 때문이다. 즉 매스컴과의 협조, 관계부처간 협의, 농민 등 이해관계인과의 협의가 필요하다는 것이다. 우리는 UR협상에서 한정된 소수의 인원으로 외부협상에만 매달리다가 이와 같은 내부협의를 소홀히 했던 점을 솔직히 인정하지 않을 수 없다. 먼저 매스컴과의 협조이다. 매스컴은 대개 협상이 급진전 하거나 큰 영향을 미칠 계기가 있을 때만 다루려는 경향이 있기 때문에 협상의 전 과정에서 지속적 관계를 유지해 주어야 한다. 그러기 위해서는 협상에 관한 충분한 정보를 제공해 협상의 진행, 동향, 내용에 관한 정확한 보도가 가능토록 하고 전략적으로 국익과 관련되는 중요한 경우에는 도움을 받을 수 있게 해야 한다.

둘째로 관계 부처 간 협조 강화의 필요성이다. 외통부, 재경부, 산자부, 기획예산처 등은 농업과 이해가 상충되는 부분도 있어 이들과의 관계증진은 농업에 대한 이해를 넓히고, 협상이후 예상되는 국내정책 전환시 필요로 하는 재정적, 제도적, 법적인 문제해결에 범정부적인 대처가 가능하게 해준다.

마지막으로 가장 중요한 협상 이해의 당사자인 농민들에 대한 설득과 이해를 구하는 노력에 집중해야 한다. 특히 협상에 대한 잘못된 이해나 협상결과 예상되는 불안감을 해소하는데 적극 노력해야 한다.
또한 전략적으로 필요한 부분을 제외한 모든 협상에 대한 정보와 문제점, 그리고 정부의 확고한 대책 등을 진솔하게 전달해야 한다. 구체적으로 지역별 순회 설명회 등을 적극 활용할 필요가 있다.
이와 같은 내부협조 없이는 외부협상이 원만히 진행될 수 없을 뿐 아니라 열심히 협상을 하고도 결과에 대한 비난과 책임을 면할 수 없게 된다. 이는 결과적으로 농정의 불신으로까지 이어지게 된다.
이번 협상 결과는 예단하기는 어려우나 UR때보다 훨씬 큰 영향을 미칠 가능성이 높을 것이다. 결코 쉽지 않은 협상 여건 속에 내부협상을 튼튼히 하는 것만이 앞으로의 외부협상에 힘이 실리는 지름길임을 잊지 말아야 한다.

– 농수축산신문 –

제2의 김치 수출 도약 기회로 삼자(2003. 07. 02)

'사스(SARS)' 때문에 우리의 전통식품인 김치가 일본뿐 아니라 세계적인 화제가 되고 있다.
지난 4월 14일자 영국 파이낸셜타임스 지에 "김치에 다량으로 들어가는 마늘 덕분에 한국인이 아직 사스에 감염되지 않았다"란 보도가 있었고, 이를 미국 CNN이 인용 보도하면서 확산되기 시작해 유럽의 아그라 유럽, 북경광명일보, 일본 마이니치신문과 아사히 TV, LA타임스 등에서 김치가 사스 예방과 관련된다는 내용을 앞 다퉈 보도한 것이다. 더구나 중국 길림성 연변조선족자치주에서 사스 환자가 발생하지 않았다는 점을 보면 과연 김치의 덕이라고 할 만하다. 물론 김치가 사스 바이러스에 면역력이 있다는 의학적 증명은 없으나 김치에 들어가는 고추, 마늘, 생강 등에 함유된 캡사이신과 알리신이 유해균에 대한 살균작용을 한다는 것은 이미 알려진 사실이다. 국내에서는 쥐를 실험으로 해 체중감량 효과를 가져왔다거나 콜레스테롤 수치를 낮추고, 김치 섭취량과 혈중 호모시스테인 수치를 조사해 김치를 많이 먹는 사람이 심장병 예방 효과가 있다는 연구결과가 나오고 있어 김치 효능을 더욱 확실하게 해주고 있다.

덕분에 지난 5월 말까지 우리 김치 수출이 전년 동기보다 30.6% 증가한 3,750만 달러나 돼 우리 김치 수출의 전망을 밝게 해주고 있다. 특히 과거 일본 일변도에서 중국, 미국, 홍콩 등으로 다변화되는 등 김치 수출의 한계를 극복하는 좋은 계기가 된 것 같다.

다만 이 시점에서 우리가 명심할 것은 과거 1999년의 경험과 같이 일시적인 열풍으로 그치지 않도록 주의해야 한다는 점이다. 그 동안 김치 수출은 1998년까지 연간 3000만~4000만 달러 수준에 머무르는 등 지지부진했다. 그러던 것이 1999년 한 해 두 배에 가까운 7900만 달러로 크게 신장했다.

이와 같은 급격한 신장은 우리의 홍보 때문이 아니라 당시 일본의 유명 TV에서 김치에 대한 특집 방영을 한 데 크게 기인했다. NHK TV는 사람을 대상으로 기록이 비슷한 두 선수를 선정, 마늘을 5일간 먹은 선수가 먹지 않은 선수보다 운동기록이 향상되었다든가, 김치를 먹은 여성의 피부가 각질이 없어지고 살결이 고와진다는 점 등을 직접 실험비교 방영했고, 후지 TV는 김치가 다이어트에 효과적이라든가, 일 본절임(츠케모노)과 한국 김치와의 유산균 함유량 비교(김치 4억/g, 쯔께모노 3400만/g)로 김치가 우수하다는 내용을, 또한 김치에 스테미나 성분인 타우린, 아스파라긴산, 니코틴산이 다량 함유됐다는 연구결과를 방영한 후 일본 전국에 김치선풍을 일으키는 계기가 됐다.

그러나 2000년 8월 일본으로 수출된 김치에서 배추애벌레가 발견된 것을 일본 미디어에서 대대적으로 방송을 하면서 그해 하반기 이후 수출이 부진, 2001년에는 6870만 달러로 오히려 감소하기에 이르렀다. 다행히 지난해에는 월드컵 특수로 다소 증가해 겨우 1999~2000년 수준으로 돌아오게 됐다.

우리는 이번에 모처럼 찾아온 김치 수출 기회를 다시 살려야 한다. 이를 위해 우선 국내 소비를 확대하고 대외 홍보활동도 강화해야 한다. 특히 소비가 감소되는 청소년층과 여성을 상대로 하는 프로그램의 개발, 기존의 실험을 쥐와 같은 동물보다 현실감 있게 사람을 중심으로 하는 실증적 결과를 TV매체 등에서 방영함으로써 일반 국민들에게 김치효능에 대한 인식을 확실히 심어줘야 한다. 대외적으로는 현재 김치를 제공하지 않는 우리나라 항공기의 기내식에서부터 시작해 동남아, 유럽, 미주지역에서 우리 김치열풍이 식지 않도록 체계적이고 치밀한 계획을 세워 세계 최고의 발효식품으로 자리매김할 수 있도록 해야 하겠다.

– 농수축산신문 –

WTO/DDA 농업협상 평가와 전망 ①(2003. 09. 26)

칸쿤 각료회의 평가

지난 7일 도착한 멕시코 칸쿤공항의 날씨는 맑았지만 매우 후덥지근했다. 칸쿤은 8~~16세기간 고도의 마야문명이 꽃 피었던 유카탄반도의 동쪽 끝에 위치한 휴양도시다. 강국 스페인이 1520년에 침공하여 철저하게 파괴한 유적들이 산재한 지역으로, 다시 말하면 힘으로 강자가 약자를 몰락시킨 역사의 현장에서 다시 선진국과 개도국간의 대립이 진행된다는 데 마음이 무거웠다.

제5차 WTO(세계무역기구)각료회의는 9월 10일부터 시작되고, 총회와 별도로 각 분야별 의장(Chairman이 아닌 Facilitator라고 부름)들이 WTO 일반이사회 카스티요 의장 초안을 가지고 의견 조율에 들어갔다. 농업부문은 싱가폴의 조지 여 장관(시애틀, 도하각료회의에서도 농업분야 의장)이 맡아 각국대표, 그룹별 대표 등과 만나 의견을 듣고 나름대로의 조정안을 13일 제시하였다. 특히 의장안을 강하게 반대한 인도, 브라질이 주도하는 G-21(개도국), 한국, 일본, 노르웨이, 스위스 등 수입 9개국으로 구성된 G9의 주장과 미국, EU의 이해를 일부 반영한 것이다.

구체적으로 개도국들이 강하게 주장한 수출보조와 국내보조에서 미국과 EU의 양보를 얻어내고, G9이 주장한 관세 상한선 철폐 주장에 최소한의 품목에 대한 예외인정(선진국의 특별품목)을 추가하였다. 반면 미국이 요구한 개도국의 시장개방분야에 의장 초안에 선택 사항인 스위스공식적용과 개도국간 0~~5%의 관세품목군의 설치 외 EU의 관심사항인 평화조항(Peace Clause) 연장조치의 명시를 추가하였다.

여 장관의 수정안에 대하여 미국과 EU는 불만은 있으나 협상할 용의가 있다고 했다. 그러나 평균 관세율이 높고(약 124%) 100~200%수준에 많은 품목이 포함돼 있는 인도가 개도국간 0~5% 관세품목군 설치에 크게 반발하고, 국내보조 및 수출보조와 평화조항 연장에 대하여는 브라질 등이 반대하였다. 또한 TRQ 증량 문제가 해결안된 한국과 일본 등 G9이 수용할 수 없다고 하였다.

9월 14일 오전 7시 30분 마지막 주요국 회의(Green Room)가 시작되고 순서에 따라 먼저 논의가 된 싱가포르 문제(무역원활화, 정부조달구매, 투자, 경쟁정책에 대한 협상개시문제)에서 ACP국가 등 개도국들이 크게 반발하고 나섬에 따라 협상이 난관에 부딪쳤다. 이에 따라 의장인 멕시코 데르베스(Derbez) 외무장관이 회의진행이 어렵다고 판단하고 결국 14일 오후 각료회의의 결렬선언을 하게 되었다. 어느 정도 예견은 되었으나 농업분야가 아닌 데서 이렇게까지 되리라고는 누구도 예상하지 못했던 결과였다. 결국 이번 협상에서 가장 중요하다고 여겼던 농업문제는 논의조차 하지 못한 상태였다.

이번 회의 결렬의 가장 큰 원인은 개도국의 입장강화를 선진국들이 진지하게 받아들이지 않았기 때문이 아닌가 한다. 다시 말하면 선진국들이 개도국의 주장을 그다지 중요하게 생각하지 않고 과거와 같이 협상주도국(미국, EU)이 합의하면 결국 따라올 것이라고 안이하게 대응한 점이다.

일부에서는 WTO의 의사결정과정 즉 146개 회원국의 만장일치제도(consensus)에 원인이 있다고도 한다. 그러나 무엇보다 중요한 것은 WTO가 리더십을 발휘하지 못한 점이다. 자기들은 제3자의 입장에서 각국의 주장을 나열하고 당사국들이 합의해 오기만 기다리고 적극적으로 합의를 이끌어 내려는 노력이 부족했다고 본다. UR 당시를 돌이켜보면 1993년 봄까지 협상이 다시 진전을 보지 못하자 9년간이나 이끌어온 던켈 사무총장을 과감히 물러나게 하고 아일랜드 검찰총장을 지낸 강력한 추진력을 가진 서덜랜드로 사무총장을 교체하였다. 그는 취임하자마자 각 회원국대표들을 불러 그 동안의 이견을 합의해오라고 세차게 몰아붙였다. 특히 협상 막바지인 12월 초 우리와 미국의 쌀협상이 부진하자 양국대표단을 불러 UR협상을 무산시키려 한다고 무섭게 몰아쳐 기한 내에 합의를 이끌어내도록 한 기억이 생생하다.

결과적으로 이번 각료회의 결렬로 협상 주도국인 미국, EU뿐 아니라 WTO의 지도력에 큰 손상을 입게 되었다. 반면 G21을 중심으로 하는 개도국 입장이 상대적으로 강화된 점이 특징이라 하겠다. 허브 코헨이 지적하는 협상의 3대 요소(TIP; 시간 Time, 정보

Information, 힘 Power) 중 가장 중요한 힘(Power)에 있어서 과거의 강자(선진국) 주도의 힘에서 이제는 약자(개도국)의 힘과 어느 정도 균형(Balance)을 이룬 것이 아닌가 한다.

그러면 이번 협상결과가 우리에게 미치는 영향은 무엇일까? 먼저 긍정적인 면에서 보면 첫째, 비록 만족스러운 결과는 아니지만 관세 상한선의 예외조항(선진국형 SP)을 추가한 점을 들 수 있겠다. 본래 의장초안 2조 2항(관세상한선 설정 또는 TRQ의 확대) 설정이 한국과 일본(쌀)을 겨냥한 것이 목적인데, 일단 한-일-대만의 쌀은 이를 피할 수 있는 최소한의 발판이 마련된 점이다. 특히 이 조항의 추가에 미국 쌀 업계가 크게 반발하였다는 후문이다.

둘째로 전반적으로 협상과 국내정책 조정의 시간을 번 점이다. 특히 의장안 대로 된다고 가정할 때 우리에게는 쌀을 제외한 품목에 미칠 영향이 클 것으로 예상됨으로 이에 대한 구조조정과 정책전환에 필요한 여유를 갖게 된 점이다. 또한 다행스럽게도 이번 협상 결렬의 원인이 농업이 아닌 다른 분야가 돼 우리가 대외적으로 비난의 대상에서 벗어난 점이다. 만약 지난 14일 회의 초에 먼저 농업부문 수정안을 가지고 논의할 경우 우리의 답변이 "못 받겠다(Leave it)"로 하면 어떻게 됐을까? UR협상 때와 같이 집중공격을 면할 방법이 없었을 것이다.

회의가 끝나자 각국이 결렬원인을 자기가 아니라 남에게 있다고 주장하는 이유가 여기에 있다. 개도국들은 선진국에게 책임이 있다고 하고, EU는 싱가포르 문제에서 EU가너무 과욕을 부렸고 브라질-인도 등 G21 국가들이 방해했다고 비난하고 있다. 특히 미국 의회가 양자 FTA를 추진하는 국가 중 G21에 포함된 과테말라, 코스타리카를 제외해야 한다는 등 각국이 희생양(Scape goat) 찾기를 하고 있다.

이번 협상결렬에서 우리가 잃은 점은 무엇일까? 먼저, 내년 1월 1일부터 시작되는 쌀의 관세화 유예 재협상에서 중요한 선택방안의 하나(특별품목 취급)를 잃게 되는 것이다. 따라서 협상 여지의 폭이 좁아졌다는 점이다. 물론 내년 중에 기본골격(Framework)이나 구체원칙(Modality)이 합의된다면 도움이 되겠지만 말이다.

둘째, 이번 협상에서 우리에게 가장 중요한 부분인 개도국 지위 유지가 더욱 어려워진다는 점이다. 앞으로 협상이 지연되면 될수록 또한 우리의 개도국 지위가 상실될 경우 쌀뿐 아니라 한국농업의 또 하나의 축을 이루고 있는 고추, 마늘, 참깨, 고구마 등 고관세 품목은 치명적인 타격을 입게 될 것이다.

– 농수축산신문 –

WTO/DDA 농업협상 평가와 전망 ②

전망과 대응(2003. 10. 08)

앞으로 WTO/DDA협상의 향방은 어떻게 될까?

우리는 가끔 어떤 일에 장래를 예측하기를 좋아 하나 결과가 틀릴수 있다는 두려움 때문에 꺼려한다. 더구나 다양한 변수와 복잡한 구도를 갖고 있는 WTO와 같은 다자협상에서는 더 더욱 어렵다. 그럼에도 불구하고 많은 사람들이 장래의 일에 궁금해 하고 예측해 주기를 기대하기 때문에 과거의 경험을 토대로 미래를 예측하는 일을 계속 한다.

지난 9월 14일 제5차 WTO(세계무역기구)각료회의 폐막식에서 각료들은 금년 12월 15일까지 제네바의 고위급회의인 일반이사회에 결론 도출을 위임하였다. 그러나 협상 당사국들의 상당수준의 양보를 통한 극적전환이 없는 한 긍정적 성과를 기대하기 어렵다고 본다. 각료들이 합의하지 못한 것을 어떻게 실무급들이 합의할 수 있겠는가?

물론 이번 회의 결렬은 미국, EU뿐 아니라 개도국들에게도 깊은 상처를 남겼다. 당분간은 일정 기간의 냉각 기간을 갖게 될 것이며 경우에 따라서는 새로운 시도가 있을지 모른다. 각국의 회의 재개의 의지 여하에 따라서 협상 추진 속도가 달라질 것이다.

앞으로의 협상추이로 세가지 시나리오가 예상된다.

먼저 미국, EU와 수출개도국들이 협상타결에 적극적일 때 기한 내 합의가 이루어질 가능성이다. 그러기 위하여는 협상 반대국들에 대한 이해와 설득이 활발해질 것이다. 이미 브레임 게임(Blame game; 원인을 상대방에 돌리기)은 시작되었다. 강자들은 약자에게 당근과 몽둥이를 적절히 구사하게 될 것이다. 시카고 갱의 보스인 알 카포네는 "상냥한 말만 사용하는 것보다 상냥한 말과 함께 권총을 들이댈 때 더 많은 것을 얻을 수 있다"고 했다. 그렇게 될 경우 협상은 낮지만 예정대로 내년 말까지 완료될 가능성이 있다.

둘째로, 1~2년 정도 협상 기한을 연장하는 방안이다. 현 상황에서 도저히 기한 내 합의가 무리인 점을 인식하여 새로운 협상 기한을 정하는 것이다. 특히 주요 협상국인 미국과 EU의 국내 정치적 어려움이 이유가 될 수 있다. 미국은 내년 초부터 예비선거에 돌입하여 11월에 대통령선거가 있고, EU도 내년 중 10개국이 새로운 회원국으로 가입하면서 EU 집행위원의 전원 교체가 예정되어 있다. 따라서 두 나라의 새로운 협상팀이 구성되는 내후년(2005년) 봄에나 협상 재개가 가능하기 때문에 차제에 기한을 1~2년 연장하는 것이 오히려 현실적일지도 모른다.

마지막 시나리오는 주요국들이 골치 아픈 다자협상보다 우선은 쉬운 지역 FTA(자유무역협정)등 양자협상에 주력하고 여건이 성숙될 때까지 기다리는 방안으로 미국행정부가 의회로부터 받아 놓은 신속협상권한(Trade Promotion Authority 과거 Fast Track Authority)이 끝나는 2007년 6월 31일까지 보는 장기 전망이다. 과거 우루과이라운드가 1993년 12월 15일에 맞추어 합의된 것이 미국 행정부가 의회로부터 위임받은 기한이었던 점을 상기할 필요가 있다.

이제 각국은 각각 자기 입장에서 지금까지의 대응방법을 검토하고 앞으로의 대응전략에 몰두하고 있을 것이다. 중단된 협상을 조기에 합의하는 것이 유리할지 아닐지, 양보할 분야와 계속 주장해야 할 분야를 재검토하고 다음 협상을 위한 새로운 동조국가와 유대(짝짓기) 등도 이루어질 것이다. 이번 회의 결과로 과거 미국, 케언즈를 중심으로 하는 수출국 그룹과 한·일·EU의 NTC(비교역적요소) 그룹의 대립에서 미국·EU와 개도국(G21), 수입국(G10)의 대립으로 협상 구도가 바뀌었다.

그러면 이와 같은 협상 환경의 변화 속에서 앞으로 우리는 어떻게 대응하는 것이 바람직할까?

첫째로, 현 의장수정안에 대한 우리 입장을 다시 점검해야 한다. 이번 칸쿤에서의 의장수정안은 그 자체로 구속력은 없을 것이나 향후 협상에 기초로 활용될 가능성이 크다고 본다. 특히 우리에게 최대의 관심사인 관세상한선과 TRQ(저율관세물량)관련 선택조항(2조 2항)은 그대로 둘 경우 그 어느 방법도 우리 농업에 치명적인 타격을 주게 될 것이다.

다행히 의장수정안에 관세상한선의 예외조항(극히 한정된 수)이 반영되기는 했으나 괄호 처리를 하여 결론이 난 것이 아니라 앞으로 협상할 과제로 남은 점을 비추어 볼 때 안심할 일이 아니다. 그 외 분야도 쟁점별로 논리를 개발하고 우리와 이해관계를 같이 하는 국가(G10)들과 강한 결속은 물론 동조국의 확대도 적극 추진해야 한다.

다음은 앞서 예상한 각 시나리오별로 대응방안을 마련해야 할 것이다. 조기에 착수될 때와 중장기로 늘어질 때를 구분하여 우선순위를 정하여 대응방안을 준비해야 한다.

셋째로, 가장 당면한 쌀 재협상에 대한 철저한 준비이다. 이번 협상이 기한 내 타결되든 중장기적으로 지연되든 우리는 내년 1년 중에 반드시 협상을 마쳐야 하기 때문이다. 불행하게도 이번 각료회의 결렬로 가능한 대안 중 하나인 특별취급품목으로 갈 수 있는 기회를 잃어버려 아쉽기는 하다. 그러나 어차피 이번 협상과는 상관없이 쌀 협상은 마련된 일정인 것이다. 가이드라인 자체가 있을 수 없는 것이다. 미리 움츠릴 필요도 없다고 본다. 협상 그 자체는 냉정한 게임이며 양 당사자 간에 이해관계를 합의로 이끌어내는 과정인 것이다.

이해관계가 있는 곳에 협상이 있게 마련이다. 유예냐, 관세화냐의 두 가지 가능성을 가지고 비용/이익분석을 통하여 상대방을 설득시키는 노력으로 최적의 협상대안(BANTA : Best Alternative to a Negotiated Agreement, 로저피셔, 빌 유라이의 Getting to Yes)을 마련하여 대응하면 해결방안도 있을 것이다.

넷째, 이번의 협상 결렬로 얻은 시간을 최대한 국내 정책 조정에 활용해야 한다는 점이다. 그 동안 부진하였던 구조조정의 조기 완료는 물론 가격지지정책을 소득지지정책으로 전환하고 앞으로 보다 엄격해질 쌀 수매제도는 하루빨리 재편해야 한다.

끝으로, 농업에 대한 국민의 긍정적 합의(Consensus)를 도출하는 데 적극 노력해야 한다. 농업협상 결과는 한쪽이 이익을 보면 한쪽은 손해를 보는 제로섬(Zero Sum)도, 양쪽 모두 이익을 보는 포지티브섬(Positive Sum)도 아닌, 일방적으로 손해를 보는 네거티브섬 게임(Negative Sum Game)일 뿐이다. 이와 같은 점을 설득력 있게 국민들에게 알려야 한다. 농업 부문의 이해 표시를 극단적 방법으로 해서는 국민들의 동의를 얻을 수 없다.

우리는 합의가 뒤로 미루어졌다고 해서 낙관해서는 안 된다. 언젠가는 합의하는 것이 다자 협상의 속성이기 때문이다. 다만 시간을 좀 번 것뿐이며 그로 하여금 얻은 시간을 활용할 때이다. 다행스럽게도 이번 칸쿤에서 또 다른 21세기의 강자(선진국-16세기의 스페인)가 약자(개도국-마야문명)를 압도하는 사건은 재연되지 않았다. 그러나 역사는 반복된다고 했다.

– 농수축산신문 –

WTO/DDA 농업협상 평가와 전망③(2004. 01. 26)

이렇게 대응하자

칸쿤 WTO(세계무역기구)각료회의 실패이후 제네바를 중심으로 협상재개의 움직임을 보였으나 위임 받은 시한인 2월15일 WTO 일반 이사회에서 카스티요 의장은 새로운 텍스트나 구체적 협상일정을 내놓지 못하고 말았다. 결국 협상 자체가 지연되고 언제까지라는 기약도 하지 못하게 됐다. 이번 DDA 협상의 지연으로 내년도에 있을 우리의 쌀 관세화 유예 재협상만 남게 된 셈이다.

우리는 지난 1993년 12월15일 UR 협상결과에 따라 2004년까지 재협상을 하게 되고 상대국에게는 추가적이고 수용 가능한 양보를 해야 한다고 돼 있다. 최근의 국제 쌀 시세는 아주 불안정하다. 특히 우리가 먹는 중•단립미의 쌀 시장은 아주 협소하기 때문에 더더욱 등락에 차가 심하다. 또한 중요한 수출국인 중국의 쌀 생산이 크게 증가하고 있어 우리 쌀 시장개방에 중요한 변수로 작용하고 있다. 한편 우리는 UR이후 재협상을 대비한 국내정책을 펴지 않고 가장 손쉬운 방법인 쌀값 올리는 정책을 계속하여 왔기 때문에 당장 관세화 할 경우 저가 쌀의 대량 수입이 불 보듯한 실정이다. 이와 같은 어려운 국내외 여건을 감안해 내년도 재협상에 대하여 다음과 같은 노력이 필요하다고 생각된다. 먼저 정부는 쌀개방에 가장 이해관계가 큰 농민단체에게 원할 경우 유예협상을 할 용의가 있다는 것을 분명히 할 필요가 있다고 본다. 다만 협상 상대국들이 지나친 요구를 해올 경우에는 관세화도 불가피함을 전제로 함은 물론이다. 한편 농민단체는 관세화와 유예의 이해관계를 잘 따져 결정하고 협상을 할 경우 구체적 협상조건과 내용에 대하여는 정부에 일임해야 할 것이다.

둘째로 우리의 재협상 절차가 WTO에 구체적으로 규정되어 있지 않기 때문에 협상절차에 대한 방안을 조기에 마련하여 WTO 사무국이나 관련 주요 상대국과 협의해야 한다.

셋째로는 협상에 필요한 카드와 상대국을 설득하기 위한 다양한 논리를 준비해야 한다. 이를 위해 상대국이 요구할 것으로 예상되는 것과 우리가 제시할 수 있는 내용과 그 한계를 마련할 필요가 있다. 넷째로는 그 동안 쌀값을 지지해온 가격지지 정책에서 손실보전을 포함한 소득지지 정책에의 발 빠른 전환이 필요하다. 이는 장래에 대한 대비뿐 아니라 상대국에게 불가피한 경우 관세화 할 수 있다는 의지를 보이는 데도 필수적이다.

끝으로 협상의 책임자에서 실무자까지 조기에 팀을 구성하여 협상이 끝날 때까지 계속하도록 해야 한다. 협상은 국가 이익의 최대 실현이 목표이다. 그러나 일방적인 것(one way street)이 아니라 상대가 있는 법(two way street)이다. 서로 국가 이익이 있으면 협상은 이루어지게 되어 있으며 또한 가능할 수 있다고 본다. 정부는 한국 농업의 장래가 걸려있는 이번 재협상에 혼신의 노력을 다해야 할 것이며 농민들은 정부가 협상을 잘 이끌어가도록 뒷받침하고 쌀사랑의 국민적 합의(Consensus)를 모으는데 최선을 다해야 할 때이다.

– 농수축산신문 –

DDA 농업협상 새로운 움직임(2004. 04. 09)

지난해 9월 칸쿤 각료회의 실패 후 6개월 만에 찾은 제네바의 봄은 새학기를 맞는 캠퍼스처럼 들떠 있었다. 그동안 미국을 중심으로 협상의 불씨를 살려보려는 노력과 새로운 의장단(일반이사회: 오시마 일본대사, 농업위 그로서 뉴질랜드 대사)의 발족으로 일견 활발해 보였다.

미국은 연초부터 죌릭 대사의 회원국에 대한 서한 공세와 연이은 주요국 방문 등 협상재개에 적극적으로 나섰다. 이같이 미국이 적극적으로 나서는 배경은 크게 두 가지로 해석할 수 있겠다.

하나는 미국이 최근 호주, 모로코, 중미 5개국(CAFTA)등과 자유무역협정을 체결함으로써 그동안 농업분야의 수세적 입장(설탕, 유제품 등 보호)에서 공세적인 수출농업에 역점을 두어야 하는 국내 정치적 고려가 필요한 점이다. 또 자국도 수출신용 등에서 수출보조성격 철폐를 먼저 약속함으로서 가장 문제가 되고 있는 EU의 수출보조를 제거하려는 데 목적이 있다. 또한 그렇게 함으로 제3세력인 개도국의 지지를 얻어낼 수 있다고 보는 것이 아닌가 한다.

이번 회의(3. 22~26)에는 공식회의보다 각 협상그룹(미국·EU, G20, G10, G33, 아프리카 그룹 등)간의 비공식 협의를 중요시함으로 그간 그룹간의 격차를 줄이려고 노력을 했다.

그 결과 여름 휴가 전에 기본골격(Framework) 합의를 위한 네 차례 회의일정(4. 20~23, 6. 2~4, 6. 23~25, 7. 14~16)을 제시했다. 회의 의장인 그로서 대사가 평가하듯이 다소 실험적인 협의로 이해의 폭은 넓혔으나 진정한 문제해결의 단계까지는 이르지 못했다고 본다.

다만 소득이라면 국내보조와 수출보조분야에서 과거보다 진전된 수준에 이른 것과 7월까지 기본골격 합의를 위한 공감대가 형성됐다는 점이다. 종합하면 앞으로 시장접근분야가 해결해야 할 가장 큰 문제로 대두될 것이라는 점이다.

특히 이번 회의에서 미국무역대표부(USTR)의 존슨 대사가 제안한 시장접근분야의 UR방식 감축 품목군(소위 UR Band)에 2~3%의 품목만 포함시키자는 것은 큰 파문을 가져왔다. 다시 말하면 고율관세를 대폭 삭감하는 스위스 방식(Swiss Formula)의 비율을 높이자는 것이다.

이에 대해 고관세 품목을 많이 갖고 있는 한국, 일본, 스위스 등 G10이 크게 반발하는 것은 당연하다고 하겠다. 물론 결과적으로 미국이 제시한 2~3%는 되지 않는다 하더라도 상식적으로 생각하는 선(3분의 1인 33% 수준)에 크게 못 미칠 것이기 때문에 경우에 따라서 우리에게 치명적일 수 있다.

이미 EU는 10% 수준이면 수락 가능하다는 얘기가 나돌고 있고

G10 그룹도 대부분 내부적인 계산이 끝난 것으로 알려져 어쩌면 협상의 막바지에서 각국이 자국의 이익에 따라 움직일 가능성이 있다는 것이다. 어쩌면 G10 그룹도 경우에 따라 입장을 달리할 소지가 있다고 보겠다.

한편 그동안 대립 관계였던 미국, 케언즈 그룹과 G20(브라질, 인도, 중국 등)이 의견차를 좁혀가고 있다고 한다. 협상의 장에서 영원한 동지도 영원한 적도 없으며 오직 영원한 국가 이익만 존재한다고 했다. 그렇다고 7월까지의 회의가 낙관적이라고만 할 수는 없다. 수출보조 완전철폐 일정 제시에 어려움을 겪고 있고 미국이 제시한 수출신용에서의 수출보조 성격의 보조제거에 대한 의구심을 갖고 있는 EU와 시장접근분야에서 한국, 일본, 스위스 등 G10의 반발이 어느 정도인가가 크게 작용할 것이기 때문이다. 오히려 칸쿤 각료회의 실패의 발단이 됐던 싱가포르 문제와 면화(Cotton)는 정치적 중요성은 인정됐으나 향후 협상의 걸림돌이 되는 데는 부족할 듯하다.

그러면 우리에게 7월까지 4개월간 어떤 노력이 필요할까. 다른 어느 문제보다 시장접근분야에 중점 대처해야 할 것이다. G10이 협상의 중심에 서게 됐다. 그간 느슨한 결속력을 다시 굳게 하는 노력이 필요하다. 또한 미국이 주장하는 2~3%의 UR 감축 품목군에 대한 우리의 수준이 어느 정도인지를 빨리 파악해야 한다. 이미 126개 품목이 관세 100% 이상이고 50~100% 사이에도 중요품목이 상당수 포함돼 있다는 점을 감안해야 한다.

따라서 우리가 어느 수준까지 감내할 수 있느냐 하는가를 알고 있어야 향후 협상의 위치가 확실해지기 때문이다. 자신이 서있는 위치가 어딘가를 확실히 아는 정체성이 흔들리면 균형을 잃고 만다.

지금이 어느 때인가. 구체적 수치의 배경 없이 나서는 협상에서는 오직 잃는 것뿐이다. 물론 7월까지 기본골격이 합의된다고 하더라도 DDA협상 자체는 지연될 수밖에 없는 상황이다. 그러나 지연될 것이라고 안심하고 느긋해질 수만은 없다. 과거 도쿄라운드와 우루과이라운드에서 경험하듯 다자협상의 속성상 언젠가는 끝이 나게 되어 있다. 장기간의 레이스에서 단계마다 적절히 대응하지 못하면 우리에게 불리한 입장만 자꾸 늘어날 수도 있다. 그 과정에서 하나하나 국익을 최대한 챙겨 나가는 지혜가 필요하다.

– 농수축산신문 –

미국 위협하는 중국 쌀 수출 잠재력(2004. 04)

세계 쌀 산업 현황

우리는 지난 1980년 심한 냉해로 쌀 생산의 3분의 1이 줄어들어 세계 중단립종 연간 거래량에 가까운 220만t을 수입한 바 있다. 당시 중단립종 가격이 350달러/t 수준이었다가 우리의 구매로 급등하여 540달러/t이나 지불하여 생산부진에 대한 대가를 톡톡히 치루기도 하였다. 그나마 다행하게도 당시 일본이 700만t에 가까운 재고를 갖고 있었기 때문에 큰 문제가 없었다. 이제 우리의 쌀 관세화 유예 재협상이 재개되어 올해말까지 끝내도록 되어 있다. 여기에서는 이를 둘러싼 국제 쌀산업의 동향과 함께 우리의 주요협상 상대국이 될 미국·중국·호주 등의 사정에 대하여 구체적으로 살펴보고자 한다.

세계 쌀 생산, 3년 연속 감소 속 올 2% 증가 예상

2002/2003년(2002.8.1~2003.7.31) 세계 쌀 생산량은 전년 대비 4% 감소한 3억8,180만t(정곡 기준)으로 추정되며, 이는 1996/1997년 이래 가장 낮은 수준이다. 세계 쌀 생산량은 1999/2000년에 사상 최고수준인 4억930만t을 기록하였으며 이후 3년 연속 생산량이 감소하고 있으며 2003/2004년 생산량은 전년대비 2% 증가한 3억8,930만t으로 추정된다.

한편 벼 재배면적은 2000/2001년까지 지속적으로 증가하였으나 2001/2002년 이후 2년 연속 감소하고 있으며, 특히 2002/2003년에는 인도·파키스탄의 심각한 가뭄으로 인하여 재배면적이 대폭으로 줄어들었기 때문에 재배면적은 1995/1996년보다 적은 1억4,714만 ha를 기록했다. 그러나 단위면적당 쌀 생산량은 3,900kg/ha 이상을 유지할 수 있어 5억7,628만t(조곡 기준)이었다. 따라서 2002/2003년 생산량은 사상 최고를 기록한 1999/2000년의 6억1,128만t에 비하면 94% 수준이었다.

세계 쌀 생산의 지역별 분포를 보면 토지·소비·기후 조건 등으로 인해 아시아 지역에 집중되어 있다. 서쪽의 파키스탄에서 동쪽의 필리핀까지가 세계 쌀생산의 절반을, 여기에 한국·일본·중국의 동아시아 3국을 합하면 세계 쌀 생산의 약 90%를 차지한다. 2002/2003년 쌀 생산이 감소한 이유는 세계 최대 쌀 생산국인 중국이 5년 연속 감소하고 있으며 2위 생산국인 인도가 가뭄으로 전년대비 15% 정도 감소했기 때문이다. 그 외에도 호주·파키스탄과 한국·일본·필리핀·브라질이 감소한 것으로 추정된다. 한편 태국·미국·베트남 등 수출국과 인도네시아·방글라데시 등 수입국은 증가한 것으로 추정된다.

한편 2003/2004년 쌀 생산량이 2002/2003년보다 늘어날 것으로 예상되는 것은 인도의 쌀 생산량이 전년대비 18% 정도 늘어날 것으로 전망되기 때문이다. 또한 세계 전체의 쌀 기말 재고량은 2002/2003년이 전년대비 20% 줄어든 1억610만t으로 이는 1999/2000년 이래 3년 연속 감소하는 결과로 1987/1988년 이후 최저 수준이다.

이처럼 기말재고량이 대폭 감소하게 된 것은 반 이상이 중국의 기말 재고량 감소 때문이며 여기에 인도도 전년대비 40% 줄어든 1,390만t이 예상된다.

한편 2003/2004년 세계 전체의 소비량은 사상 최고 수준인 4억2,130만t에 달할 것으로 예상되며, 여기에 동기간 쌀 생산량이 3억9천만t 이하에 머물 것으로 전망돼 2003/2004년 기말 재고량은 전년 대비 22% 감소한 8,280만t으로 1983/1984년 이래 가장 낮은 수준이 될 것으로 보인다.

〈표 1〉 세계 벼 재배면적 및 쌀 생산량

	재배면적(100만ha)	ha당 생산량(kg)	생산량(조곡,100만t)
1995/1996년	149.43	3,660.2	546.92
1999/2000년	153.31	3,987.4	611.28
2000/2001년	153.86	3,916.6	602.60
2001/2002년	151.23	3,952.8	597.79
2002/2003년	147.14	3,916.4	576.28

자료:FAOSTAT Database

〈표 2〉 국제 쌀값 동향

(단위:$/t,FOB)

	1995년	1999년	2000년	2001년	2002년	2002.11	2003.11
미국 중립종	396.75	500.56	431.70	294.34	289.05	281.09	534.62
태국 장립종	373.18	255.60	211.68	178.13	178.80	179.68	199.00

주: 미국 캘리포니아 중립종 1등품, 태국 장립종 1등품
자료: 농림부

교역량 증가·생산 감소에도 불구
국제 쌀 가격 최근 15년래 가장 낮은 수준

세계 전체의 쌀 교역량이 증가하고 있고 여기에 1999/2000년 이래 생산량이 3년 연속 감소함에도 불구하고 국제쌀 가격은 2001년 이

후 최근 15년래 가장 낮은 수준을 보였다. 다만 일본·한국·대만의 2003년 작황이 나빠지자 캘리포니아 중단립종의 가격이 2002년 11월 281달러에서 2003년 11월 534달러로 급격히 상승하고 있으며, 최근에도 이와 같은 강세가 유지되고 있다.

한편 장립종의 경우 2002년 7월까지는 태국정부의 쌀 수출규제로 국제가격이 약간 강세를 보이기도 하였으나, 2002년 가을부터 대풍작을 기록한 인도가 쌀 수출물량을 늘리면서 약세로 전환되고, 2003년 봄에는 5~10% 정도의 추가적인 가격 하락이 나타났다.
그러나 중국과 인도의 2002/2003년 쌀 생산량이 감소했기 때문에 이후 수출물량이 줄어들어 가격 상승으로 이어지고 있다.

2003년 세계 쌀 교역량은 2,690만t으로 추정되며 이는 전년 교역량 2,790만t에 비하여 100만t이 줄어든 수준이다. 그리고 쌀을 옥수수·밀 등 다른 곡물과 비교하면 교역량이 전체 생산량에서 차지하는 비중이 평균 5~7% 수준으로 매우 낮다. 이와 같은 교역량 감소는 세계 1, 2위 생산국인 중국과 인도의 2002/2003년 쌀 생산이 감소한 데 기인한다. 2004년도 쌀 가격은 인도·미국의 수출물량이 줄어들면서 강세를 보이고 있어 교역량도 100만t 정도 줄어들 것으로 예상된다.

2003년 세계 쌀 수입량은 2,700만t으로 추정되며, 주요 쌀 수입국인 한국과 일본은 생산량 감소에도 불구하고 기존 재고물량 등으로 2003년 수입에 별다른 변동이 없었다. 그밖에 지역에서 브라질·방글라데시·사우디 아라비아·EU·러시아·예멘 등의 쌀 수입량이 늘어나고, 인도네시아·이란·이라크 등의 수입량은 줄어들 전망이다.

한편 세계의 쌀 교역량을 품종별로 구분하면 장립종 쌀이 전체 교역량의 75% 이상, 중단립종이 11%, 향미가 9%, 찹쌀이 5% 정도를 차지하고 있다. 특히 우리가 선호하는 중단립종의 1년 교역량은 300만t 수준으로, 아주 '엷은 시장'(thin market)을 형성하고 있어 주요 수입국들의 작황이 가격에 미치는 영향이 클 수밖에 없다.

한편 주요 쌀 수출국 가운데 태국·인도·파키스탄은 장립종 쌀과 소량의 향미를 수출하고, 미국은 장립종과 중단립종 모두를, 호주는 중단립종만 수출하고 있다. 한편 주요 수입국 가운데 인도네시아·필리핀·이라크·이란·사우디 아라비아·브라질 등은 주로 장립종 쌀을 수입하고, 한국·일본·터키·요르단 등은 중단립종 쌀을, 그리고 미국·EU·중동 지역에서는 향미를 수입하고 있다. 중단립종을 수출할 수 있는 국가는 미국·중국·호주 3개국 정도이며, 최근 태국이 북부지역에서 중단립종 생산시험을 거쳐 일부 생산을 추진하고 있는 실정이다.

미국, 지난해 쌀 수출량 6% 증가

2002/2003년 미국의 쌀 생산량은 전년보다 약간 감소한 678만t으로 추정되며, 벼 재배면적은 전년 대비 3% 감소한 320만 에이커로 주로 남부지역의 면적 감소에 기인한다. 2003년 쌀 수출량은 전년 대비 6% 증가한 320만t으로 국내 소비량도 사상 최고 수준인 400

만t, 기말 재고량은 전년과 비슷한 125만t으로 예상된다.

지역별로 알칸사스·캘리포니아·루이지애나·미시시피·미주리·텍사스의 6개 주가 미국 쌀 생산량의 99%를 차지하고 있다. 최대 재배는 알칸사스로 2002/2003 재배면적이 152만 에이커이며, 텍사스 20만 6천, 미주리 20만, 미시시피 24만5천, 루이지애나 54만 에이커이고, 캘리포니아는 전년보다 5만 에이커 늘어난 52만3천 에이커이다.

〈표 3〉 미국 벼 재배면적 및 쌀 생산량

	재배면적 (100만에이커)	생산량 (조곡, 100만cwt)				
	장립종	중단립종(%)	전 체	장립종	중단립종(%)	전 체
1995/1996년	2.31	0.78(25.2)	3.09	121.73	52.14(30.0)	173.87
1999/2000년	2.72	0.79(22.5)	3.51	151.86	54.16(26.3)	206.03
2000/2001년	2.19	0.85(28.0)	3.04	128.76	62.12(32.5)	190.87
2001/2002년	2.70	0.62(18.7)	3.31	165.33	47.72(22.4)	213.05
2002/2003년	–	– (–)	3.21	157.51	54.51(25.7)	212.01

주 : 1cwt = 조곡0.0453t = 정곡0.032t
자료 : USDA, Rice Situation and Outlook yearbook 2003.

품종별 재배현황을 보면 알칸사스 등 중남부 대부분의 주가 장립종을 재배하고 있고, 미국에서 생산되는 대부분의 중단립종은 캘리포니아에서 생산되고 있다. 2002/2003년 쌀을 품종별로 보면 장립종 쌀이 전년 대비 5% 감소한 504만t이며 중단립종은 14% 증가한 174만t이다. 미국이 세계 쌀 수출에서 차지하는 비중은 10% 이상으로 1995년에는 299만3천t을 수출하여 14.4%, 2003년에는 320만t을 수출하여 12%를 차지하였다. 이를 품종별로 보면 장립종 쌀이 79%, 중단립종이 21%를 차지하고 있다. 특히 중단립종 쌀 수출의 최대시장은 일본이며, 한국에는 2001년부터 수출되기 시작되었다. 2002년 기준 한국·일본·대만에 수출한 중단립종 쌀이 미국 쌀 수출량의 12%인 46만t이었다.

〈표 4〉 미국 쌀 수출량 변화 (단위:천)

구분/연도	1995	1996	1997	1998	1999	2000	2001	2002	2003
세계 수출량	20,800	19,700	18,818	27,670	24,941	22,846	24,442	26,589	26,614
미국 수출량	2,993	2,625	2,304	3,156	2,644	2,847	2,541	3,100	3,200
비중 (%)	14.39	13.32	12.24	11.41	10.80	12.46	10.40	11.86	12.02

자료: USDA, Rice Situation and Outlook yearbook 2003.

중국, 품질·가격 경쟁력 제고로 주수출국 미국 위협

쌀은 중국에서 재배면적이 가장 넓은 식량작물로, 곡물총생산의 40%를 차지하고 있고 총 인구의 60% 이상이 쌀을 주식으로 하고 있다. 총 공급량이 수요량보다 많지만 장립종 쌀은 재고가 누적되는 반면 품질이 높은 중단립종은 공급이 부족한 실정이다. 또한 중국은 WTO에 가입하면서 관세할당으로 2004년에는 532만t을 수입(장립종 50%)토록 되어 있으나, 국제가격이 중국 내 가격보다 높기 때문에 수입은 이루어지지 않고 있는 실정이다.

중국은 80년대 이래 세계 벼 재배면적의 23%, 쌀 생산량의 37%를 차지한 세계 최대의 쌀 생산국이다. 1997/1998년 조곡 기준 2억280만t 생산을 정점으로 계속 감소하고 있는 실정으로 2002/2003년 1억

7,660만t을 생산하고 있다. 재배 면적도 1997/1998년 3,200만ha에서 계속 감소하여 2002/2003년에는 2,800만ha로서, 이는 장립종 쌀에 대한 정부 수매중단으로 장립종 재배면적 감소에 크게 기인한다. 반면 중단립종은 동북 3성과 양자강 중하류 중심으로 증가하고 있다.

중국의 벼 재배면적에서 중단립종이 차지하는 비중은 지속적으로 증가하여 1980년 11%, 1990년 16%, 2000년 29%로 늘어났다. 특히 1990년대 이후 동북 3성의 재배면적은 연평균 5%씩 증가하였다. 동북 3성의 쌀 재배가 늘어난 것은, 첫째는 국내 쌀 가격상승과, 둘째는 1995년 이후 한국·일본의 쌀 수입에 따른 수출 수요 때문이다.

〈표 5〉 중국 벼 재배면적 및 쌀 생산량

	재배면적(100만ha)	ha당 생산량(kg)	생산량(조곡,100만t)
1995/1996년	31.107	6,021.0	187.30
1997/1998년	32.129	6,311.1	202.77
2000/2001년	30.301	6,264.2	189.81
2001/2002년	29.144	6,152.4	179.30
2002/2003년	28.177	6,265.9	176.55

자료: FAOSTAT Database

〈표 6〉 동북 3성의 쌀 생산량

(단위: 만t)

연도	헤이룽장성	리오닝성	지린성
1994	316	293	410
1995	262	296	470
1996	339	347	636
1997	286	376	861
1998	379	385	923
1999	415	401	944

자료: 농수산물유통공사, 「2001 MMA 수입쌀 도입백서」

중국의 쌀 수요는 1인당 평균 소비량이 감소하여 전반적으로 감소 추세이나, 쌀 소비패턴이 고품질·고영양품을 선호하고 있어 중단립종에 대한 수요는 오히려 증가하고 있다. 한편 중국산 중단립종은 미국·일본산에 비하여 품질이 떨어졌으나, 최근 품종 개량과 동시에, 일본·독일 등의 최신 도정기계의 도입 등으로 고품질화하고 있으며, 낮은 인건비로 가격 경쟁력까지 갖추게 되어 수출이 확대되는 추세이다.

특히 중단립종의 수출은 1999년 53만t, 2000년 58만t, 2001년 35만t으로 일본·한국·대만 등을 상대로 확대 추세에 있어 동종의 주수출국인 미국을 위협하고 있는 실정이다. 최근에는 친환경 및 유기농 쌀의 재배까지 확대하여 주요 수입국들의 안정성에 맞추는 노력까지 하고 있다. 더구나 한국의 쌀 국내 가격의 12~15% 수준밖에 되지 않아 관세화시 최대의 위협이 될 것이다.

호주, 총생산량 중 85%를 일본·중동·홍콩 등에 수출

1950년대부터 호주의 쌀 생산은 지속적으로 증가해왔다. 그러나 2001/2002년부터 2년 연속으로 감소하여 2002/2003년 호주 쌀 생산량은 정곡기준 75만t에 불과하다. 호주의 쌀 재배농가는 2,500호에 불과하며 경지면적이 호당 400ha라고 하나, 5-7년 주기로 윤작을 하기 때문에 실제 재배면적은 호당 60~80ha 수준이다. 품종별로는 중단립종이 80%, 향미를 포함한 장립종이 20%를 차지하고 있다.

호주의 쌀 재배는 New South Wales 주의 라베니라 평원에 집중되어 있으며, 관개시설을 확충하지 않고서는 벼 재배면적을 확대하기 어려운 실정이다. 총 재배면적은 2001/2002년 17만7천ha, 2002/2003년에 15만ha로 감소했다. 따라서 세계 최고 단위당 생산량을 갖고 있어도 한정된 면적에 생산량은 2001/2002년 조곡기준 164만3천t, 2002/2003년 127만5천t이다.

호주는 생산한 쌀의 15%만 자국에서 소비하고, 85%를 일본·중동·홍콩 등에 수출한다. 1999/2001년 사이에 매년 60만t 정도 수출하였으나 2002/2003년에 50만t 이하로 줄어들었다. 쌀 수출은 쌀 생산자들이 설립한 SunRice 가 독점 수출하고 있는 실정이다.

세계 쌀 산업현황과 함께 우리 쌀 재협상과 관련된 중·단질미 수출국가인 미국·중국·호주를 살펴본 결과, 수출여력 측면에서는 미국과 중국이 경쟁력이 있는 한편, 가격 측면에서 중국이 가장 유리할 것으로 예상된다.

중단립종의 국제교역시장이 엷기 때문에 결국 우리의 재협상 결과가 관세화냐 유예냐에 따라 이들 국가의 생산·수출 체제도 변하게 될 것이다. 아울러 우리의 생산체제 변화도 불가피할 것으로 보인다.

〈표 7〉 중국 쌀 수출량 변화

(단위: 천)

구분/연도	1995	1996	1997	1998	1999	2000	2001	2002	2003
세계 수출량	20,800	19,700	18,818	27,670	24,941	22,846	24,442	26,589	26,614
중국 수출량	32	265	938	3,734	2,708	2,951	1,847	1,750	2,250
비중 (%)	0.15	1.35	4.98	13.49	10.86	12.92	7.56	6.58	8.45

자료: USDA, Rice Situation and Outlook yearbook 2003.

〈표 8〉 호주 벼 지배면적 및 쌀 생산량

	지배면적(천ha)	ha당 생산량(kg)	생산량(조곡, 천t)
1995/1996년	118.89	8,544.1	1,015.8
1999/2000년	151.70	9,161.5	1,389.8
2000/2001년	133.30	8,257.3	1,100.7
2001/2002년	177.00	9,282.5	1,643.0
2002/2003년	150.00	8,500.0	1,275.0

자료: FAOSTAT Database

〈표 9〉 호주의 쌀 수출량 변화

(단위: 천)

	1995	1996	1997	1998	1999	2000	2001	2002	2003
세계 수출량	20,800	19,700	18,818	27,670	24,941	22,846	24,442	26,589	26,614
호주 수출량	519	562	641	547	667	617	618	400	500
비중 (%)	2.50	2.85	3.41	1.98	2.67	2.70	2.53	1.50	1.88

자료: USDA, Rice Situation and Outlook yearbook 2003.

– KDI, 나라경제 –

WTO/DDA 농업협상 전망과 대응 ①(2006. 01. 04)

홍콩 각료회의 경과와 교훈

자유무역(free trade)으로 번영을 누려오는 홍콩에서 DDA(도하개발아젠다) 협상을 위한 제7차 WTO 각료회의(2005.12.13-18)가 우여곡절 끝에 끝났다. 원래 예정했던 구체적인 세부원칙(Modality)은 정하지 못한 채 뒤로 미루고 합의 가능한 분야만 기술하고 마감했다.

라미(Lamy) WTO(세계무역기구) 사무총장이 3분의 2만 하겠다고 한 절반의 성공인 셈이다. 이 홍콩각료회의는 우리에게 무엇을 남기고 우리는 앞으로 어떻게 대응해야 할까?

서로 비난하는 싸움으로 사흘… 협상실패 위기감 조성

예상했던 대로 초기에는 지금까지 협상 교착의 원인이 서로 상대방에게 있다는 Blame Game으로 시작되었다.

EU(유럽연합)은 이번 협상과제인 개도국 문제를 부각하려고 모든 최빈국에게 무관세 무쿼터라는 카드를 들고 이를 수용하기 어려운 미국을 압박하고, 미국은 G20(인도, 브라질 등 강경 개도국 구룹)등과 함께 EU의 약점인 수출보조 철폐를 2010년으로 할 것을 EU에게 강요하고, 브라질·인도·아프리카 국가 등 개도국들은 선진국들이 기여하지 않는다고 비난하면서, 특히 서부아프리카 4국(배냉, 차드,

말리, 부르기나파소)은 미국의 과도한 목화 보조금(수출, 국내)을 이번 협상기간 초기에 철폐를 강요하는 등 서로를 비난하는 싸움으로 근 사흘 동안 협상실패의 위기감을 조성하며 보냈다.

따라서 협상주도국이 미국, EU, 개도국(G20, C-4)의 3파전으로 압축되고, 마지막 순간에 이르러 주로 미국과 EU가 개도국 요구에 양보를 함으로써 일단 수습되었다. 즉, EU는 수출보조 철폐시한을 2013년으로 동의하고, 미국은 목화에서 양보함으로써 어느 나라도 각료회의 실패 주범이라는 누명은 쓰지 않게 되었다.

여기에서 간과해선 안될 점은 우리의 관심사항인 시장접근 분야 즉, 관세상한선, 민감품목, 관세감축폭 등은 논의도 제대로 하지 못한 상태에서 끝나 버려 그 결정을 뒤로 미루게 된 것이다.

미국, EU, G20이 협상 주도…시장접근분야는 뒤로 미뤄

결국 이제 앞으로 오는 4월말 세부원칙 합의, 7월말 각국 이행서 제출이라는 일정상 우리의 관심인 시장접근분야가 집중 논의됨으로 협상의 한가운데에 우리나라 등 G10 국가들이 서게 된 셈이다.
우리는 이번 협상에서 무엇을 얻었을까?

성과라고 한다면 우리가 회원인 G33의 주도로 적정수의 특별품목(SP)의 자가선정, 특별긴급조치(SSM)의 구체화를 이끌어 낸 점과 G10 국가들의 지속적 접촉으로 연대감을 조성하여 향후 협상에서 논쟁의 중심에 서야 하는 입장에서 볼 때 긍정적 소득이 있었다고 하겠다.

이번 각료회의에서 일어난 여러 사건 중 우리와 관련하여 두 가지만 지적하고자 한다.

첫째는 우리 수석대표 기조연설을 둘러싼 배경설명 과정에서 일어난 해프닝이다. 즉 협상과정에서 농업의 양보 가능성도 염두에 둔다는 해설이었다. 물론 해명 끝에 그 부분은 삭제되었다고 하지만 앞으로의 협상과정에서 다시 일어날 수 있을 것 같아 한번 되짚어 보고자 한다.

수석대표 기조연설 수정 해프닝은 상황파악 잘못된 선택 두 가지 뜻으로 해석하고 싶다. 먼저 순수하게 협상에 기여해 보겠다는 뜻으로 본다. 과거 UR협상시 브뤼셀 각료회의(1990년 12월)에서의 경험(당시 의장이 제시한 농업안의 반대 의사표시로 그 후 계속 EU, 일본과 함께 우리는 협상 실패의 주범으로 강하게 비난 받은 점)에 비추어 협상의 방해자가 되지 않겠다는 뜻이 아닌가 한다.

다음은 어차피 마지막 단계에서 양보가 불가피한 점을 미리 조금씩 드러내면서 국내적 내항성을 키우자는 의도가 아닌가 한다. 만약 그런 뜻이었다고 한다면 먼저 대표단의 협상진행 상황 파악이 잘못되지 않았나 하는 것을 지적하고 싶다. 다시 말하면 우리는 이번 홍콩 각료회의에서 싸움의 중심에 전혀 서 있지 않은 상태인데 그런 의도를 드러냈다면 이는 상당히 잘못된 선택이다. 그리고 그것이 국내용이라면 먼저 각 협상진행 단계에서 국민들에게 솔직하게 이해를 구하는 방법을 사용해야 하지 않았을까 한다.

두 번째로 지적하고 싶은 것은 홍콩거리에서 우리의 시위문제이다. 초기의 평화적인 방법은 그래도 나쁜 인상은 주지 않았으나 마지막 단계에서의 과격한 행동은 결국 홍콩 시민들의 등을 돌리게 한 것은 물론 아주 좋지 않은 결과를 가져왔다. 우리 관심사항은 논의도 되고 있지 않는데 우리가 시위의 중심에 서 있다는 것도 전반적 이해를 구하지 못하는 이유 중 하나이기도 했다. 또한 회의 장내에서는 이와 같은 장외의 의사와는 전혀 상관없이 협상이 진행된다는 점을 깊이 인식할 필요가 있다.

– 농수축산신문 –

WTO/DDA 농업협상 전망과 대응 ②(2006. 01. 04)

향후 협상 전망

앞으로 협상의 진행은 어떻게 될까? 이번 홍콩각료회의에서 합의한 일정, 2006년 4월말까지 구체원칙(세부원칙, modality) 결정, 7월 말까지 각국의 이행계획서(C/S) 제출완료가 순조롭게 진행될 경우 2006년 말 협상종료, 2007년 초 각료회의 조인, 2007년내 각국의 비준완료로 DDA(도하개발아젠다) 협상의 이행은 2008년 1월 1일의 시나리오로 이어질 것이 전망된다.

4월말 세부원칙 결정 땐 2008년 1월 이행 시작

그 중 가장 어려움이 예상되는 것은 4월말까지의 구체원칙 결정이다. 지금까지 구체원칙의 합의 도출에 2번이나 실패한(2003년 3월 31일과 2005년 7월 말) 점에 비추어 그 동안 가장 의견차가 컸던 분야인 관세상한선, 민간품목 등 시장접근(MA)에서 과연 이 같은 짧은 기간 내에 합의를 이끌어 낼 수 있을까 하는 점이다. 물론 1월 중순부터 서두를 것으로 보이지만 상당한 진통이 예상된다. 결과적으로 이해 관계국 특히 우리를 포함한 G10 국가들의 상당한 양보 없이는 기한 내에 합의도출이 어려울 것으로 보인다. 그렇게 될 경우 협상은 전반적으로 뒤로 밀리게 될 것이다. 사실상 구체원칙이 결정되면 나머지 일정은 시간상의 문제일 뿐이다. 특히 미국 행정부가 의회로부터 얻어 놓은 신속협상권(Trade Promotion Authority)의 시한이 2007년 7월 1일로 되어 있기 때문에 미국은 6개월 전인

2006년 말까지 종료되어야 한다고 하지만 의회와 협의시 2007년 3월 말까지도 가능하다고 한다.

2009년 1월 이행 시작 가능성도

이와 같은 시나리오에서는 협상도 다소 지연될 것은 물론 이행도 2009년 1월 1일이 될 가능성도 상정해 볼 수 있다. 공교롭게도 이번 합의내용 중 수출보조 종료시점이 2013년임을 볼 때 2013년이 선진국의 이행 종료시점이 아닌가 한다. 협상이 순조롭게 진행될 경우 선진국의 이행기간이 6년(2008년 1월 1일-2013년 12월 31일)이 될 것이며, 지연될 경우는 선진국 이행기간이 5년(2009년 1월 1일-2013년 12월 31일)이 되는 것을 염두에 둔 것으로 보인다. 그렇다고 우리에게 시간적 여유가 있는 것이 아니다. 당장 4월 말 목표로 협상 진행을 강하게 밀어붙일 가능성이 크다고 본다.

'관세상한' '민감품목' '고율관세 대폭삭감' 최대 관심사

그러면 4월 말까지의 논의 과제 중 우리와 가장 관계 깊은 것은 어느 분야일까? 우선 관세상한선 문제이다. 이번 각료합의 사항에 빠져 있다고 안심할 사안이 아니다. 언급은 없었으나 부속서인 농업위의장의 보고서가 첨부된 이상 불씨는 여전히 남아 있다고 봐야 한다. 미국과 케언즈, G20 등이 포기할 리가 없다. 관세상한선이 설정될 경우 우리에게는 치명적이다. 특히 100%이상의 품목에 인삼류, 맥류, 고추, 마늘, 양파, 분유, 감귤 등 우리의 주요품목이 포함된 것은 물론 앞으로 2014년 관세화가 예정된 쌀까지 포함하면 10% 전후가 된다.

둘째는 민감품목의 수와 대우문제이다. 이미 EU가 8%, 미국, G20이 1%를 주장하고 있어 G10 국가의 입장(10-15%)과 큰 차이가 있기 때문에 우리에게는 가장 어려운 싸움이 될 것이다. 이번 4월까지의 협상에서 가장 핵심쟁점이 될 것으로 예상된다.

셋째는 고율관세의 대폭 삭감문제이다. 이미 고율관세는 보다 많이 깎는다는 감축원칙이 결정되어 있어 더욱 어려운 상황이다. 또한 이는 관세상한선, 민간품목과 연계되어 있어 어느 한 분야도 양보가 어려운 실정이다. 특히 관세상한과 고율관세 대폭 삭감은 미국 등 농산물 수출국들 입장에서 보면 바둑의 '꽃놀이 패'와 같아 그들은 어느 쪽이 되어도 이익이지만 우리는 어느 것을 선택해도 불리하게 되어 있다. 따라서 G10 국가들이 어느 수준까지 공조체제를 유지할지 여부가 이번 협상의 큰 관건이 될 것이다.

개도국 지위유지도 중요한 문제

끝으로 이번 협상의 대상은 아니나 우리에게 가장 중요한 문제의 하나가 개도국 지위유지이다. 지금까지는 G33의 일원으로 활동하는 등 조심스럽게 개도국으로 움직이고 있으나 우리의 개도국 지위에 대하여 전반적으로 곱지 않은 시선이다. 특히 이번 협상이 명칭(도하개발의제 : DDA)에서와 같이 개도국 중심임을 고려할 때 개도국의 특혜가 크면 클수록 우리의 입장이 어려워질 것이 분명하다.

– 농수축산신문 –

WTO/DDA 농업협상 전망과 대응 ③(2006. 01. 09)

우리의 대응

DDA(도하개발아젠다)협상은 거의 마지막 단계에 와 있다. 최후의 순간까지 국가이익 확보에 최선을 다해야 할 것이다.

시장접근분야 협상력 집중해야 …관세상한선 설정 허용 안돼

먼저 정부는 대외적으로 남은 협상 중 가장 핵심인 시장접근(MA) 분야에 온 협상력을 집중해야 한다. 특히 관세상한선 설정은 결코 허용해서는 안될 뿐 아니라 민감품목 수를 최대한 확보해야 하며, 고율관세의 대폭 삭감도 최소화해야 할 것이다. 물론 모두를 다 지킨다는 것은 지극히 어렵지만 우선순위와 지켜야 할 마지막 선을 정하여 필요할 경우 강력하게 대응해야 한다. 그러기 위해서는 협상 논리를 재정비하고, 특히 기존의 G10 국가와의 공조를 더욱 확고히 해야 한다. 남은 기간 중 G10 각료회의는 물론 소규모 각료회의에도 농림장관이 반드시 참석하고 우리의 주도로 각료회의를 개최하는 등 적극적이어야 한다. 또한 인도, ACP(아프리카 카리브해 태평양연안국) 국가 등 동조 가능국과도 유기적 관계를 형성하여 협상력을 높여야 할 것이다.

G10 각료회의에 농림장관 반드시 참석을

그밖에 개도국 지위확보에 배전의 노력을 해야 할 것이다. G33에서의 활동을 더욱 강화하고 우리의 농산물 시장에 관심을 갖는 국가들의 이해와 협조를 구하는 한편 이들 국가의 관심사항을 파악하여 마지막 양자협의 단계에서 적절히 활용할 준비를 해야 할 것이다.

협상은 이상주의자(Idealist)들이 하는 것이 아니라 실용주의자(Pragmatist)들이 하는 것이다. 국가 이익이 있는 곳에 협상의 가능성은 언제나 있다. 한편 국내적으로는 앞으로 결정이 예상되는 민감품목, 특별품목에 대한 사전 준비를 철저히 하여야 할 것이다. 객관적인 품목선정 기준, 지역적인 고려 등을 감안하여 재배농민에 대한 이해도 사전에 구해야 할 것이다. 특히 경우에 따라서 여기에 포함하려는 국내 품목간의 경쟁과 불화가 심화될 우려가 있어 세심한 배려가 필요하다.

민감품목·특별품목 사전준비 철저히 해야

그리고 모든 국내정책을 WTO(세계무역기구) 규정에 합치하는 방향으로 기존 정책을 재점검, 조정해야 새로운 정책의 개발을 서둘러야 할 것이다. 다만 너무 조급해 하지 말고 최소한 국내이행 시기를 2008년 1월 1일로 설정하고 중장기적인 정책 개발에 힘써야 할 것이다.

수출보조는 이번 합의에서 선진국은 2013년 철폐, 개도국은 2013년까지 사용하고 그후 2018년까지 철폐 하도록 되어 있어 이행이 예상되는 2008년 초까지는 지금 수준보다 확대가 가능하다. 따라서 앞으로 체결이 예상되는 각국과의 FTA협정을 대비하여 최대한 확보할 필요가 있다. 그밖에 2004년 재협상으로 유예를 받은 쌀은 2014년까지를 최대한 활용하여 관세화에 대비해야 할 것이다. 한편으로 농민단체들에게 협상배경, 진행상황 등을 신속히 알려 국민적 공감대 형성에 노력해야 한다.

정부·농민·국민 온 힘과 지혜를 모아야

끝으로 농협 등 농민단체들은 평화적 방법의 NGO 활동은 계속할 필요가 있다. 특히 농업의 비교역적기능(NTC), 관세상한선 반대 등 우리와 의견을 같이 하는 나라의 농민단체들과 보다 긴밀한 협조관계를 가져야 할 것이다. 지난번 홍콩에서와 같이 우리와 입상을 달리하는 국가들의 농민단체들과도 적극적으로 접촉하여 공동의 인식을 갖게 하여 각각의 정부에게 보다 강력한 메시지를 전달하도록 해야 할 것이다. 한편으로는 농업에 대한 국민적 사랑과 이해를 얻도록 하는 노력도 게을리 해서는 안 된다. 이제 마지막 단계에 접어든 협상에 정부, 농민, 국민 모두가 온 힘과 지혜를 모아야 할 때이다.

– 농수축산신문 –

한미 FTA 有感(2007. 04. 16)

지난 4월 2일 드디어 한 · 미 FTA(자유무역협정)협상이 타결되었다. 우리 경제를 한 단계 높일 수 있는 관점에서 볼 때 반드시 거쳐야 될 과정이다. 그러나 한미FTA협상이 타결된 후 가진 기자회견석상에서 양국 수석대표의 평가가 눈에 띄었다.

미국 측 수석대표는 'A+'라고 하고 한국 측 수석대표는 '　'라고 자평했다. 어떻게 주고 받기식의 '제로 섬(Zero sum)'에 가까운 양자협상에서 이런 평가가 가능할까? 이에 대한 대답은 두 가지 중 하나일 것이다.

하나는 상대방 대표가 천하의 바보여서 자기는 얻지 못하고 상대가 필요로 하는 것만 내주었다는 것일 수 있고, 두 번째 경우는 내가 준 것은 모두 하찮은 것이고 상대가 준 것은 모두 나에게 크게 이익이 되는 것일 때이다. 그렇지 않고서야 어떻게 서로 자기가 아주 잘 했다고 할 수 있는가?

결국 두 사람 중 한사람은 거짓말을 하고 있는 셈이다. 더욱이 그 후 언론 회견 등을 통하여 나타난 우리 대표의 이야기를 보면 아마 이번 미국대표단은 우리 대표단보다 훨씬 못한 사람으로 구성된 듯싶다. 정말 그럴까? 그들이 그렇게 우리 측 요구사항을 호락호락 들어 주기만 했을까?

나는 그렇게 믿고 싶다. 그러나 우리가 알아야 할 점은 미국이란 나라는 우리보다 훨씬 긴 협상의 역사와 전통과 경험을 갖고 있다는 것이다 그뿐 아니라 정보, 시간, 힘(협상의 3요소)에서 우리보다 훨씬 우위에 있었다고 볼 수 있다.

그렇다고 나는 여기에서 우리 협상팀의 능력과 노력을 낮게 평가 하자는 것이 아니다. 그들은 미국 대표들에 못지않은 학력과 경험을 가진 정예들이다. 또한 끈기와 노력으로 국가 이익을 위하여 최선을 다한 점을 높게 평가한다. 다만 일방적으로 우리가 잘 했다는데 문제가 있다는 점을 지적하고자 하는 것이다.

FTA와 같은 양자협상에서 주는 것이 있어야 얻는 것이 있는 법이다. 내가 준 것보다 얻은 이익이 크다고 생각할 때가 타결되는 시점인 것이다. 이번 협상결과에 대하여 모두들 잘 했다고 한다. 정말 그랬으면 좋겠다.

그러나 우리는 지금 그냥 이익을 보는 분야의 큰 목소리만 듣고, 정부가 내놓은 홍보용 협상 결과만 본 것뿐이다. 협정문 전문(full text)을 보아야 하며, 또한 본 협상과 관련된 부수되는 약속들이 어떤 것인지를 일일이 따져 본 뒤에 평가해도 늦지 않다. 더욱이 진정한 의미의 평가는 짧게는 발효 후 3~5년, 길게는 7~10년이 경과해야 알 수 있다. 특히 이익을 보는 분야는 3~5년의 안정기에서 그 결과를 대략 알 수 있고, 손해를 보는 분야는 관세가 급격히 하락하는 7~10

년이 지나야 어느 정도 피해의 윤곽을 알 수 있기 때문이다.

이제 방금 협상을 끝낸 사람들이 지금 그 결과를 어떻게 알 수 있는가? 또한 일반 국민들은 현 단계에서 이를 더더욱 알 수 없다. 부탁하고 싶은 것은 이 시점에서 언론에 나와 무용담을 늘어놓을 것이 아니라 얻는 것은 없고 주는 것만 있는 손해를 보는 분야에 대하여 아픔을 같이하고 그 상처를 어떻게 치유해야 할 것인지 그리고 하루빨리 그 대책을 어떻게 강구해야 할 것인지에 우선을 두라는 것이다.

협상결과에 대하여 자신이 평가할 일이 아니라 역사의 평가를 겸허하게 기다려야 마땅하다. 고려 때의 서희 장군처럼 말이다. 오늘날과 같은 냉엄한 현실에서 주고받기의 양자협상에 일방적인 영웅은 없다. 어느 쪽이 'A+'가 될지 '   '가 될지 아니면 'F'가 될지 '   '가 될지를 기다려 보아야 한다.

– 농수축산신문 –

2. 기타 기고

전문가 포커스 : 잊혀져 가는 WTO의 DDA 협상(2017. 12. 27)

아직도 우리 기억에 생생한 우루과이라운드(UR) 협상(1993. 12. 15)이 끝난 지 벌써 24년이나 지났다. 특히 농산물 시장 개방과 연관하여 국내외의 큰 파문을 가져왔던 UR협상은 대통령이 직접 쌀 시장개방을 지키지 못했다고 국민에게 사과하고, 총리, 장관의 교체로 이어지는 우리에게는 대형사건이었다. 밖으로는 구 GATT체제에서 거창하게 출범한 WTO(1995. 1. 1)체제도 22년이 지나고, 2001. 11. 도하에서 야심찬 새로운 라운드 즉 DDA(도하개발아젠다)를 시작한 지 16년이 지난 지금까지 완전 합의를 이루지 못하고 있다.

이러다가는 WTO가 당초 출범 목표와는 달리 겨우 국가 간의 무역분쟁이나 조정, 해결하는 기구로 전락하고 마는 것이 아닌가 하는 우려를 낳고 있다. 물론 가만히 있지만은 않고 열심히 새로운 라운드의 합의를 위한 노력을 기울인 것도 사실이다.

특히 우리 농업계의 반대가 심했던 2003년 9월 칸쿤 각료회의, 2005년 12월의 홍콩 각료회의 이후 협상은 계속되었지만 진행이 지지부진하여 결국 점차 우리 시야와 관심에서 멀어져 가기 시작하여 지금은 그런 회의가 열리는 지도 잘 모르고 있는 실정이다.

그 동안 WTO는 계속 협상의 동력을 늦추지 않으려고 움직이고는 있었다. 그러다가 2013년 라미 WTO 사무총장에 이어 새로 WTO 사무총장에 선임된 아제베도(Azevedo) 총장으로의 교체를 계기로 2013년 12월 각료회의(인도네시아의 발리)에서 일부 이슈(TRQ 관리방안, 개도국 식량안보목적의 공공비축, 수출경쟁, 면화 등)에 어느 정도 합의(발리 패키지)가 이루어지고, 2015년 12월 각료회의(케냐의 나이로비)에서 수출경쟁(나이로비 패키지) 타결에 성공하였지만 그 결과는 겨우 WTO의 체면치레 정도인 셈이다. 그리고 최근 개최된 제11차 각료회의(2017. 12. 10~13 아르헨티나의 부에노스 아이레스)에서는 회담지속을 위한 결의안 채택도 합의하지 못한 채 끝나고 말았다고 한다. 나는 이번 DDA협상은 과거 UR과 같이 일괄 타결의 협상결과를 내게 되는 것은 그리 쉽지 않을 것으로 본다.

그러면 왜 이번 DDA협상은 과거 케네디 라운드, TOKYO 라운드, UR과 같이 다소 시간이 걸리더라도 타결되지 못하는 것일까?
첫째, WTO의 의사결정방식 즉 만장일치의 일괄타결방식에 문제가 있다는 점을 들겠다. 과거에는 미국, EU 두 무역대국이 합의하면 나머지 국가들은 일부불만이 있더라도 마지못해 따라가는 방식이어서 그런 대로 합의를 이루었으나 이제는 문제제기를 끝까지 하는 국가들이 생기고, 특히, 중국, 인도, 브라질 같은 신흥 개도국들의 발언권이 높아져 쉽게 합의에 이르지 못한 점이다.

둘째는 다자협의가 복잡하고 어려우니까 미국, EU 등 협상 주도 국가들이 합의 도출이 용이한 양자 간이나, 이해관계가 유사한 복수국가 간 FTA를 선호하게 됨으로 두 무역대국이 다자협상에 적극적이지 않는 리더십의 부재, 특히 미국의 반대가 상당히 심한 것이 큰 원인이라 하겠다. 미국은 현재 진행 중인 DDA 협상이 SSM(특별세이프가드제도), 개도국식량안보를 위한 보조금 설치 등 지나친 개도국 우대 위주로 가고 있어 이는 보조금 삭감과 규제완화라는 본래의 WTO의 목적과는 반대 방향으로 가고 있다는 점을 들어 강하게 반발하고 있다.

마지막으로는 여러 의제에서 선진국, 개도국간의 공동이익을 찾기 어려운 점 등을 들 수 있겠다. 그러나 앞으로 협상여하에 따라 발리나 나이로비 패키지와 같이 소규모 부분적 합의에 이를 가능성은 없지 않다고 본다.

우리 농업의 입장에서 보면 이미 대부분의 주요국(미국, EU, 중국, ASEAN 등)들과 FTA를 체결하여 이행하고 있기 때문에 실질적으로 쌀을 제외한 모든 농산물 시장이 개방되었다고 보아야 할 것이다. 최근 한 • 미 FTA 추가 협상에서 농산물이 포함될까를 걱정하는 농업인들의 반발이 거센 것도 결국은 속도 문제일 뿐이다.
그래도 WTO/DDA 협상이 소규모이든 일괄타결이든 일단 타결되면 우리 농업에 주는 영향은 아직도 적지 않다. 잊혀져간다고 잊기까지 해서는 안 된다고 본다.

– 투데이코리아 –

스위스 농업은 왜 강한가?(2018. 04. 18)

우리에게 가장 가보고 싶은 나라를 들어 보라고 하면 아마도 스위스가 첫 번째 나라가 되는 게 아닌가 생각한다. 왜 스위스가 가장 가보고 싶은 나라일까? 아마도 알프스산맥을 가로 지르는 융프라우, 마테호른 같은 산, 레만 호와 같은 호수, 평지나 높은 산악지대나 잘 가꾸어진 정원 같은 푸른 초원, 한가로이 풀을 뜯는 소떼, 꽃으로 장식한 도시와 농촌의 집들이 어우러진 그림 같은 경관을 보여주기 때문이리라.

이들 아름다운 경관을 가꾸고 유지하는 데는 농업이 일조하고 있음이 틀림없다. 국토면적이 남한의 반도 안 되는 4만1천㎢, 인구 854만 명, 농가 5만4천 호, 농업인구 약 20만 명(총인구의 약 2.5%), 식량자급율이 50% 정도밖에 안 되는 나라, 국가는 인구의 3%도 안 되는 농업인과 농업을 보호하기 위해 국제무대에서 열심히 싸우고, 국민들은 80%의 지지로 헌법개정(2017. 9. 24)에 "식량안보"를 명기하는 데 찬성한다.

스위스는 우리나라와 함께 90년에서 93년까지 우루과이라운드협상에서 관세화 반대에 앞장서 싸웠다. 그러나 결과적으로 관세화를 받았지만 농산물에 상당수준의 고율관세를 부과하는 실리를 취하였다.

그리고 UR 이후 WTO 협상 준비 단계에서는 농업의 다원적 기능(Multi-functionality of agriculture)을 중시해야 한다는 수입국의 협상그룹인 G6(한국, 일본, EU, 스위스, 노르웨이, 모리셔스의 6개국)를 형성하여 미국, 호주 등 농산물 수출국들과 맞서 싸웠다. 필자가 최근에 알게 된 사실이지만 그 싸움이 한창인 때인 1996년에 이미 스위스는 "농업의 다원적 기능의 중요성과 직접지불"을 명시한 연방헌법조항(124조)을 국민투표로 명기하였다.

그리고 이를 다시 지난해 9월 24일에는 보다 구체화한 식량안보조항(104조 1~4항)을 개정안으로 하여 국민투표에서 79%의 압도적 찬성을 얻어 통과시켰다.

이와 같은 농업에 대한 국민들의 압도적 지지는 어디에서 오는 것일까? 가장 큰 이유로는 농업이 아름다운 스위스의 자연경관을 유지 보존하여 주기 때문이 아닌가 한다. 사실 스위스 농가는 상당한 수준의 정부 보조가 없이는 유지할 수 없다(농업과 식품에 지출하는 정부 지출액에서 농가에 지불하는 직불금이 차지하는 비중이 2009년 74.3%).

특히, 열악한 환경과 조건이 불리한 지역의 농가일수록 많은 보조금을 주도록 되어 있다. 하나의 예를 들면, 표고 차에 따른 보조금의 차등 지급이 있다. 표고 2,000m에 사는 농가는 표고 1,000m에 사는 농가 보다 훨씬 많은 보조금이 지급되는 등의 방법이다. 실제 농가소득 중 50% 가까이가 정부의 직접지불 보조금이고, 심지어는 조건이 불리한 높은 산악지대에 사는 농가는 소득의 90% 이상이 정부 보조금인 경우도 있다.

그들이 열악한 환경인 그곳에서 살기 때문에 아름다운 스위스를 보러오는 관광객이 끊이지 않고, 많은 국민이 관광에서 얻은 수입의 일부를 농업인들에게 지불하는 것이 아깝지 않다고 생각하기 때문이 아닐까 한다.

필자가 강하게 느꼈던 또 하나의 스위스 농업의 강점으로 농업상속제도를 들 수 있겠다. 1994년 7월 26일, 제네바와 로잔 사이에 있는 스위스 농민연합회장인 축산(낙농)농가 Sandez씨를 방문했을 때의 일이다. 그는 20대의 젊은 아들과 함께 농사일을 하고 있었다. 막내아들이라고 하여 왜 장남이 아니냐고 묻자 스위스의 농업상속은 딸, 아들 구별 없이 끝에서부터 영농의사를 타진을 하여 농사짓기를 원하는 자식에게 토지를 포함한 모든 경영권을 한 사람에게 몰아서 이양한다는 것이다. 맏이거나 위의 자식에게 경영권을 주지 않는 이유로 부모와 나이 차가 크게 나지 않아 영농하는데 부모와 견해차가 있을 수 있기 때문이며, 또한 한 자식에게 몰아주는 것은 영세화를 방지하기 위함이라고 했다.

그러면 처음에 물려받아 영농을 하던 자식이 중도에 포기할 경우에는 어떻게 하느냐에 대한 답변으로 모든 재산을 처분하여 전 자식 모두에게 균등 배분함으로 분쟁의 소지도 없앨 수 있다고 했다. 지극히 합리적인 방법이 아닐 수 없다. 우리나라 장자 상속이나 자식 수에 따른 균등 배분 등의 방법과는 사뭇 다른 제도이다.

이와 같이 헌법에 식량(곡물)의 비축을 의무화(23조 2항)하고, 식량 안보의 중요성(124조 1~4항)을 명기한 나라, 그리고 농가에게 막대한 정부의 직접지불금을 보조해 주는 것에 찬성하는 국민, 이들 모두가 스위스의 농업이 강할 수밖에 없는 이유가 아닌가 한다.

다행히 최근 우리 농협이 1,150만 명의 서명을 받아 정부에 요청, 정부발의 개헌안(129조 1항)에 "식량의 안정적 공급, 농업의 공익적 기능을 바탕으로 농어업인의 삶의 질 향상을 위한 지원 등 필요한 계획을 시행"토록 명시한 안이 마련되어 있다니 기대가 된다. 우리도 하루빨리 헌법에 "농업의 가치"를 명시하고 농업에 대한 정부지원에 온 국민의 전폭적 지지를 받는 나라가 되었으면 하는 마음이다.

– 투데이코리아 –

스위스 국민의 농업사랑(2018. 07. 20)

개헌안 논의가 한창이던 2017년 말, 농협은 개정헌법에 농업의 가치를 담기 위해 '농업가치 헌법반영 범국민운동'을 펼쳤다. 농협은 한 달 조금 넘는 짧은 기간에 국민 1153만여 명으로부터 서명을 받는 깜짝 놀랄 만한 성과를 이뤘다. 정치권의 개헌 논의가 답보 상태에 빠지면서 지금은 힘이 많이 빠졌지만, 이 운동은 국민에게 농업·농촌의 가치를 확실히 인식시키는 계기가 됐다. 지난해와 올해 농협의 농업가치 헌법반영 범국민운동을 지켜보면서, 국민의 절대적 지지로 '농업가치'를 헌법에 명시한 스위스를 생각했다.

스위스는 1990~1993년에 있었던 우루과이라운드(UR) 협상에서 우리나라와 함께 관세화 반대에 앞장섰다. 그리고 UR 이후 세계무역기구(WTO) 협상 때는 농업의 다원적 기능을 중시하는 수입국 협상그룹인 G6(한국·일본·유럽연합(EU)·스위스·노르웨이·모리셔스)를 구성해 미국·호주 등 농산물 수출국들과 맞서 싸웠다. 그 싸움이 한창이던 1996년, 스위스는 '농업의 다원적 기능의 중요성과 직접지불'을 명시한 조항(124조)을 국민투표를 통해 연방헌법에 명기했다. 그리고 지난해 9월 24일에는 이를 보다 구체화한 식량안보조항(104조 1~4항)을 개헌안에 반영하고 국민투표 찬성률 79%라는 압도적 지지로 통과시켰다. 농업인구(약 20만명)가 전체인구의 2.5%밖에 되지 않지만 스위스 국민 대다수는 농업가치를 헌법에 반영하는 데 주저하지 않았다. 농업에 대한 스위스 국민의 압도적 지지는 어디에서 오는 것일까?

가장 큰 이유 중의 하나가 스위스의 아름다운 자연경관을 유지하는 데 농업이 큰 역할을 하고 있기 때문이다. 사실 스위스 농민은 정부 보조 없이는 살아갈 수 없다. 농가소득에서 정부 보조금이 차지하는 비중이 상당하기 때문이다. 실제 스위스 정부의 농업·식품 관련 예산에서 농가에 지불하는 직불금이 차지하는 비중은 70%를 웃돈다. 스위스 정부는 열악한 환경과 조건이 불리한 지역의 농민에게 더욱 많은 보조금을 지급한다. 실례로 표고 차에 따른 보조금의 차등 지급제가 있다. 표고 2000m에 사는 농가는 표고 1000m에 사는 농가보다 훨씬 많은 보조금을 받는다. 조건이 극히 불리한 높은 산악지대에 사는 농가는 소득의 90% 이상을 정부 보조금으로 충당하고 있다. 스위스 정부가 이들에게 많은 보조금을 지급하는 이유는 단 하나다. 이들이 열악한 환경에 살면서 스위스 농촌을 아름답게 유지시키고 있기 때문이다. 이 아름다운 자연이 있기에 스위스는 많은 외국 관광객이 찾는 관광대국이 됐다. 이를 본 스위스 국민은 자연경관을 지키는 농민들에게 관광수입의 일부를 나눠주는 것에 반대하지 않는다.

이처럼 스위스 정부는 농업·농촌을 지키는 농민을 막대한 보조금을 지급하면서 우대하고 있고, 스위스 국민은 열악한 환경에서 농업과 농촌의 가치를 지키려 애쓰는 농민들에게 열렬한 지지를 보내고 있다. 그 결과는 식량(곡물) 비축 의무화(23조 2항)와 식량안보의 중요성(124조 1~4항)을 헌법에 명기하는 것으로 이어졌다. 스위스처럼 우리나라도 하루빨리 헌법에 농업의 가치를 명시하고 농업에 대한 정부 지원에 온 국민이 전폭적 지지를 보내는 시대가 오길 바란다. 그리고 이에 보답하듯 농민들은 농촌을 더욱 아름답게 가꿔 많은 관광객들을 맞이했으면 하는 바람이다.

– 농민신문 –

통상협상과 전문가(2001. 02)

우리는 대외적인 통상협상이 결렬되거나 결과가 불리하게 되면 흔히들 '전문가의부재'를 이야기한다. 지난해 12월 타결된 SOFA(한·미 주둔군 지위협정) 협상 후 미국측 대표 중 한 사람인 주한미군 SOFA 사무국 부간사 짐번즈는 20년 넘게 한·미 주둔군 지위협정 업무를 담당하고 있고 EU집행위 조선·철강 협상대표인 살바토레 살레르노는 10년 넘게 한국과의 협상대표로 나왔다는 얘기와 함께 한국측 대표는 매번 바뀌기 때문에 협상 결과가 우리에게 불리할 수밖에 없다고 말한다.

지난 UR 농산물 협상에서도 예외없이 농림부 담당자들의 잦은 인사 이동이 비난의 대상이 되었었다. 다시 말하면 우리에게 SOFA통, 조선통, 철강통, 농산물통이 없다는 것이다. 맞는 말이다. 막대한 국가이익이 걸려 있는 중요한 협상에서 전문성이 없으면 백전백패이며 경우에 따라서는 예상하지 못한 엄청난 손해를 가져올 수도 있다. 지금은 당연시 되지만 우리가 처음 GATT 가입을 한 1967년 우리의 선배들이 당시에는 쇠고기 · 닭고기 · 돼지고기를 수입해 먹으리라는 것은 상상도 하지 못하고 관세를 아주 낮은 20~25%로 약속해준 인심 때문에 지금 어려움을 겪고 있는 것이 예가 될 수 있을 것이다.

지난 UR 협상 때 힘겹게 싸워 겨우 쇠고기는 45%, 돼지고기 · 닭고기는 35%로 관세를 인상하였던 기억이 난다. 그리고 올해 1월 1일부터는 쇠고기 시장을 41.2%의 관세로 완전 개방하여 그 결과에 마음을 졸이고 있다.
통상협상에서의 전문성이란 협상의 역사적 배경(history)에 대한 지식, 오랜 경험, 맡고 있는 업무의 완벽한 파악, 상대 대표에 대한 정보, 협상가로서의 자질, 장래를 보는 비전 등의 실력을 말한다.

혹자는 완벽한 상대 언어 특히 영어의 구사능력을 꼽기도 한다. 물론 훌륭한 언어구사 능력을 구비하면 더할나위 없이 좋지만 그것이 전문성보다 우선할 수는 없다고 본다. 중요한 협상일수록 중간에 통역을 두어야 시간적 여유를 가지면서 상대의 의중도 파악할 수 있는 기회를 가질 수 있다. 어차피 원어민(native speaker)이 아닌 우리로서는 상대방 언어로 직접 협상을 하게 되면 불리할 수밖에 없으며 특히 중요한 협상일수록 더욱 그렇다. 오늘날에는 유창한 전문 통역사, 전문 변호사가 뒤에서 조력할 수 있다.

이런 에피소드가 있다. 2차대전 전에 이탈리아 독재자 무솔리니는 평소 독일어를 유창하게 잘한다고 자랑을 해온 터였다. 이를 안 히틀러가 무솔리니와의 회담에서 빠른 독일어로 질문을 해댔다. 그러자 무솔리니는 잘 알아 듣지 못하면서도 모른다고 할 수는 없어 '야(Yes)' '야Yes)'라는 대답을 반복하게 되었다. 히틀러가 제안한 내용은 독일과 연합해서 전쟁을 하자는 것이었는데 당시 이탈리아로서는 전쟁을 할 형편이 되지 못했음에도 불구하고 그 '야'라는 대답 때문에 결국 세계대전에 말려들어 큰 피해를 입었다는 것이다.

전문성의 중요한 요소 중 또 하나가 역사적 배경을 아는 것이다. 이는 우선 한 자리에 장기간 근무해야 가능한 것으로 1~2년 만에 자리를 옮길 경우 협상의 과거 얘기를 알 수 없다. 특히 기록을 남기지 않는 우리의 습관에서는 더욱 그러하다.

APEC의 경우를 예로 들어 보겠다. 지난 1994년 APEC 보고르 선언은 선진국은 2010년, 개도국은 2020년에 교역을 완전 자유화하기로 하고 1995년 초부터 이의 이행을 위한 '행동계획'을 작성하는 협상이 시작되었다. 그냥 그대로 받을 경우 우리 농업에 심각한 타격이 예상되어 일본 · 중국 · 대만과 협조하여 그해 11월 오사카에서 개최된 APEC에서 '이행과정에서 민감한 분야는 융통성'을 갖도록 하는 합의를 이끌어냈다. 그후 APEC 협상팀들은 모두 바뀌었고 1998년 말레이시아 APEC 시 분야별 자유화에서 이 '융통성' 조항이 기간만 조금 늘려주는 뜻'으로 변질되어 있는 것을 알게 되었다. 필자는 1998년의 어떤 회의에서 1995년 회의 시 협상과정과 그 융통성이 갖는 의미를 얘기했다. 더 이상의 반론이 없었던 것은 물론이다.

또 다른 전문성의 요소는 오랜 경험이다. 미국 농무성 해외농업처장 T.Galvin(임명직, 부처장), P. Sheik 등은 UR 이후 1996년까지 같은 자리에 있었고 부처장보 J. Gruef는 UR 협상 시 다자통상과장으로 제네바에서 실무협상 대표였다.

EU도 협상총괄인 농업국부총국장 R. David는 전임자 Moehler 은퇴 후인 1996년부터 현직에 있었으며 현재 진행 중인 농산물 협상까지 마칠 예정이라고 한다. 일본은 UR 당시 구마자와 국제부장이 그후 경제국장 대외담당차관급 심의관을 거쳐 지난 1월 6일자로 사무차관으로 영전하여 차기협상을 대비한다고 한다. 또한 UR 당시 대외담당차관급 심의관이었던 시와쿠 씨는 일본의 공무원법을 고쳐 협상이 끝날 때까지 정년을 연장하여 4년 가까이 한 자리에 있을 정도였다.

그러면 우리에게 왜 통상에서 이와 같은 사람, 즉 짐번즈, 살레르노, 묄러, 시와쿠 같은 사람이 없는가. 먼저 우리나라 공무원의 순환보직제도에서 그 이유를 찾을 수 있을 것이다. 우리는 1~2년에 한번씩 자리를 바꾼다. 너무 한 자리에 오래 있으면 시야가 좁아진다는 것이다. 다시 말하면 전문가(specialist)보다는 광범위한 지식을 가진 관리(generalist)를 선호하기 때문이 아닌가 한다.

둘째는 한 분야의 전문가를 우대하는 환경이 주어지지 않기 때문이 아닌가 한다. 한마디로통상분야는 인기가 없으며 당사자는 오래 근무할수록 인사상의 불이익을 당하지 않을까 하는 생각을 갖게 되는 것이다.

농림부는 UR 이후부터 통상분야에서만은 가급적 오랜 기간 동안 같은 자리에 근무하게 하여 협상에서의 전문성을 갖도록 하고 있다.

그렇다고 마냥 묶어둘 수만은 없다. 얼마 전 인사이동 시 7년 만에 통상분야에서 나와 영전(?)하게 된 한 과장이 자리를 노리는 사람이 없다는 게 그 자리의 큰 장점이더라고 우스갯소리를 하는 걸 들었다. 10년, 20년 넘는 전문협상가를 요구하기 전에 그렇게 할 수 있는 환경조성이 필요한 것이다. 통상분야 17년, 지금 자리 7년째인 나는 과연 전문가인가 자문해 본다.

– KDI 나라경제 –

'쌀 관세화' 우리 대안은 아니다(1998. 12. 21)

최근 일본이 쌀을 내년부터 관세화하기로 결정한 것과 관련해 이 문제를 보는 정부의 시각과 대책을 밝히고자 한다. 우선 결론부터 얘기하면, 현시점에서 쌀의 관세화는 우리가 선택할 수 있는 대안이 아니며 쌀 관세화는 최대한 계속 유예해 나가야 한다는 것이다. 왜냐하면 일본과 우리나라는 국내외적 여건과 사정이 판이하게 다르기 때문이다.

우선 일본은 쌀 생산과 재고에서 우리와 엄청난 차이를 보이고 있다.
일본은 최근 몇 년간의 풍작으로 엄청난 =재고 부담을 안고 있어 전체 생산면적의 35%를 휴경하며 생산을 줄이기 위해 노력하고 있으나 생산은 좀처럼 줄어들지 않고 있으며 설상가상으로 해마다 상당 물량의 쌀을 수입해야 하는 형편이다. 그 결과 1998년 10월 쌀 재고가 약 350만 톤으로 적정재고 수준인 150만 톤의 2.3배에 달하고 있어 재고관리에 많은 어려움을 겪고 있는 실정이다.

이런 상태에서 관세화 유예를 계속한다면 수이물량을 대폭 늘리지 않을 수 없고 그렇게 될 경우 폭증하는 재고를 감당하기 어려울 것으로 예상된다. 따라서 일본은 이처럼 막대한 재고와 씨름하기보다는 위험부담은 있지만 관세화를 하는 것이 더 낫다는 판단을 하고 있는 것으로 보인다.

그러나 우리나라는 올 10월 현재 재고가 107만 톤으로 겨우 적정수준을 유지하고 있지만 만약 기상 이변이라도 생기면 재고가 위험수준으로 떨어질 가능성도 배제할 수 없는 상황이다.

일본과 우리나라의 또 다른 차이점은 쌀과 관련한 협상시기이다. 일본은 우루과이라운드 협상 결과의 이행기간이 2000년 말까지로 돼 있어 그 이전에 쌀 문제에 대한 새로운 협상을 끝내야 하므로 시기적으로 급박한 상태이다. 반면에 우리나라는 이행기간이 2004년까지이고 관련 추가협상도 2002년 1월 1일부터 1년간 하도록 돼 있어 일본보다는 시간적 여유가 있는 것이다.

일본의 쌀 수입 관세화 결정은 관세화 자체가 큰 위험부담을 안고 있기 때문에 일본 내부에서도 상당한 반대가 있었던 것으로 알려지고 있다. rso 쌀 시장을 보호할 만큼의 높은 관세를 설정하다고 하지만 일단 높은 관세를 물기만 하면 누구나 마음대로 수입할 수 있는 것이 관세화이기 때문이다.

더구나 다가오는 세계 무역기구 차기협상에서 관세를 대폭 인하한다고 하면 지금 설사 높은 관세를 설정해도 국내 시장을 지키는 데 한계가 있을 것이다.

따라서 다시 한번 결론적으로 말하자면 현시점에서 관세화는 우리가 선택할 수 있는 대안이 아니라고 생각한다. 더욱이 내년 말부터 시작되는 차기협상의 결과가 어떠한 방향으로 결론이 날지 모르는 상황에서 조급하게 결정할 필요는 없다고 본다. 다만 일본이 관세화할 경우 우리에게도 영향을 미칠 것은 사실이므로 우리 정부는 국제동향을 면밀히 주시해 나갈 것이며 적절한 시기가 오면 이 문제를 공론화시켜 나갈 것이다.

– 농민신문 –

일본 도쿄대학교 대학원 주관 국제심포지엄
-WTO와 동아시아에 있어서의 농업 발전-

WTO/DDA Negotiations on Agriculture
-Overview-

Yongkyu CHOI
President,
Global Agriculture Policy Institute
Seoul, Korea
2003. 12. 3

Introduction

The 5th WTO Ministerial Conference in Cancun, Mexico on Sept. 10-14, 2003 collapsed because ministers failed to bridge the gap between their positions. The main purpose of the conference was to draft a framework on key areas of the DDA negotiations such as Agriculture, Non-Agriculture Market Access(NAMA) and the Singapore Issues (trade facilitation, investment, competition policy, transparency in government procurement). Another important goal was to establish the time schedule until the end of 2004, the deadline of the DDA negotiations.

Ministers, however, failed to reach consensus. Instead, they asked the chairman of the General Council of WTO to convene a meeting no later than Dec. 15, 2003 to take action necessary to move toward a successful and timely conclusion of the negotiations.

Why the Collapse?

The apparent reason for the collapse was the Singapore Issues. Most developing countries (especially ACP countries) were against launching the negotiations on these issues and did not concede their position until the last moment. The other group of countries, including the EU, on the other hand, held fast to their own views that negotiations on the Singapore Issues should be launched. Although EU showed some flexibility at the last moment to drop tow areas out of four, it was of no help.

The real underlying cause of the collapse, however, was agriculture.

There were three major groups in the agricultural battleground: (1) the US/EU, (2) the Group of 21(G21), (3) the Group of 10(G10). The US/EU co-proposal, which was released in August, 2003 focused on serving their own interests, while disregarding the interests of other countries, especially developing countries and other NTC countries which consequently gave birth to the G21 and G10.

The Group of 21 comprised of developing countries, including Brazil, India, China and most of the developing countries previously part of Cairns group. This group insisted on drastically reducing domestic support and eliminating export subsidies of the US and EU while demanding enhanced special and differential treatment for developing countries. For the Group of 10 which includes Japan, Korea, Norway, and Switzerland, the main target was eliminating tariff capping and stopping an increase on TRQ for sensitive products. Although the principle of the WTO's decision-making is consensus, the positions of the three groups were hardly converging. To make matters worse, the Group of 21's revision to Chairman Castillo text, which was made before the Conference, contained some elements which the US and EU could not accept.

Moreover, the cotton issue raised by four Western African Countries, targeted the US cotton subsidies, thereby putting added pressure on the US negotiators. The US refused to accept their proposal failing to show leadership to move the negotiations forward. The Director General of the WTO Supachai Panitchpakdi as well as the Chairman of the Conference Luis Derbez also failed to play a role as mediator in the cotton issue.

Chairman Derbez made a hasty decision to suspend the negotiations at midday Sept. 14. Such an unexpected action by the Chairman received criticism form many member countries.

Assessment after Cancun

During the run-up period to the Cancun Ministerial, some new dynamics in the agricultural negotiations emerged: (1) New groupings in the negotiations, and (2) A noticeable increase in the negotiating power of developing countries.

Since the start of the agricultural negotiations in 2000, the main players were the US/Cairns group, the NTC group, and developing countries. In the preparation process of the Cancun Ministerial, however, the US and EU allied, and the developing countries formed the G21 and G10 Groups.

The G21, which was comprised of such powerful developing countries as Brazil, India, and China, was so influential that it was often said to have been mainly responsible for the collapse. many countries including EU stated there was a need to reassess the decision-making process of the WTO, questioning whether consensus, in which all members have equal say in the decision making regardless of their trade volume is an efficient and effective way of achieving results in the WTO. The G21, on the other hand, blamed the US and EU for not sticking to their own interests and not showing enough leadership.

Recent Initiatives to Restart Negotiations

Although the blame game went on for some period after Cancun, eventually there was some progress in restarting the negotiations. The G21 met in Geneva on Oct. 2 to discuss restarting the DDA negotiations, and Chairman of the General Council Carlos Perezdel Castillo visited the US to meet US Trade Representative Robert Zoellick on Oct. 7 and Brussels to meet The EU Trade Commissioner Pascal Lamy on week of Oct. 13. He and WTO Director Genera Supachai Panitchpakdi visited some other countries also to consult on the future work plan.

Through the process, Chairman Castillo mapped out a work plan until Dec 15. He suggested first focusing on four major areas: agriculture, industrial market access, Singapore issues, and cotton. Meeting of the General Council and each negotiating group were temporarily postponed.

This plan was adopted at the Heads of Delegates (HOD) meeting held on Oct. 14. Although the US and EU did not object to this plan, they remained silent throughout the meeting suggesting a somewhat indifferent attitude.

Another noticeable change was the shrinking of G21. Several

Central and South American countries such as Columbia, Cost Rica, Peru, Guatemala and El Salvador. dropped out of the group after the Cancun Ministerial under strong US pressure.

Future Prospects

The WTO continues to try and get the negotiations back on track and obtain some kind of tangible results. Given this, two scenarios can be imagined.

〈Scenario 1〉

If progress is made, a new revised Chairman's text may be released by Dec. 15 or early next year, and another Ministerial Conference will be held before May 2004. In this case, the new deadline could possibly be at the end of 2005 or mid 2006.

〈Scenario 2〉

In the case that no progress is made before May 2004, the negotiations will not be resumed until mid 2005 considering the following:

(1) Accession of new members into the EU in May 2004

(2) Turnover Commissioners in the EU in nov. 2004, and

(3) Presidential election in the US in Nov. 2004. In this case, the

latest deadline could be June 30. 2007 – the deadline for Trade Promotion Authority in the US.

Important Points in the Derbez text concerning China, Japan, Korea

Since a number of countries including the US support the Derbez Text as further basis for discussion, it is very important to review the most important issues for China, Japan and Korea.

Three articles in the Derbez Text ar of particular interest to the three countries:

2.2 For the tariff lines that exceed a maximum of [...]%, developed-country participants shall either reduce them to that maximum, or ensure effective additional market access in these or other areas through a request-offer process that could include TRQs. [Within this category, participants shall have additional flexibility under conditions to be determined on the basis of non-trade concerns that would only be subject to the provisions of paragraph 2.1 above.]

2.7 The formula applicable for tariff reductions by developing countries shall be as follows:

(i) [...]% of tariff lines shall be subject ti a [...]% average tariff cut and a minimum of [...]%; for these tariff lines market access increase will result form a combination of tariff cuts and TRQs. Within this category, developing countries shall have additional flexibility under conditions to be determined to designate Special Products(SP) which would only be subject to a linear cut of a minimum of [...]% and no new commitments regarding TRQs; however, where tariff bindings are very low (below [...]%) there shall be no requirement to reduce tariff.

(ii) [...]% of tariff lines shall be subject to a Swiss formula with a coefficient of [...].

(iii) [...]% of tariff lines shall be bound between 0 and 5%, taking into account the importance of tariffs as a source of revenue for developing countries.

Recently Acceded Members

5. The particular concerns of recently acceded Members shall be effectively addressed through provisions that could include longer time frames and/or lower tariff reduction commitments.

Conclusions

The Cancun Ministerial was just for a midterm review of the negotiations rather than to reach a conclusion in the negotiations. Therefore we do not have to be too disappointed over the outcome of the Ministerial or be too negative about the future. Although it is quite difficult to assess how the negotiations will proceed, what I think is most needed at the moment is to have a cooling-off period. With eagerness and commitment by Members to narrow the gap between negotiating groups, I believe the DDA negotiations can be finalized some time later although we do not know exactly when. However, this is the time to fine common interests among the three countries.

일본 와세다대학 초청 강연

-한국의 FTA-

Free Trade Agreements of Korea in Agricultural Sector

2011. 11. 25

Contents

1. Introduction

O Korea is the world's 11th largest economy.

O Korea's international trade represents 85% of it's economy.
- Export is important national growth strategy.

O Government selected Chile as its first free-trade partner.
- Considered Chile as the least impact on Korean agriculture

O After Chile, FTA with Singapore, EFTA(4), ASEAN(10), India were concluded and entered into effect.

O Expanded FTA negotiations and concluded, with US, EU and Peru.

O 7 cases like(Australia, Columbia) are under negotiation with one suspension (Japan).

O 12 cases like China and others are under pre-stage of negotiation.

2. General outlook of Korea's FTA

(1) Economic territory

O With completion of the 8 cases of FTA with 45 countries, Korea became the 3rd largest country in terms of economic territory.

Chart 1 Economic territory of major countries

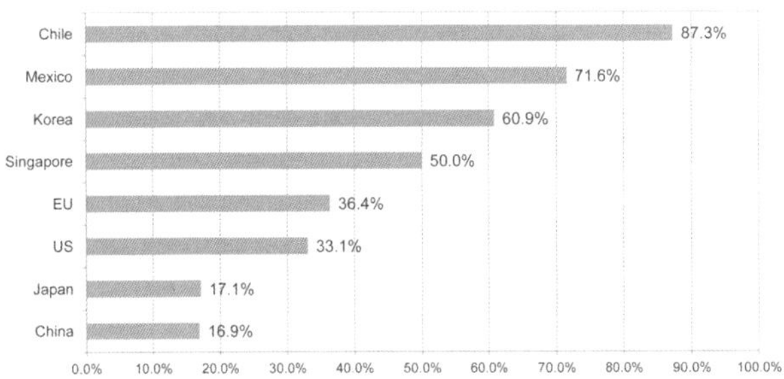

Source : Min. of Planning & Finance, Korea
※ economic territory : Ratio of sum of concluded FTA countrie's GDP to the world GDP

(2) Concluded FTA(8 cases 45 countries)

<Phase 1 of FTA>

1) Chile

- o Started : Dec. 1999, concluded : Oct. 2002, entered into effect : April 2004
- o 2%(rice, apple, pear) exception, 27% put off until completion of WTO/DDA negotiation, 15.6% immediate tariff elimination

2) Singapore

- o Started : April 2004, concluded : Nov. 2004, entered into effect : March 2006.
- o 33.3% exception, 16.0% immediate tariff removal

3) EFTA(European Free Trade Association-Switzerland, Norway, Iceland, Liechtenstein)

- o Started : Jan. 2005, concluded : July 2005, entered into effect : Sept. 2006
- o Exception 65.8%, immediate tariff removal 14.1%
- o Member of G10 in WTO/DDA negotiation

4) ASEAN (10 countries)

- o Started : Feb. 2005, concluded : April 2006, entered into effect on goods : June 2007, service : May 2009, investment : Sept. 2009.
- o 30.9% excluded, 36.8% immediate tariff elimination.

5) India (CEPA, Comprehensive Economic Partnership Agreement)

- o Started : March 2006, concluded : Sept. 2008, went into effect : Jan. 2010
- o Exception : 44.8%, immediate tariff removal : 7.7%

<Phase 2>

6) US

- o Started : June 2006, concluded : April 2007, renegotiation Nov.-Dec. 2010, ratification process in Korea only
- o Exception : 2.0%, immediate tariff elimination : 37.9%

7) EU(27 member countries)

- o Started : May 2007, concluded : July 2009, entered into effect : July 2011
- o Exception : 3.7%, immediate tariff elimination : 41.8%

8) Peru

- o Started : March 2009, concluded : August 2010, entered into effect : August 2011
- o Exception : 7.1%, Immediate tariff removal 25.2%

Table 1. Degree of tariff elimination in concluded FTA`

(Unit : %)

	Phase 1[※1]					Phase 2[※2]		
	Chile	Singapore	EFTA	ASEAN	India	US	EU	Peru
Exception[※3]	29.0	33.3	65.8	30.9	44.8	2.0	3.7	7.1
Immediate tariff elimination	15.6	16.0	14.1	36.8	7.7	37.9	41.8	25.2

Source : Ministry of Agriculture, Forestry, Fisheries and Food.
※1 : phase 1: High level of exception and restriction and low level of immediate tariff removal.
※2 : phase 2: Low level of exception and restriction and high level of immediate tariff removal.
※1, ※2 : Author's classification.
※3 : complete exclusion, negotiation after WTO/DDA, maintaining current tariff

(3) FTA under negotiation (7 cases 12 countries)

1) Australia

- o Started : May 2009, 10th meeting : Oct.(26-28), 2011

2) Columbia

- o Started : Dec. 2009, 5th meeting : Oct.(10-14), 2011
- o Agreed to conclude within 2011

3) Turkey

- o Started : April 2010, 3rd meeting : March 2011

4) GCC(Saudi Arabia, United Arab Emirates, Qatar, Oman, Kuwait, Barain)

- o Started : July 2008, 3rd meeting : July 2009

5) New Zealand

- o Started : June 2009, 4rd meeting : May 2010

6) Canada

- o Started : July 2005, 13th meeting : June 2008

7) Mexico

- o Started : Dec. 2007, 2nd meeting : June 2008

(4) Suspended FTA

1) Japan

o Started : Oct. 2003, Stopped : Dec 2004, 7 informal meeting : July 2008~May 2011

(5) Under preparation or joint research projects(11 cases 24 countries)

1) China

o Joint research projects were finished in May 2010.

o China has strong will to start.

2) Korea · Japan · China FTA

o Joint research project : 6th meeting-Aug.-Sept. 2011, 7th meeting-Dec(14~5) 2011

3) Other countries in the process of joint research project

o Russia, MERCOSUR(4), Israel, Indonesia

4) Agreed to start joint research project

o SACU(5), Mongolia, Central American Countries(6), Malaysia

Map of Korea's FTA

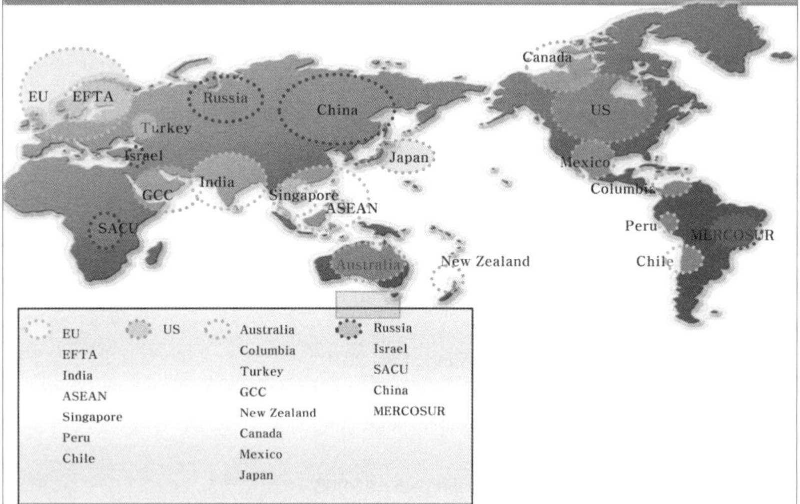

3. Important FTAs

(1) Chile

o Concentration was put on how to harmonize different tariff systems of two.

- Chile : simple and single tariff line without restriction
- Korea : complicated with TRQ, specific tariff, exception, safe guard etc.

o To Keep close to Korea's tariff system, Korea tried to make use of EU/Mexico model like discussion after WTO/DDA.

- The result was near to the Korea's system.

o The FTA with Chile influenced until India(phase 1 of table 1, page 7).

o For farmers, continued persuation efforts were made and promised to compensate for damages from FTA.

o Concession

- 413(29%) products exempted from tariff elimination.
- 637(44.5%) products had gradual elimination(16-5years) of tariff.
- 224(15.6%) items eliminated tariff immediately.

Table 3. Korea's Concession to Chile

Type/Removal Period		Commodities	Numbers in HS 10 digit
Exception		rice, apple(fresh), pear(fresh)	21(2%)
seasonal tariff		grape(fresh)	1
Discussion after DDA	Without TRQ	milk, butter, cheese, onion, garlic, red pepper, tangerine, ginseng, persimmon, green tea, eggs, honey,	373(26%)
	With TRQ	beef(400M/T), chicken(2,000M/T), mandarin(100M/T)	18(1%)
16 years		other fruits(dried), modified milk powder	12(0.2%)
10 years		pork, mutton, cut-flower, tomatoes, lemon, dried grape, etc	197(13.8%)
9 years		other fruits wine	1
7 years		walnut, canned peach, jam, potato	40 (6 with TRQ)
5 years		almond, coffee, wine	545(38%)
0 tariff		wheat, rye, golden syrup, beet, wool	224(15.6%)
Total			1,432(100%)

source : Ministry of Agriculture, Forestry, Fisheries and Food.

(2) U.S

o After successful conclusion of Korea-Chile FTA, US showed interest in an FTA with Korea. Korea also considered US as an FTA negotiating partner.

o After several informal and working level meeting in 2005, the official announcement of FTA followed in Feb. 2006.

o The negotiation started in June 2006 and concluded in April 2007 and signed in June 2007. But, ratification procedures were delayed in both countries.

o Upon renegotiation on automobiles and pork in Nov.-Dec.2010, US Congress ratified Korea-US FTA on Oct. 12th 2011. However, the Korean National Assembly is still on the ratification process.

o Korea made a higher level of concession in agricultural sector compare with it's previous FTAs.

- Tariff system moved closer to US system, with a low level of exceptions and restrictions and a higher level of tariff elimination.

- After Korea·US FTA, many other partners asked Korea to make the same level of concessions to them that Korea made to US.

o As shown in Table 4, rice(16 in HS 10 digit) is excluded from tariff elimination and 15 other items such as soybean for food, potatoe for food, natural honey, oranges(Sept.-Feb.), can maintain their current tariff given the TRQ.

- 578 products(37.9%) like coffee, grape juice have to eliminate tariff immediate.
- The rest have to eliminate gradually from 20 to 2 years.

Table 4. Korea's Concession to US

Concessions type/ Tariff removal Periods	Commodities	Numbers in HS 10 digit
Exception	rice	16(1.0%)
Current Level & TRQ	soybean for food, orange(Sept.-Feb.), honey, skimmed milk powder.	15(1.0%)
17 years, seasonal Tariff	grape(May-Oct.)	1(0.1%)
15 years, seasonal Tariff	potato for chips(May-Nov.)	1(0.1%)
18 -10 years & TRQ	ginseng, other cheese, barley, malt, sub-feed, modified starch, butter, modified milk powder.	31(2.1%)
20 years	apple(Fuji), pear(Asian)	2(0.1%)
18-16 years	red ginseng	5(0.3%)
15-12 years	beef, eggs, garlic, onion, red pepper, mandarin, kiwifruit, frozen chicken breast & wing.	132(8.7%)
10-7 years	pork(belly & neck), cheda cheese, peach, persimmon. fresh strawberry, tobacco.	332(24.1%)
Until 2016.1.1	pork.	21(1.4%)
6 -5 years	corn oil, walnut, orange juice(fresh), ice cream, mushroom	319(20.7%)
3 -2 years	seaweeds, avocado, lemon, etc.	39(2.5%)
0 years	grape juice, coffee, almond, ramen, kimchi.	578(37.9%)
Total		1,531(100%)

source : Ministry of Agriculture, Forestry, Fisheries and Food.

(3) EU

o The Korea·EU FTA concluded in July 2009 and entered into effect on July 1st, 2011 earlier than the Korea·US FTA.

o Trough negotiation, EU strongly requested Korea to make the same level of concession as it did the Korea·US FTA.

o Korea insisted a differentiation of concession. Korea·EU FTA will give bigger impact on Korean agriculture especially livestock sector than that of Korea·US FTA .

- Korea got a longer period of tariff elimination in pork and dairy products.
  * Tariff elimination of pork(belly & neck) : EU by June 30th 2021 : US by Jan. 1st, 2016.

o In table 5, rice(16) is excempted from tariff removal. 26 items like soybean, wheat can maintain current tariff and 12 products like honey & milk powder can maintain current tariff given TRQ.

o Orange(with TRQ) and grapes will have seasonal tariffs.

o 25 products like cheese, malt, butter will have 10-15 years of gradual removal of tariff given TRQ.

o 407 products(28%) will have long term(20-10 years) elimination.

o 353 products(24.1%) will have medium & short term(7-3 years) elimination.

o 613(41.4%) products have to eliminate tariffs immediately.

Table 5. Korea's Concession to EU

Concessions type/ Tariff removal Periods	Commodities	Numbers of Items (%)
Exception	rice, rice related goods	16(1.0%)
Current Tariffs	soybean, wheat, garlic, onion(fresh)	26(1.77%)
Current Tariffs & TRQ	honey, powder milk, etc.	12(0.82%)
Seasonal Tariff & TRQ	orange(September-February : current tariff +TRQ, March-October : 7 years)	1(0.07%)
Seasonal Tariff	grapes(May Ist-October 15th : 17 years, October 16th-april 30th : 5 years)	1(0.07%)
15-10 years & TRQ	cheese, malt, modified feed, butter	25(1.71%)
20 years	apple, pear	9(0.69%)
18-15 years	green tea, ginger, sesame, mandarin, white sugar	100(6.83%)
13-10 years	chicken meat(frozen, cold), sweet potato, watermelon, pork(belly & neck), tangerine juice, strawberry, peach	317(21.62%)
7-6 years	pork(cold-storage edible innards, frozen trotter, sealed one), tomato, ice cream, walnut.	50(3.41%)
5-2 years	olive oil, carrot, orange juice, margarine, instant coffee, avocado(fresh), lemon, whisky(scotch).	303(20.66%)
Immediate removal (0 years)	black tea, flower, feed, wine, wool, coffee.	613(41.81%)
Total		1,466(100%)

source : Ministry of Agriculture, Forestry, Fisheries and Food.

(4) Peru

o The Korea·Peru FTA entered into effect on August 1st, 2011.

o In table 6, rice is excempted from tariff elimination like all other concluded FTAs.

o 89 products(5.9%) such as beef, garlic, onion, red pepper, apple, pear, cheese & ginseng can maintain current tariff.

o In addition to 2 seasonal tariff products(grape, orange), 107 products(7.1%) are exempted from tariff elimination.

o 377(25.6%) products have to eliminate tariff immediately.

Table 6. Korea's Concession to Peru

Concessions type/ Tariff removal Periods	Commodities	Numbers in HS 10 digit
Exception	rice	16(1.1%)
Current Tariff	beef, garlic, red pepper onion, apple, pear, cheese ginseng,	89(5.9%)
Seasonal Tariff	grape, orange	2
16 years, seasonal tariff	Mushroom, sweet potato, sesame, peanut, pork, starch, green tea	197(13.1%)
10 years	Chinese cabbage, other mushrooms, mango, tea	371(24.7%)
7 years	tomato juice, processed fruits and nuts	28(1.9%)
5 years	banana, other fruits(frozen), nuts, pepper, olive oil, turkey meat, ice cream	352(23.5%)
3 years	asparagus, wheat flour,	47(3.1%)
0 years	coffee, wheat, olive, palm oil, sugar, ramen, leather, wool	377(25.6%)
Total		1,496(100%)

source : Ministry of Agriculture, Forestry, Fisheries and Food.

4. Economic Effects on Agricultural Sector

(1) Korea·US FTA(estimated by Korea Rural Economic Institute)

1) Import

o Import increase from US is estimated to 424 million US dollars annually.

- 161 million dollars decrease from other countries
- 264 million dollars increase from all over the world

Table 7. Estimated increase of import from US

unit : million dollars

Estimated increase of import	Annual average	1-5 years	6-10 years	11-15 years
from US(A)	424	233	449	591
from other countries(B)	△161	△88	△170	△224
from all over the world(A+B)	264	145	279	367

source : KREI(revised on Aug. 5th 2011)

2) Production

o Domestic production will shrink 815 billion Korean won annually.

- Total decrease will reach to 12 trillion and 225 billion won at the end of 15th years.
- 90% of losses will come from livestock and fruits sector.

Table 8. Annual Reduction of Agricultural Production by Sector for 15 years

unit : billion won

	Total	livestock	fruits	vegetable, special crop	grain
Reduction of production	815	486.6	241.1	65.5	21.8

source : KREI

(2) Korea·EU FTA(estimated by KREI)

1) Production decrease

o Production decrease is estimated 175.5 billion won annually for 15 years. It will reach to 2 trillion and 263 billion won at the end of 15th years.

o Production decrease at the end of 15th year is estimated 306 billion won. 94% of losses(287.6 billion won) come from livestock sector.

- pork : 121.4 billion won.
- dairy : 80.5 billion won.
- chicken : 33.1 billion won.
- beef : 52.6 billion won.

5. Domestic Measures

o First counter measures introduced through "Special FTA Law" in 2004 after Korea-Chile FTA.

- short-term compensation policy
- Long-term policy to strengthen the competitiveness

o 20.4 trillion won allocated as compensation to counteract damages from FTAs.

- short-term program : 1.4 trillion won
- Long-term program
  * Strengthening competiveness by products : 7 trillion won
  * Improving agricultural structure : 12.1 trillion won

(1) Short-term damage compensation policies : 720 billion won

1) Direct payment for damage compensation from excessive imports

o Support 80% of price decrease

- price drop more than 20% compare with base price (Olympic average of 3 years out of 5 years)

o Changed to 90% support from 80% after the Korea·US FTA

2) Subsidies for farming closure : 500 billion won

o Paying 3 years income for farmers(green-house grape, kiwi, peach)

- In case of Chile, 175.9 billion won paid(2004-2008) to framers.

* 16,860 farm household applied(green-house grape : 1,560, kiwi : 397, peach : 14,903)

* No peach imported from Chile since 2004.

* Blamed : Government ; waste of money, farmers ; moral hazard

(2) Long and medium term measures for competitiveness

o Government announced new long-term projects(August 2011) of 22.1 trillion won mainly on livestock, fruits and horticulture industry.

o Other long-term measures

- Expanding production base for diversifying crops
- Easy access to loans for farmers through improvement of credit mechanism
- Intensifying taxation system for reducing production cost
- Inducing private investment to agriculture

(3) Persuading farmers

<Chile>

o Negotiators (agricultural sector) went many times to rural area to meet fruit farmers (meetings, discussions, hearings).

o Government firmly promised to compensate all possible damages from FTA.

- Government kept promise with "Special FTA Law" and 1 trillion & 200 billion won fund.

<US>

o Farmers strongly opposed the FTA together with joining voices expressing anti-American sentiment at that time.

o Government tried to persuade them sincerely. During 8 times of bilateral meeting, negotiators met farmer's leaders to explain the result after every meeting.

o Basically, every Korean knew that Korean economy heavily depends on trade.

6. Remaining Issues

(1) FTA with China

o Korea · China FTA will be the most difficult negotiation on agriculture.
o If concluded like a phsae 2 type, Korean agriculture will collapse or cost a lot of money for compensation.
o China is pushing Korea to start the negotiation.
- Korea is reluctant to start formal one, insists prior exchange of views on sensitive area.

(2) FTA with Japan

o Some informal meetings but not active
o If Korea · Japan · China FTA is inevitable, prior Korea · Japan FTA is necessary.
- If Korea · Japan FTA conclude with a phase 1 type, it will be a good negotiating tool to use on China.

7. Implications and Challenges

o Korea's FTA have not completed yet.
- If Korea expands FTA with Japan and China, Korea will be a country having largest economic territories.

o For farmers, continuous and sincere persuation & firm promise to compensate the damages from FTA are essential.

o Need to establish the long & short term measures for compensation with strict standards and careful design

o Through implementing FTAs, new appearance of young & competitive farmers showed bright signals for future .

o Future tariff system of Korea's FTA will be a phase 2 type.

o Negotiation with countries having similar tariff system is better than countries with different tariff system.

- Once you have a phase 2 type, it will be very difficult to go back a phase 1 type.

o Choosing either a phase 1 type or a phase 2 type completely depends on countrie's national strategy.

o Based on roadmap of the countrie's FTA, steady negotiation is essential. Important thing is contents not timing.

- Impact will come in 10 to 15 years later.

- Thank you for your attention -

나가노(長野)의 농업을 보고
-일본 농림수산광보 1985년 1월호-

在日外国農務官の手記
長野の農業を見て

在日大韓民国大使館農務官

崔龍圭

東京に駐在している各国公館の農務担当官一二人は、農林水産省経済局国際企画課の配慮で、一〇月一七日から一九日までの間、二泊三日の日程で日本の農業を現地視察する機会を得た。一〇月一七日の午後、視察団一行を乗せた上諏訪行きの電車は、折りから降る秋雨の中を信州に向かって一路中央線を走って行った。ゆれる車窓から外を眺めているうちに、私は昔の学生時代のときの冬休みの里帰りをしているような錯覚に落ちた。

学校のあるソウルから故郷の江陵に行く鉄道の名前も中央線であり、治線に際立ってい

る山や混谷、数多いトンネルと橋、農山村の風景までが似ているので、久しぶりに里帰りの気持ちがよみがえり心がはずんだ。秋雨が旅情を昂揚させたのであろうか。

一〇月一八日の朝、小高い山の上に顔を現わした太陽の日ざしが、静かな眼りから覚めた諏訪湖の表面を照らし、その反射光がホテルの窓をノックする頃、視察団一行は長野県農政担当者の案内で、短かい期間ではあるが農業遍歴の途についた。

まず最初の訪問地は標高一、三五〇メートルに位置している八ケ岳馬鈴しょ原原額農楊であっこた。この農場は全国に八か所ある国営馬鈴し原原種農場のうちの一つである。馬鈴しょは増殖率が低く、病害に弱いため、収量の維持を図るには健康な種いもを確保する必要があるが、試験場等で新品種が開発され、奨励品種に指定されてから、国営の原原種圃にて増殖され、それが県営の原種園、民営の採種園を経て栽培農家に至るまでには数年の歳月がかかるとのことである。品種改良は気の長い仕事であると思いながら次の訪問地に向かった

二番目の訪問地は、標高六八〇〜七五〇メートルのセミ・コールド・エアリアにある洗馬野菜産地である。ここでは夏・秋の二毛作経営で、レタスを中心に四〇種類もの野菜を生産している。この産地の特色は、農業経営現模によって作る作目が分業化されていること

である。専業農家は主にレタス、白菜、キャベツを、専業農家のうち中農はピーマン、トマト、ブロッコリーを、また、耕地面積三〇アール程度の小農はパセリ、えんどう、さやえんどうなどを生産している。産地での競合を避け、各々の農家が自分の規模に合った野菜作りをしているとの印象を強く受けた。

生産物はそのほとんどが予冷を経て、全国各地の市場に送られるが、近年は道路事情が良くなったため、朝一〇時に出発すれば翌日の午前三時には九州の熊本市場に着き、朝のセリに間に合い早ければその日の夕方には家庭の食卓に上るとの説明であった。

しかし、野菜の価格は変動が着しく、暴落のときは野菜供給安定基金から二億円が補償金として支給されたこともあったと聞く。今更ながら、日本の農政の抱える難しい側面を感じると同時に、食糧安定供給のための国の強力な支援政策の一端を見た思いがする。

三番日に訪問したのは東筑摩郡波田町にある肉用牛肥育農家の百瀬さんのお宅であった。百瀬さんの家族は五人で、そのうち三人が農業経営に従事している。一三〇頭の和牛を肥育しているが、二五〇キログラムぐらいの子牛を買い入れて体重六五〇キログラム位になるまで肥育し、一頭当たり八五万円で主として大阪市場に出荷しているが、所得率は一八%程度であるという。

特に関心を引かれた点は、この地域は米作地帯であり、稲わらを利用してサイレージを作り、えさとして使っているため濃厚飼料をあまり使わないですむということであった。畜産飼料のほとんどを輸入穀物に依存している日本の畜産が、海外依存型から脱皮する努力をしている良い例であり、武が国の畜産経営者も大いに研究すべき課題であると思われた。

視察団を乗せた大型バスは、次の訪問先に向かって狭い坂道を上って行った。小高い丘陵地に会田共同養鶏組合が経営する大規模の養鶏団地があった。二一年前に三二人の農家によって発足した共同経営の養鶏組合であり、現在はパート、雇用員を含め四七人が従事している。一六万羽の鶏が毎日産み出す一三万個の卵をG・P（⊠格、包装）過程を経て出荷しているとのことである。この地域は降水量が一、〇〇〇ミリメートルぐらいで夏は涼しいが冬は寒い乾燥地帯であるという。組合では自前の飼料工場を持ち、アメリカからとうもろこしを直輸入して年間一万二、三〇〇トンの配合飼料を自家生産してコストダウンを図っている。また、GPセンターを近隣の養鶏養家にも開放するなど、同業者に対しても協力的であった。

養鶏団地の訪問を最後に、長野県農家視察の第一日目の日程が終わり、バスは犀川の流れに沿って長野市に向かった。谷間をぬって走るバスの車窓からは、雨あがりの渓谷をおおう燃えるような紅葉が目にとびこんでくるが、そのすばらしさは一日の疲れをいやしてくれるのに十分であった。

夕方のパーティーで清水長野県農政課長から、長野県は標高差・気温差の大きい地域であり、このような地域の特殊事情に適する農業を導入することによって、日本有数の農業県に発展出来た旨の説明があったが、視察に参加したほとんどの人が、なるほどとうなずいていた。話すのは易く、実践は難しいのが通例であるが、長野県の場合は実践に成功した良い例であるといえよう。

長野市のまばゆい日ざしとともに、視察二日目の朝がやって来た。予定の視察にたつ前に、長野随一の名所である善光寺を参観し、目と心の保養をさせてもらった。

二日目の最初の訪問先は夜間瀬農協の果実共選所である。三〇〇農家、二〇〇か所の果樹園を対象に六億八、〇〇〇万円の事業費を投入して建設された三階建ての選呆施設と三棟の低温貯蔵庫を保有しており、選呆施設は一階が選果、二階が包装、三階が資材置場に使われている。主品目はりんごであり、選果能力は一日九、〇〇〇箱との話である。作業期間が九月から翌年二月までの六か月間とのことであるが、残りの期間を活用する方法はないものかと考えさせられる。次はりんごのわい化団地を訪れた。木の高さを二⊠三メートルの低さに抑えて労働力の節減をはかり、地面に⊠ルミシートを敷いてりんご表面の色とつやを良くしている。農業も努力次第ではコストダウンと人気商品作りが出来るもんだなと感心させられた。

三番目の訪問は全国一の「えのきだけ」産地である、佐藤きのこ園を見学させてもらった。「えのきだけ」は我々外国人の食卓ではなじみがない。複雑できめ細かな注意を必要とする栽培過程について、現場を見ながら説明を聞いた後、中野市農協の「えのきだけ」集出荷センターを訪れた。このセンターでは六〇人の従業員が、朝八時二〇分から午後五時まで作業しており、毎日約五〇トンが処理され、五〇万バックに包装されて、近くは東京、名古屋、大阪、遠くは九州にまで送り出される。出荷された「えのきだけ」はabcdの四等級に格付けされ、個人別データがコンピュータに収録される。

天気が崩れ雨になったが、予定通り最後の訪問地である上田市の鯉の養殖場を訪問することが出来た。走馬燈のように見た二泊三日の短い期間の視察ではあったが、日本農業を理解するのに大いに役立ったと思われる。長野県は、各種の農業構造の改善に関する事業を積極的にしてきている。政府の助成策と相まって、農村も組織化されている。活力に満ち、農業経営の合理化に励んでいる農民を見ながら、日本農業の将来には明るいものがあると感じた。

残念なことは、かの有名な信州そばを試食する機會がなかったことである。帰京の際に上田駅で一包みの信州そばを買い上野行の電車に乗り込んだ。帰りの電車からみる長野の秋は、来たときよりもっと深くなったように感じられた。

（催農務官の日本語に対する造詣は極めて深く、本文も催農務官が日本語にて執筆された原文のままである。）

농촌경제연구원(KREI) 게재 논문(1988년 12월호)

農 村 經 濟　第11卷 第4號 (1988. 12)　77

美·日間의 쌀 市場開放 紛爭과 日本의 選擇

崔　龍　圭*

Ⅰ. 序　論

지난 10月29日 미국의 通商代表部(USTR)는 全美精米業者協會(RMA)가 日本의 쌀市場 開放을 요구한 두번째의 提訴를 却下하였다. 이 문제는 美·日 二國間 問題가 아닌 GATT의 多角的 貿易交涉(우루과이 라운드)에서 協議하는 것으로 兩國이 合意하였기 때문이라고 했다. 쌀 問題는 兩國에 있어서 극히 政治的 要素를 포함하고 있어 만약 受理된다고 하면 심한 "美·日貿易戰爭"으로 발전될 公算이 크며 그렇게 될 경우 日本에게는 커다란 타격이 될 것이다. 특히, USTR의 이 결정은 條件付로서 12月의 GATT 協議時 日本으로 하여금 쌀問題에 적극적 對應을 보여 주지 않을 경우 RMA의 再提訴를 勸告할 것임을 못 박아, 日本政府로서는 國內的으로는 "한톨의 쌀도 輸入할 수 없다"는 農協을 中心으로 하는 農民의 심한 反撥과 함께 중요한 결단을 내리지 않으면 안될 어려움에 처해 있다.

사실 몇 해전만 하더라도 日本의 쌀 市場開放問題는 전혀 提起되지도 않았을 뿐 아니라 美國官吏들의 希望事項으로 가볍게 받아 들였던 것이었는데 1986年 9月 RMA의 1次 提訴를 계기로 急進展함으로 상당히 짧은 期間에 旣定事實化된 결과가 되었다. 12月4日~8日의 카나다 몬트리올에서 開催되는 우루과이라운드 중간 Review의 閣僚會議에서 農業補助金이나 輸入制限을 10年內에 全廢하자는 美側의 主張과 農業補助金의 현수준에서의 凍結을 주장하는 EC와의 對立에서 日本의 本心은 EC의 意見이나 쌀問題 때문에 선뜻 EC案에 同調할수 없는 어정쩡한 位置인 것이다. 그러나 어찌 되었던 日本으로서는 同協議에서든 또는 그 후 빠른 時期에 구체적 태도를 밝히지 않으면 再提訴와 通商法301條에 의한 報復措置로 이어지는 一連의 事態를 豫見해야 한다.

美國으로서도 그간 최대의 懸案이었던 對日 牛肉·감귤류 自由化問題가 解決된 터라 남은 가장 큰 農産物이 쌀이기 때문에 聖域化로 굳게 닫혀져 있던 日本의 쌀 市場을 어떠한 형태로든 열어 단계적인 完全自由化로 이끌어내어 對日貿易赤字의

*農林水産部 農産統計擔當官.

解消를 해 보려는 것이다. 그러면 이와 같은 日本과 美國의 쌀 市場開放紛爭은 어떠한 과정을 거쳐 발생하였으며, 미국 RMA의 提訴와 그 背景은 무엇이며, 兩國의 입장과 이를 둘러싼 國際貿易의 흐름과 좁아져 가는 日本 選擇 幅은 어느 程度인가를 究明해 보고자 한다.

Ⅱ. 紛爭의 過程과 背景

1. 美·日貿易摩擦過程과 쌀問題의 擡頭

가. 美·日의 貿易摩擦의 過程

우선 日本과의 貿易摩擦이 본격적으로 문제화된 것은 第1次 石油危機後 黑字國責任論이 강하게 주장된데서 基因된다. 다시 말하여 經常收支가 黑字인 나라는 그것 만큼 外國으로부터 購買力을 뺏는 결과가 되어 소위 黑字國의 不況과 失業을 外國에 輸出하는 것과 같은 효과라는 주장으로 美國을 중심으로 그 論議가 活潑하여 런던(1977年)과 본(1978年) 先進國頂上會談에서 經常收支의 黑字國인 日本과 西獨이 自國의 國內景氣를 자극하여 높은 經濟成長을 達成하여 世界經濟를 主導해야 한다는 意見이 강하게 주장되었다. 특히, 美國으로서는 100억불이나 넘는 對日貿易의 入超에 直面하여 日本에 대하여 1977年 가을에 ① 經濟成長率을 높일 것(7~8%) ② 經常收支의 赤字時期를 明示할 것 ③ 工業製品輸入比率을 높일 것 ④ 輸入制限品目數를 줄이고 輸入쿼타를 확대할 것 ⑤ 關稅率 引下를 早期에 실시할 것 등의 내용을 요구하였다. 바로 그 당시 1973年에 시작된 東京라운드가 國際的 農產物價格의 高騰, 石油危機의 발생 등으로 진전을 보지 못하던 것을 앞서의 先進國頂上會談에서 그 촉진을 合意하였던 것이다. 특히, 당시 日本의 輸出이 급증하여 큰 타격을 받은 各國이 일제히 日本에게 압력을 가하기 시작하였으며, 이 TR交涉中에서 名國과 二國間 또는 多國間 交涉이 계속 되었으나 특히, 최대의 焦點은 美·日 農產物交涉이었다. 이 交涉에서 美國은 牛肉, 감귤류, 과즙의 3品目의 自由化를 강하게 요구하였고 1年餘의 協商을 거쳐 결국 自由化가 아닌 1978年부터 5年間의 輸入쿼타의 증가로 美國에게는 실질적인 利益을 얻는 것으로 妥協되었다. 東京라운드는 이와 같은 美·日合意에 이어 EC, 오세아니아, 開發途上國과의 교섭을 거쳐 1979年 4月에 終結하였다. 그리고 그후 2年間은 TR의 妥結과 第二次 石油危機發生으로 國際貿易問題는 小康狀態로 이어 갔다. 그러나 1981年에 레이건 行政府가 발족하면서 政治, 外交的으로 "강한 美國"의 實現을 위한 行動을 開始하기에 이르고 특히, 對日貿易의 赤字增大에 直面하여 日本에게 貿易不均衡의 是正을 요구하면서 그 중 農產物의 市場開放을 강하게 요구하였다. 여기에서 美·日間의 貿易不均衡은 일본의 貿易制度의 "不公正"에 原因이 있다고 보고 이의 典型이 日本 農產物의 非自由化品目의 존재라고 주장하였다. 여기에서 특이한 것은 이에 호응하여 財界를 중심으로 하는 日本의 經濟團體들이 일제히 貿易自由化를 요구하는 提案을 한 점이다(註 : 1982년 4월 經團連「對外經濟摩擦改善에 관한 見解 1983年 1月 政策構想 Forum「日本의 安全과繁榮을 世界와 함께— 國際經濟政策에 대한 提案」 1983年 9月 經團連通商對策委員會「自由貿易體制의 維持, 强化에 관한 見解와 提案」 등). 이로서 日本의 輿論은 兩分되었고 한편 美國에게는 對日壓力을 加重하는 自信感을 주게 되었으며 이것이 나중에 牛肉, 감귤류의 完全自由化의 결정(1988年 6

月 決定, 牛肉은 1991年부터 감귤류는 1992年부터 自由化)을 앞당기는 契機가 되었을 뿐 아니라 그간 日本의 聖域인 쌀 市場開放 要求까지 이어지는 빌미가 되었다고 하겠다. 그러나 그후 다시 自由化가 아닌 輸入쿼타 增加를 1984年 4月에 合意하였으며, 完全自由化는 1988年 4月로 연기된 셈이었다. 특히, 이때 正式交換文書에는 "1988年 4月1日 이후에는 이들 農産物에 관하여 어떠한 輸入制限도 撤廢될 것을 期待한다"고 強調하였다. 또한 1983年 7月에는 非自由化 19品目中 牛肉, 감귤류를 除外한 12品目에 대하여 GATT 23條1項에 根據하여 協議의 申請(즉, 提訴)을 하였으며 이는 23條2項에 의한 小委員會의 Pannel을 결쳐 이중 10品目은 GATT違反으로 判定되었고(1988年初), 결국 日本은 이중 도저히 자유화가 어려운 연유 전분을 제외한 8品目의 自由化를 決定하였으며, (1988年 4月) 마지막으로 그간 절대로 自由化 안하겠다고 公約해 오던 牛肉, 감귤류도 1988年 6月에 드디어 자유화 결정을 함으로 쌀을 제외한 거의 主要 農産物은 자유화하기에 이르렀다.

나. 쌀의 市場開放問題의 擡頭

美國이 日本의 쌀市場에 대하여 적어도 公式的으로는 1986年 9月 10日 RMA의 提訴 때까지는 協商의 Table위에 올리지 않겠다고 公言(USDA)하여 왔다.

가끔 간헐적으로 農務長官 등이 日本에의 쌀 輸出에 대한 관심을 표하거나 日側이 사주었으면 하는 정도의 표시를 해 왔다. 특히, 美農務省(USDA)은 日本이 美國 農産物의 최대의 顧客이므로 好意的으로 日本 農民들의 심한 반발을 보일 쌀 문제에 대한 言及을 피하여 왔고 따라서 日本도 農林省을 중심으로 그다지 심각하게 생각하지 않았던 것이다.

그러나 1981年까지는 輸出好調 등으로 生産이 활발하였던 미국의 쌀 사정이 1982年, 1983年의 過剩生産과 태국과의 價格競爭力喪失에 따른 輸出의 急減으로 生産農場이 어려움에 처하게 되었고 그에 따른 減産政策(30%~35%의 面積)에 生産者의 불만이 높아졌다. 이를 배경으로 하여 RMA와 出身州의 議員들이 日本의 쌀 市場開放을 위한 활동을 시작하였으며, 당시 對日 經常收支 赤字의 增大에 고민하던 USTR도 이에 同調하여 쌀 문제를 거론하기에 이르렀다. 더욱이 당시 가장 懸案이었던 牛肉·감귤류의 交涉解決에도 영

表 1 美國 日本의 貿易 바란스 動向

單位 : 億불

		1975年	1980	1982	1983	1984	1985	1986	1987
美國	貿易 바란스	63	△ 305	△ 334	△ 450	△ 1.086	△ 1.230	△ 1,608	△ 1,602
	그중 農産物	124	232	236	185	191	115	54	72
	非農産物	△ 61	537	△ 570	△ 713	△ 1.277	△ 1.345	△ 1,662	△ 1,674
日本	貿易 바란스	△ 21	△ 107	69	205	336	461	827	797
	그중 農産物	△ 108	△ 167	△ 155	△ 158	△ 178	△ 160	△ 172	△ 201
	非農産物	87	60	224	363	514	621	999	998
	對美 貿易 바란스	△ 5	70	122	182	331	395	514	521
	그중 農産物	△ 37	△ 70	△ 63	△ 68	△ 75	△ 61	△ 58	△ 71
	非農産物	32	140	185	250	406	456	572	592

資料 : US Foreign Agrcutural Trace Statistical Report, 大藏省「日本貿易統計」.

註 : 美國의 數値는 會計年度(10~9月) 베이스임.

80

향력을 미칠 것으로 보았을 것이다. 특히, USTR은 모든 문제들을 GATT의 規定에 適用함으로하여 日本 農林省에서 USTR을 GATT屋이라고 까지 부르고 있다. 이와 같이 하여 1986年 9月10日에 RMA가 USTR에 提訴함으로 마침내 美·日의 쌀 市場開放紛爭이 公式化되었다. 더욱이 1988年 6月 美·日間의 牛肉·감귤류 自由化問題가 매듭지음으로 하여 美國으로서는 日本의 農產物中 남은 쌀로 Focus를 맞춰가기로 하고 드디어는 1988年 9月에 RMA에 의한 二次提訴에 이르게 되었다.

2. 全美 精米業者協會(RMA)의 提訴

가. 1次提訴

美國의 精米業者協會는 1986年 9月10日 USTR에 美國의 1974年 通商法 301條 A項 2에 根據하여「美國의 通商에 있어서 不合理한 것」에 日本의 쌀 輸入規制가 해당된다고 보고 提訴를 하였다. 이 不合理 (unreasonable)는「美國이 關係하고 있는 國際法上의 權利에 반드시 反하는 것은 아니지만 不公正 또는 不公平하다고 보여지는 모든 措置, 政策, 또는 慣行을 의미하는 것」으로 구체적으로 日本의 쌀輸入規制가 왜 不公正 또는 不公平한가의 論據를 다음과 같이 들었다.

① 美國에서 생산된 쌀의 품질이 國際的으로 통용될 수 있는 것으로 당연히 日本 市場에도 適用可能하며

② 價格面에서도 美國米가 日本 市場에 참여할 수 있는 充分한 根據를 갖고 있다. 이는 日本과 美國의 米價 差를 말하는 것으로 이렇게 큰 價格差의 觀點에서 볼 때 日本 市場에의 쌀 輸出이 완전히 정지되어 있는 것이 美國의 生產者에게 公平내지 公正한 市場의 機會를 拒否한다는 점이다. 구체적으로 1986年의 日本 生產者米價는 美國의 10倍에 이른다는 것이다(당시 日本은 톤당 311,133엥, 1불 162.7엥으로 換算하면 약 2,100불이 되며, 美國의 米價는 톤당 215불이므로 10倍가 된다는 것임). 만약 日本이 現行輸入禁止를 撤廢하면 美國의 쌀 수출이 245萬톤이 늘고, 輸出金額이 16.5억불이 增加할 것 (피어슨敎授의 推定)이며, 世界의 쌀 貿易量이 3割증가할 것(World Bank 推定)이라는 資料를 첨부하였다. 따라서 美國政府는 ① 日本政府가 行하고 있는 쌀의 輸入數量制限을 대폭적으로 자유화 하든지 완전히 철폐하여야 하고, ② 美國產 쌀의 相當部分의 消費振興을 위한 日本政府의 効果的 施策, ③ 食糧廳에 의한 美國產 쌀의 買入을 주장하고 만약 日本政府가 이것을 同意하지 않으면 大統領은 日本製品에 관하여 報復關稅나 數量制限 등 可能한 모든 措置를 취해야 한다는 것이다.

그러나 1986年 10月23日 야이터 USTR代表는 日本이 앞으로 우루과이라운드에서 쌀 問題交涉을 表明하였으므로 이를 棄却한다고 發表하였고 다음 날인 10月24日 日本의 가토農相은 우루과이라운드교섭의 구체적 내용에 대하여는 今後 多國間에 결정해 나갈 문제라는 뜻을 밝혀 美·日 쌀 市長開放紛爭의 첫 回를 마쳤다.

나. 2次提訴

그후 약 2年間에 걸쳐 美國은 린 農務長官, 야이터 代表, 슐츠 國務長官 등이 日本의 상대인 農相, 外相, 駐美大使 등과 만나는 자리에서 쌀 문제에 대한 二國間協議내지는 UR에서의 협의를 주장하였으며, 日本은 二國間協議에는 應할 수 없으며, 多國間協議에서 農業補助金이나 美國의 웨이버品目과 함께 論議해야 한다고 一貫되게 주장하였다. 그러나 1988年 9月14日 RMA는 RCMD(美國米市場開發協議會)와 共同으로 包括貿易

法에 의하여 改正된 新通商法 301條를 根據로 하여 美通商代表部에 再提訴를 하였다. 그 提訴의 理由로 다음 다섯 가지를 지적하였는 바

① 1961年 以來 日本政府는 쌀 輸入의 실질적 금지를 통하여 國內生産農家의 國際競爭으로부터 보호를 강화하여 왔다.

② 1987年에 있어 食糧廳이 輸入許可한 양은 國內消費量의 0.2% 以下이다.

③ 日本政府는 쌀 生産에 많은 補助를 하고 있으며, 生産者米價는 1960년에는 거의 國際價格에 달하였음에 불구하고 1988年에는 國際價格의 8~10倍에 이른다.

④ 1988年에 日本의 消費者는 쌀에 대하여 거의 350억불을 支拂할 것으로 보이나 輸入을 하게 되면 年間 支出額은 거의 280億불이나 削減할 수 있다.

⑤ 캘리포니아 南部의 쌀 生産者는 生産增加, 輸出增加, 高收入의 이익을 享受할 수 있으며, 美國의 納稅者도 쌀生産費用의 실질적 저하를 통하여 이익을 얻을 수 있다.

따라서 日本의 쌀輸入의 실질적 禁止措置는 數量制限 및 다른 手段에 의한 輸入制限을 違法이라고 하는 GATT 제11條에 위반되고, 日本의 쌀政策은 301條下의 「正當化될 수 없음」事項에 해당될 뿐 아니라 美國의 쌀 生産者에게 公平 내지는 衡平의 競爭機會를 否定하고 있어 301條의 「合理的이지 않음」事項에도 해당한다고 주장하고 結論的으로 美通商代表部는 日本政府가 4年 以內에 國內需要의 10%分에 대하여 外國쌀 生産者로부터 輸入을 認定하는 內容의 合意를 위한 協議를 開始해야만 하며 1年째는 國內需要의 2.5%, 2年째는 5.0%, 3년째는 7.5%, 4년째는 10%의 단계적 輸入을 특히, 4年째에 가서는 輸入量 증가를 위한 새로운 교섭을 해야만 하고 日本政府가 이 (ACCESS)를 拒否할 경우 USTR은 美國市場에 輸出되는 日本製品에 대하여 關稅 및 數量制限을 加하는 制裁措置를 취해야 한다고 하였다.

이와 같은 提訴에 대하여 45日內에 可否의 判斷을 내려야 하는 (303條) USTR은 1988年 10月28日 다음과 같은 條件付棄却을 결정하였다. ① 提訴는 棄却한다. ② 日本의 쌀 制度는 변명의 여지가 없이 美國 및 다른 나라의 쌀生産者에게 不利益을 주고 있으며, 挑戰받지 않으면 안된다. ③ 문제는 日本의 쌀市場開放을 정말로 實現시켜 나가는데 成功의 可能性이 높은 방법으로 301條보다는 우루과이라운드를 통하여 取扱하는 것이 적절하다고 본다. ④ 301條 提訴를 受理하게 되면 GATT의 紛爭處理過程을 利用하게 되며 GATT에서 이긴다고 해도 日本은 主權國으로 GATT判定에 따르지 않을 수도 있어, 그 경우 報復은 할 수 있다고 해도 最終的으로 美國産 쌀의 對日輸出은 實現할 수 없게 되며 ⑤ 12月初 몬트리올에서 開催되는 UR의 中間레뷰에 있어서 쌀문제를 日本이 UR 農業交涉의 내용 (Context)으로 해결할 約束(Commitment)을 公式的으로 表示할 機會를 주게 되며 ⑥ 이 中間레뷰에서 日本이 農業交涉에 적극적으로 임하는 약속을 성실하게 지키게 되면 本件提訴를 受理하지 않은 判斷이 옳았다는 증명이 되며 ⑦ 만약 中間레뷰에서 日本이問題의 論議에 協力的이지 않는다거나, UR에서 쌀 문제해결의 약속을 행하지 않는 것이 分明해질 경우 本決定을 再考할 用意가 있으며 그 경우 301條에 의한 再提訴를 권장하며 이는 레이건 政權下에 決定을 내리게 될 것이다. 그러나 USTR이 表面的으로는 以上의 諸理由를 들어 棄却하였지만 실제로는 다음 몇 가지 理由를 생각해 볼 수 있다. 우선 쌀이 GATT上 國家貿易品目으로 輸入制限에 대한 該當國家의 措置가 다소 認定되고 있으며, 美國內에서 쌀

生產者數가 全體 農家數에 비할 때 미약한 정도일 뿐 아니라 쌀 問題에 대한 輿論의 強度도 심하지 않고, 또한 만약 早急히 報復措置를 취하게 되면 오히려 日本의 심한 反撥 특히, 自民黨政權의 政治的 基盤인 농민들의 반대가 심각하게 되며, 自民黨에게 상당한 타격을 가할 것이 豫想되어 현재 비교적 긴밀한 협조를 유지하고 있는 美·日關係에 惡影響을 줄 憂慮가 있으므로 굳이 직접적인 二國間 문제해결 보다는 오히려 우루과이라운드와 같은 多者間協議를 택하여 공동으로 압력을 가하게 되면 對外的 共感帶도 형성할 뿐 아니라 對日壓力의 역할을 分散하므로 日本의 對美 반발을 완화시킬 수 있으며, 이미 牛肉·감귤류 교섭에서와 같이 長期的으로는 日本이 쌀도 開放할 수밖에 없지 않는가 하는 計算이 아닌가 본다.

3. 背景－美國의 쌀 事情

가. 美國의 쌀 生產과 消費

먼저 미국의 쌀 생산이 시작된 歷史를 살펴보면 지금부터 약 300年前인 1680~1690年代에 現在의 사우스 카롤라이나州의 찰스톤에서 시작되었다고 하며 약 200年에 걸쳐 美國의 米作은 이 지역을 중심으로 黑人奴隷를 사용한 Plantation 農業形態로 행하여졌다. 그러나 그후 南北戰爭으로 노예해방과 더불어 Plantation農業이 消滅해 버리고, 루이지아나州에서 시작된 近代的 米作으로 발전하여 1899년에는 9.6톤의 쌀을 생산하였고, 19世紀末에는 텍사스州, 20世紀初에는 아칸소州, 1910年에는 캘리포니아州로 확대되어 이 4個州가 오늘날 美國米作의 중심이 된 것이다.

이와 같이 생산된 美國의 쌀은 이미 1950年에 1,408千톤(玄米)에 이르고 그후 1970년에는 3,039千톤, 1980年에 5,303千톤, 그리고 1981年에는 최대인 6,630千톤을 생산하였다. 이를 白米로 換算하면 5,801千톤으로 우리나라 1988年 生產量 6,053千톤과 비슷한 수준인 셈이다. 그러나 1982年 이후 減產政策으로 1984~88年은 대개 490万톤 前後의 수준으로 떨어졌다. 이와 같이 1970年代初 300万톤 수준에서 1980年代에 와서 輸出需要의 확대 등으로 生產量은 거의 倍나 증가하였다. 한편 쌀을 種類別로 보면 1985年의 경우 長粒種(Indica Type)이 전체의 4分의 3인 370万톤, 中短粒種(Japonica Type과 兩種의 交雜種)이 130万톤 정도로 長粒이 압도적이다. 이를 州別로 보면 南部 아칸소州가 37%인 약 200万톤, 캘리포니아가 약 4分의1인 130万톤, 루이지아나州가 15%인 85万톤, 텍사스州가 16%인 90万톤을 생산하고 있다. 이를 다시 州別 種類別로 보면 南部인 아칸소州의 쌀 94.5%가 長粒인데 비하여 캘리포니아州는 長粒이 13%에 지나지 않고 中粒種 66%, 短粒種 21%로 구성되어 있어 日本人의 기호에 맞는 中短粒이 캘리포니아州에서 가장 많이 생산되고

表 2 年度別 쌀 生產量, 面積, 在庫의 推移

年 度	收穫 面積	單 收	生產量	期末在庫
	千ha	tha	千t	千t
1955	739	2.7	2.028	1,256
1960	645	3.0	1.946	366
1965	726	3.8	2.768	299
1970	735	4.2	3.039	676
1975	1,134	4.1	4.661	1,338
1980	1,340	3.9	5.303	598
1981	1,534	4.3	6.629	1,778
1982	1,315	4.3	5,596	2,366
1984			3.600	
1985			5.040	
1986			4.880	
1987			4,800	

資料 : 1) 農業, P.294(벼 基準 資料를 80%의 玄米로 換算)
2) 1984~87 生產量農業白書附屬 統計表, P100(〃)

表 3 種類別 指標. 1985-86

(玄米重量)

	收穫面積 (万 ha)	單數 (t/ha)	生產量 (万 t)	利用(万 t)			期末在庫 (万 t)
				國內	輸出	計	
長 粒	78	4.7	366	179	152	331	179
中·短粒	22	5.8	127	66	61	127	95
合 計	100	4.9	493	242	213	455	280

資料 : USDA(美農務省), Rice : Out look and Situation Report, Sept 86.

表 4 쌀 生產州別 : 農場數, 生產量, 1農場當 平均, 1982

(玄米重量)

州	農場數	生產量 (万 t)	1 農場當 平均		
			收穫面積(ha)	生產量 (t)	單收(t/ha)
캘리포니아	1,322	133	172	1,004	5.8
아 칸 소	5,436	207	93	380	4.1
루이지애나	2,508	85	91	339	3.7
텍 사 스	1,157	90	180	774	4.3
全 國 計	11445	559	112	488	4.3

資料 : USDC(美產務省) : 1982 Census of Agriculture Vol.

註 : 1982年 日本 쌀 生產農家戶當 平均作付面積 0.6ha 平均 生產量 2t.

있음을 알 수 있다.

나. 美國의 쌀 貿易

美國의 쌀 輸出은 1970年에 174万톤이던 것이 1981年에 301万톤으로 크게 늘어났으나 1985年 196万톤, 1986年 240万톤으로 점차 減少하고 있다. 쌀 交易量을 世界全體로 보면 1981年의 輸出이 1300万톤, 1985年 1,151万톤, 1986年 1,216万톤으로 1981~85年의 減少는 11.5%였으나 美國은 35%의 減少를, 즉 世界 貿易量보다 3倍 가까운 減少傾向을 보인 점이 최근 美國 쌀 輸出의 특징이라고 할 수 있겠다. 반면 태국은 1981年 370万톤에서 1985年 399万톤, 1986年 452万톤으로 증가하고 있다. 이와 같이 美國 쌀 輸出量이 감소하는 것은 다음의 몇 가지 이유로 설명할 수 있겠다.

첫째, 世界交易量의 감소경향인데 그간 主輸入國이던 인도, 인도네시아, 스리랑카 등의 開途國들이 Green Revolution 등을 통하여 食糧增產을 하여 輸入需要量이 감소한 것이 큰 要因이라고 하겠다. 둘째, 美國이 태국과의 價格競爭에서 지고 있는 점을 들 수 있겠다.

아래의 圖表를 보면1981年 이후 1985年까지 美國의 쌀값이 태국보다 훨씬 비쌌다는 것을 알 수 있다.

이와 같이 美國 쌀의 價格競爭力이 떨어진 것은 所得保障과 價格支持政策으로 1980年代의 價格支持수준이 1981年의 農事法에 의하여 向後 4年間 事前決定된 점을 들 수 있다. 當時에는 그 후의 需給不均衡을 아무도 豫測할 수 없었다. 실제로는 1982, 1983年 계속하여 過剩이 되어 美國의 가격지지 수준이 世界의 需給實情으로부터 떨어져나가게 되었으며, 事前決定에 의한 가격때문에 國際價수준으로 引下시키지 못하여 美國 쌀 需要가 減退하였다. 이는 世界交易量의 減少中에서도 태국 쌀의 輸出量은 오히려 크게 증가한 것으로 알 수 있겠다. 또한 1980年代 前半의 高달러에 의한 美國 農產物 輸出價格이 높아졌던 점도 그 理由中 하나라고 하겠다.

다. 美國의 쌀 政策

美國은 穀物全體에 대하여 所得保障, 價格支持 및 生產調整이라는 制度를 취하고 있으며, 쌀은 이 중의 일부인 것이다. 먼저 生產調整 즉, 減產은 쌀이 過剩되기 시작한 1982年부터 실시하였는데 1982年 15%, 1983년 20%, 1984年 25%, 1985年 32%, 1986年과 1987年은 35%로 해마다 늘려왔으며, 이 減產計劃에 참가하는 農場(農家)에게만 所得保障과 價格支持를 해 주는 條件으로 되어 있다. 다만 이 計劃에의 參加與否는 農家의 自由

그림 1 네델란드 토텔담港 引渡價格(CIF) : 美國産米와 태국산米

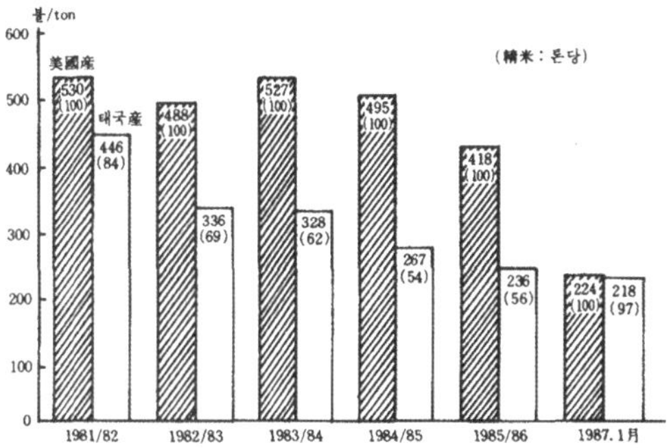

資料 : USDA, Rice Situtlon and Outlook Report, Apr. 1987

表 5 쌀의 國際貿易

精米重量 : 万톤

		1960~65	1972~74	1981	1985	1983~85
輸出國	美國	108	185	301	191	219
	E C	44	52	86	91	90
	中國	64	179	60	101	93
	버마	162	27	75	45	64
	파키스탄	11	55	110	96	111
	태국	148	94	305	399	414
輸出全體		681	727	1,300	1,151	1,222
輸入國	E C	69	68	142	128	124
	이란		16	60	60	68
	사우디		14	50	50	51
	인도	53	5	90	1	—
	스리랑카	49	30	10	20	14
	인도네아	106	169	54	—	—
	한국		38	221	—	—
輸入全體		730	735	1,274	1,151	1,222

資料 : USDA : World Grain Situation and Outlook

意思에 의하고 있다. 따라서 이 參加率이 문제이나 최근의 쌀 사정이 나빠짐으로 점차 高水準에 이르고 있다. 실제로 1982年 78%, 1983年 96%, 1984年 87%, 1985年 90%, 1986年 94%(面積베이스)로 거의 대부분의 農場이 참가하고 있다고 하겠다. 다음 所得保障은 目標價格(Target Price)에 의하고 있다. 生產費調査를 하여 이 기준으로 하여 需給事情을 감안하여 目標價格을 정하는데 日本의 生産者米價와 近似한 것으로 1970年代에는 每年 다음 해의 수준을 정하였으나 1980年代에 들어와 1981年의 農事法에 의하여 1982~85까지의 4年間의 수준을 사전에 결정하였으나, 1986年~90年까지는 1985年 農業法에서 一括決定하는 것으로 바뀌었다. 이와는 別個로 가격지지수준을 결정하는 것으로 融資單價(Loan rate)라고 하는 수준이 설정되어 있다. 이것은 目標價格의 대개 3割 정도 아래의 수준으로서 當初는 生産費中 物財費를 補塡할 수 있는 수준의 融資수준으로 결정되어 있다. 農民이 受取하는 最低市場價格을 지지하는 役割인 것이다. 이는 農民이 政府로부터 9個月間의 短期融資를 얻을 때 擔保穀物의 가격인 것이다. 쌀 收穫後 市場價格이 보다 높으면 融資를 얻을 필요가 없지만 市況이 좋지 않을 때는 일단 쌀을 擔保로 하고 政府로부터 9個月間의 융자를 얻게 되고, 이 期間中 담보한 쌀을 시황이 좋으면, 꺼내어 販賣하거나 나쁘면 정부에 引渡해 버리면 된다. 담보한 쌀을 정부에 인도하게 되면 市場에 공급되는 쌀이 그만큼 줄어 들기 때문에 市場價格이 올라가게 되며 이것이 融資單價 수준으로 近接하게 되며 融資價 수준의 가격이 지지된다는 것이다. 결과적으로 정부는 융자단가와 목표가격과의 差 즉, 부족분을 財政에서 지불함으로 소득을 保障한다는 것이다 (<그림 2>의 왼편 1984/85 참조).

그러나 앞서 설명한 가격을 4年間 一括事前決定하는 데에다 쌀의 과잉으로 인하여 美國產 쌀이 태국보다 2倍나 비싸게 되어 輸出競爭力을 잃게 되자 1985年 農業法에 輸出價格을 태국産 쌀과 같게 하기 위하여 Marketing Loan(融資返濟免除) 制度를 導入하여 1985年부터 실시하였다.

이는 쌀을 담보로 하여 정부로부터 短期融資를 얻고 있는 農民은 國際價格으로 融資返濟가 認定되는 것으로 그 結果 美國의 쌀 農家는 國際價格으로 輸出하여도 再生產可能한 目標價格이 보증되어 있어 國際競爭力을 갖게 되는 것이다(<그림 2>의 오른쪽 참조).

이 制度의 導入으로 85年에 180万톤으로 떨어졌던 美國의 쌀輸出은 87年에 240万톤으로 回復되었다.

그러나 이 制度에 의하여 生產者價格 즉, 目標價格의 半도 되지 않는 가격으로 수출하는 셈이며 이는 모두 정부의 財政負担에 의한 것이다. 따라서 美國은 쌀에만 1983年 3.3億불, 1986年 總10億불의 3倍 정도의 財政負担이 늘게 되었다.

라. 美國의 쌀 生產可能性

앞서 1970年初에서 1981年까지 米作面積이 倍增함으로 過剩在庫가 발생하여 作付面積을 엄격히 制限하여 1987년에 35%까지 減產하고 있음은 설명한 바 있다. 따라서 만약 쌀 생산에 有利한 條件이 주어진다고 하면 미국의 쌀 생산은 얼마만큼 확대할 수 있고 그 限界는 어는 정도인가? 특히, 미시시피流域에서 시카고까지 거슬러 올라가면 충분히 벼가 生長할 수 있고 여기에 南東部海岸平野도 米作의 適地로 보여지지만 그 모두가 栽培適地라고는 불수 없고 自然條件이 맞는 地域이어야만 한다 <表6>에서 推計資料를 보면 美國의 米作適地面積은 약 400万ha로 그중 灌槪水의 利用可能性이나 輪作關係 등을 考慮하여 每年

그림 2 美國產 쌀의 價格支持·所得保障制度

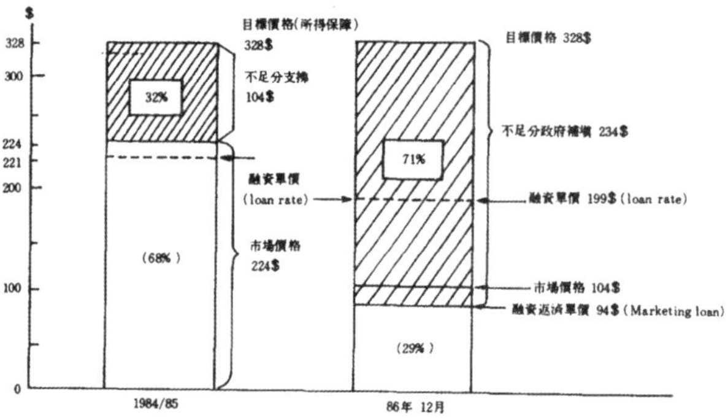

資料 : USDA, Rice Sitution and Outlook Report 1987

表 6 美國 米作의 擴大余地

단위 : 千ha

地 域 別	適地面積	作付可能面積	收 穫 面 積		
			73	78	81
全國計	4075	2014	879	1,238	1,535
캘리포니아州	268	204	162	202	240
아칸소州	715	351	188	312	
델타지역	1,383	855	72	289	
걸프지역	1709	604	457	435	
(루이지아나)	726	363	242	209	
(텍사스)	983	241	215	226	234

資料 : USDA, Rice Situation 등.

의 作付可能面積은 약 200万ha로 推定된다. 따라서 史上最大를 기록한 1981年의 150万ha보다 약 50万ha를 더 할 수 있는 것은 쉽다고 하겠다. 왜냐하면 그 擴大餘地의 대부분이 델타에 남아 있기 때문이다. 만약 여기에서 想定한 200万ha의 한도까지 확대한다고 하면 米穀生産量은 200万톤이 증가한 800万톤(玄米)이 되며 國內需要는 급격히 증가하지 않기 때문에 生産增加分 그대로 수출에 돌려지게 되어 결과적으로 약 500万톤의 수출이 한계가 아닌가 보인다. 또한 여기에다 從來의 作付體系 즉, 쌀→大豆의 2年輪作體系에서 쌀→쌀→大豆의 3年輪作體系로 바뀐다고 하면 作付可能面積은 300万ha로 확대할 수 있다. 따라서 만약 世界的 需給이 현저히 逼迫하여 米價가 他作物 가격에 비하여 유리하다고 하면 쌀 생산은 1200万톤이 가능하며 1000만톤 정도를 輸出할 수 있고 美國은 世界米穀市場에서 압도적인 地位를 確保하게 될 것이다. 美國의 米作은 그 정도의 實力을 갖고 있다고 보아야 한다.

Ⅲ. 國際情勢의 흐름과 日本의 事情

1. GATT 新라운드(UR)의 動向

世界第2次大戰後 世界平和를 確立하기 위하여 經濟面에서의 各國의 協調體制를 强化하려는 움직임 속에서 미국이 提案한 「世界貿易및 雇傭의 擴大에 관한 提案」을 中心으로 1947年 10月에 成立되어 1948年 1月에 先進國 11個國을 위시하여 19個國의 加盟으로 發効된 GATT는 貿易問題를 다루는 唯一한 國際機關이 되었으며, 關稅뿐 아니라, 非關稅措置, 差別待遇의 廢止 등의 문제를 다루게 되었다. 그 後 各國이 차례로 加入(日本은 1955年, 韓國은 1967年)하게 되었으며 現在는 103個國이 加入하고 있다. GATT는 그간 여러차례의 大規模의 多角的, 貿易交涉을 하여 온 바, 1967年에 妥結된 케네디라운드와 1973年부터 1979年까지 交涉이 進行되었던 東京라운드가 있었다. 그러나 東京라운드 후 世界經濟의 變化, 貿易實態의 變化 등에 對應하기 위하여 1983年 5月 美國 윌리암스버그 先進國頂上會談의 宣言에서 提案한 것을 始作으로 「새로운 多角的 貿易交涉의 必要性」이 提唱되어 왔다. 1985年 11月 GATT總會에서 新라운드 開始를 위한 準備委員會를 設立하고 1986年 우루과이에서 開催된 GATT閣僚會議에서 新라운드(多角的 貿易交涉)의 開始가 宣言되었으며 이 후 우루과이라운드라고 한다. 主要內容으로 交涉項目은 關稅, 非關稅措置, 熱帶產品, 天然資源, 農業, 세이후가드, 서비스, 知的所有權, 紛爭處理 등 14項目에 대하여 向後 4年間(1990年까지)의 交涉期間을 갖도록 하는 것이다. 이 중 農業交涉에 있어서 主要國으로부터 各各의 國家事情을 反映한 提案이 나오고 있으며 基本的으로 農產物純輸入國과 그 以外의 國家들의 見解가 크게 다른 점이다. 먼저 美國, 케안즈그룹(캐나다, 호주, 뉴질랜드, 아르헨티나, 태국 등 農產物輸出에 補助金을 支拂하지 않는 14個 國家群)은 農產物 純輸出國의 立場에서 一定期間內 (美國은 1

0年 以內)의 農業의 全面自由化(農業補助金 및 輸入障壁을 包含)를 해야 한다고 主張하고 있으며 특히, 케안즈그룹은 구체적으로 ① 農業의 保護水準을 1989年, 1990년의 2年間에 10%씩 引下할 것 ② 輸入全面禁止의 農產物은 Minimum Access (輸入最低쿼타量)로서 우선 1989年度에 總消費量의 3%를 輸入할 것 등 우루과이라운드 交涉中이라도 長期的인 全面的 自由化의 第1步로서 補助의 削減 등 輸入Access의 改善(短期對策)을 實質的으로 취해야 한다고 主張하고 있다. 한편 美國과 對立하는 EC, 北歐諸國은 農業支持政策의 必要性을 認定하고 있어 우선 당분간은 現狀態를 凍結하고 保護의 完全撤廢가 아닌 段階的 農業補助의 削減을 主張하고 있다. 또한 이 長期的 削減에 앞서서 各國의 協調的 行動에 의하여 輸出市場의 混亂을 改善하기 위한 短期對策이 必要하다고 主張하고 있다. 이들 輸出國과도 다른 立場인 日本은 農業이 食糧의 安定供給 등 극히 重要한 役割을 하고 있다는 점을 배려하여 農產物輸入國의 立場을 反映하는 Rule 작성의 必要性을 強調하고 있다. 日本 主張의 主要 포인트는 다음과 같다. ① 食糧自給率이 낮은 國家가 그 基礎的 食糧의 國內生產을 안정적으로 확보할 수 있도록 輸入制限에 관한 GATT規定을 整備해야 하고 ② 輸出國에 의한 食糧制限措置에 관한 規律의 정비와 ③ 輸出補助金의 段階的 撤廢 ④ 貿易歪曲効果를 가진 政府補助金의 適切한 運營을 指摘하고 있다(農業交涉그룹에서의 日本提案 87. 12. 26 農林水產省, 農業 日本提案의 補助說明 88. 10. 13을 참조) 이와 같은 各國의 주장은 88. 12. 4–8 카나다 몬트리올에서 開催되는 우루과이라운드 交涉의 中間檢討(Review)에서 論議豫定이나 各國의 利害關係가 얽혀 쉽게 調整되기는 어려울 것으로 보인다. 특히, 日本은 쌀 문제를 美國에게 GATT에서 協議할 것을 約束한 바 있어 그 결과에 따라서는 상당한 영향이 미칠 것이다.

2. 日本의 쌀 事情

가. 식생활의 變化와 쌀의 位置

日本의 食生活은 國民所得의 水準向上, 社會經濟環境의 變化와 함께 그 內容이 豊富해지고 平均的으로 營養바란스를 취하는 소위「日本型 食生活」이라고 하는 건강하고 풍부한 食生活을 實現해 왔다. 과거의 쌀, 야채, 생선, 콩 中心의 傳統的 食生活에서 肉, 牛乳, 乳製品, 油脂, 果實 등이 첨가된 극히 다양하고 豊富한 歐美諸國과는 다른 食生活패턴을 形成하고 있다. 이와 같은 變化中에서 쌀은 消費가 1962年의 1人當 消費量 118kg(Peak임)에서 1986年에는 73.4kg으로 크게 減少하였지만 日本人의 主食으로 總供給칼로리 2,800Kcal (1986年) 中 가장 많은 約 3割(28%)을 占하고 있으며, 食料品 消費支出에서도 單一品으로 아직까지는 가장 높게 占하고 있다. 生產에 있어서도 需要增加에 의한 畜產物과, 野菜 등은 生產이 擴大되었으나 쌀은 1966年, 1967年의 1,445万톤을 피크로 過剩生產으로 인한 生產調整이 進行되었다.

나. 日本農業에서의 稻作

日本의 農業粗生產額에서 占하고 있는 쌀의 粗生產額 占有率은 畜產物이나 青果物의 增加로 減少하여 왔지만 아직도 가장 높은 30.9%를 차지하고 있다. 1987年의 경우, 총 105,619億円의 粗生產額中 쌀이 32,687億円(30.9%)으로 가장 많고 畜產物 27.2%, 야채 19.9%, 果實 7.7%로 構成되어 있다. 한편 논 面積도 1988年에 289万ha로 日本의 耕地面積 532万ha中 54.3%를 占하고 있

表 7　쌀需給과 政府移越 在庫量의 推移

年　度	生		産		需	要	10月末 政府移越 在庫量 (万톤)
	水稻作付 面積 (千ha)	水稻單收 (kg/10a)	生産量 (水陸稻) (万톤)	水稻 作況指數	國內消費量 (万톤)	1人當 供給量 (kg/年)	
1955	3,044	396	1,239	118	1,218	110.7	12
1960	3,124	401	1,286	108	1,262	114.9	44
1961	3,134	387	1,242	102	1,306	117.4	50
1962	3,134	407	1,301	105	1,332	118.3	10
1963	3,133	400	1,281	101	1,341	117.3	2
1964	3,126	396	1,258	99	1,336	115.8	1
1965	3,123	390	1,241	97	1,299	111.7	5
1966	3,129	400	1,275	99	1,250	105.8	21
1967	3,149	453	1,445	112	1,248	103.4	64
1968	3,171	449	1,445	109	1,225	100.2	298
1969	2,173	435	1,400	102	1,197	97.2	553
1970	2,836	442	1,269	103	1,195	95.2	720
1971	2,626	411	1,089	93	1,186	93.1	589
1972	2,581	456	1,190	103	1,195	91.5	307
1973	2,568	470	1,215	106	1,208	90.8	148
1974	2,675	455	1,229	102	1,203	89.7	62
1975	2,719	481	1,317	107	1,196	88.1	114
1976	2,741	427	1,177	94	1,182	86.2	264
1977	2,723	478	1,310	105	1,148	83.4	367
1978	2,516	499	1,259	108	1,136	81.6	572
1979	2,468	482	1,196	103	1,122	79.8	650
1980	2,350	412	975	87	1,121	78.9	666
1981	2,251	453	1,026	96	1,113	77.8	439
1982	2,230	458	1,027	96	1,099	76.4	268
1983	2,246	459	1,037	96	1,098	75.7	90
1984	2,290	517	1,188	108	1,094	75.3	12
1985	2,318	501	1,166	104	1,085	74.6	31
1986	2,280	508	1,165	105	1,080	73.4	103
1987	2,123	498	1,063	102		—	182

資料：農林水產省「作付面積調査」,「食料需給表」, 食糧廳調査.

어 土地利用型農業의 中心으로서 地域農業의 基盤이기도 하다. 또한 稻作農家도 減少傾向이기는 하지만 1985年 355万戶를 넘어 全體農家 438万戶中 81%를 차지하고 또 그 중에서도 쌀을 販賣하는 農家가 8割인 272万戶로서 米穀은 農家, 生産額, 耕地面積 등에서 日本農業의 가장 重要한 部分을 占한다고 하겠다.

다. 過剩米와 生産調整

日本은 1970年과 1980年 前後로 過剩米가 發生하여 이를 처분하는데 약 3兆円이 들었으며 最近 4年間의 豊作('84~'87)으로 第3次 過剩米發生의

우려마저 있다. 이와 같은 過剩米防止를 위한 生產調整은 1971年부터 實施하여 왔으며 그 自體도 엄청난 財政負擔(年間 약 2千億円)이 들었다. 1987年부터는 논의 77万ha를 轉作하기 시작하였는데 이는 米穀生產面積의 3割에 가까운 것으로 더 이상의 擴大에는 한계가 있다. 한편 쌀 소비는 계속 감소하고 있어 日本政府는 1988年度에 약 400億円의 緊急消費擴大策을 實施하고는 있으나 効果는 별로 나타나지 않고 있다. 轉作面積은 늘릴 수 없고 消費增加도 期待할 수 없다면 結局 食管制度에 손을 댈 수밖에 없다고 하겠다. 즉, 全量管理制度에서 部分管理制度에의 方向轉換이 必要하며 이는 政府의 財政赤字解消와 함께 앞으로 日本의 食糧問題를 다루는 主要 포인트가 될 것이다.

라. 內外壓力과 政府收買價引下

日本政府는 1988年 7月6日 1988年產 米穀의 政府收買價格을 4.6% 引下하는 것으로 決定하였다. 이는 1987年의 5.95% 引下에 이은 것으로 앞으로 生產者米價는 계속 引下하겠다는 政府의 意思表示로 받아 들여지고 있다. 이 米價引下는 間接的인 生產調整의 効果도 있지만 특히, 小規模 米作農家는 生產을 포기할 수밖에 없어지게 되고 이들의 耕作畓이 中核農家에로 農地의 流動化가 이루어지며 生產性이 向上될 수 있고 따라서 國際競爭이 可能한 쌀 生產으로 이어져 앞으로 다가올 쌀 市場開放에 적극 對應한다는 것이다. 또한 國內的으로는 그간 米穀管理로 인한 財政赤字를 解

表 8 쌀生產調整의 實績

			目標		實績		目標達成率 (%)
			要調整數量 (万톤)	目標面積 (千 ha)	調整數量 (万톤)	調整面積 (千 ha)	
稻作轉換對策		1971	230	—	226	541	98
		1972	215	—	233	566	108
		1973	205	—	230	562	112
		1974	135	—	130	313	98
		1975	100	—	108	264	111
水田總合利用對策		1976	(90)	215	—	194	91
		1977	(90)	215	—	212	99
水田利用再編對策	第1期	1978	(170)	391	—	438	112
		1979	(170)	391	—	472	121
		1980	(245)	535	—	585	109
	第2期	1981	(295)	631	—	668	106
		1982	(295)	631	—	672	107
		1983	(280)	600	—	639	106
	第3期	1984	(290)	600	—	620	103
		1985	(280)	574	—	594	103
		1986	(290)	600	—	618	103
水田農業確立對策	前87期89	1987 (전망)	(365)	770	—	798	102

資料：農林水產省「水田利用再編對策 實施狀況」等.

註：第3期 要調整數量中 他用途利用米 生產이 포함.

그림 3 古米在庫의 推移

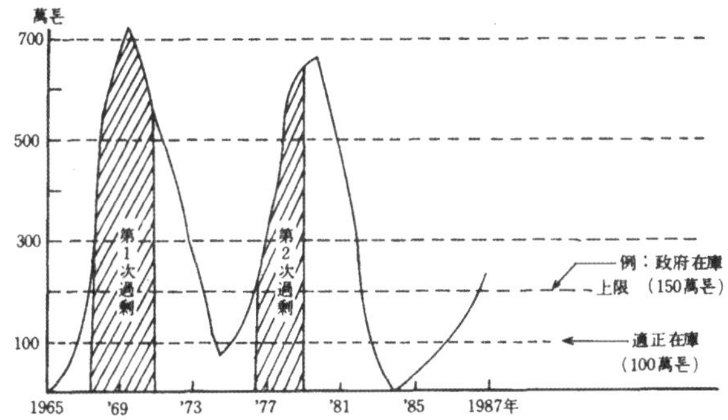

資料：農業白書附屬統計表 (1987年度)에 의하여 作成

消할 뿐 아니라 生產者 米價에서 美國의 6倍, 消費者米價에서는 3倍나 하였던 內外價格差를 縮小시켜 國內消費者에게 보다 低價의 養質米를 供給할 수 있고, 또한 減少를 계속하고 있는 쌀의 消費추세를 완화시킬 수 있다. 그러나 무엇보다도 가장 큰 理由는 앞으로의 쌀 市場開放에 對應하는 國內 生產農家의 體質強化에 있다고 하겠다.

Ⅳ. 日本의 選擇

以上에서 살펴본 바와 같이 日本의 쌀 市場開放問題는 國內外의 어려움을 겪고 있다. 특히, 國內의 輿論이 兩分된 狀態에서 選擇의 어려움은 더하다. 生產者團體인 農協을 中心으로 하는 反對立場에서의 見解는 먼저 美國의 對日貿易赤字의 主原因이 工業製品이므로 貿易摩擦의 責任을 農民에게 轉嫁시키는 것은 잘못이며 美國自身도 14개의 農產物이 웨이버 品目으로 輸入을 制限하고 있을 뿐 아니라 日本은 美國의 最大 農產物 輸入國으로 美國 農業의 最大 顧客이며, 日本의 消費者團體들도 이에 同調하고 있고 일단 조금이라도 開放하면 결국 完全自由化할 수밖에 없는 開放도미노論(牛肉, 오렌지 交涉이 그렇게 되었음)을 들어 結果的으로 日本의 農民만 희생된다고 보고 강한 反撥을 하고 있다. 한편 經團連을 中心으로 하는 財界는 國際貿易上의 GATT規定, 世界經濟에 따르는 內外價格差의 擴大, 國民의 食生活의 多樣化 등을 考慮하면 어느 程度의 輸入쿼타量의 設定은 불가피하다고 보고 世界的인 農產物貿易의 Rule을 作成하는데 日本이 主導的 役割을 하기 위하여서도 쌀 市場開放의 基本方針(輸入쿼타設定)을 表示하는 것이 重要하다고 強調하고 日本이 GATT의 場所에서 美國이나 EC의 農業保護를 批判하면서 「쌀만은 特別取扱으로 해달라」는 것은 國際的으로 通用될 수 없다는 것이다.

이와 같은 어려움 속에서 日本政府는 輸入開放의 選擇에 점점 直面해 가고 있다. 먼저 우루과이라운드와 같이 多角的 貿易交涉을 擇하는 方法이 있겠다. 이는 美日 모두가 現在 바라고 있는 것이기도 하지만 展望이 밝지는 못하다. 그중 케안즈

그룹이 내놓은 案을 받아드리게 되면 당장 日本은 1989年中 總消費量의 3%인 약30万톤을 輸入해야 하며 이는 完全自由化의 期間이 짧아질지도 모르는 憂慮가 있다. 日本으로서는 UR交涉이 끝나는 1990年까지는 우선 論議程度로 이끌고 나갔으면 할 것이다. 그러나 이는 美國이 받아드리지 않을 것이 豫想되므로 어떠한 形態이든 約束(Commitment)을 하게 될 것이다.

두번째로는 直接的인 二國間 交涉을 擇하는 방법이다. 이는 新通商法 301條의 報復措置를 피할 수 있는 방법이기는 하나 日本國內의 反撥이 극심할 것이 豫想된다. 그러나 오히려 美國과 直接함으로 하여 UR 등에서 보다는 長期的인 開放日程을 얻어 낼 可能性도 있을 수 있다.

마지막으로는 모든 方法을 拒否하여 美國과 正面對決하는 것으로 結果的으로는 Super 301條에 의한 報復措置를 당하는 방법이다. 어느 쪽이든 바라는 것은 아니지만 日本으로서는 政權基盤이 되는 農民 뿐 아니라 國民全體의 支持를 받게 될 것이다. 그러나 一部 產業界는 報復措置를 감수하지 않으면 안되나 과거 301條의 報復措置로 인한 損害가 약 3億弗 정도 지나지 않아 全體 貿易黑字의 7~8百億弗에 비하면 그다지 대수롭지 않다는 것이다.

이는 위험하기는 하지만 쌀 市場開放問題를 보다 長期的으로 끌고 갈 수 있는 長點도 있다. 그러나 日本이 어떤 方法을 選擇하든 開放은 時間上의 問題인 것이다. 다만 어떤 選擇이 보다 長期的이고 有利할 것인가 라는 것이다. 日本으로서는 충분한 시간적 餘裕를 가지고 國內生產構造의 調整을 하여 國際競爭力이 있는 產業으로 育成하여야 日本의 主食인 쌀을 安定的으로 生產할 수 있기 때문이다. 결국 日本의 選擇이 어떠한 形態로든 쌀의 市場開放이라고 한다면 비슷한 처지에 있는 우리나라에도 심각한 영향이 미칠 것은 必然的 事實임을 생각해 볼 때가 아닌가 한다.

參 考 資 料

戸田博愛 現代日本の 農業政策, 1986. 9.
農業貿易問題硏究會編, どうなる世界の 農業貿易, 1987. 4.
農政調査委員會, 日本の農業ー日本の 農產物貿易問題 67, 1988. 3.
全國農業協同組合中央會編集, アメリカの 農業, 1984. 3.
______ ガシトと 農業, 1987. 3.
關下念 日米貿易摩擦と食糧問題, 1988. 3.
食糧廳, と日本の食糧管理の現狀(槪要), 1988. 11.
農林統計協會, 昭和62年度 農業白書附屬統計表, 1988. 4
Food Outlook FAO Nov, 1988.
日本讀賣新聞 및 日本農業新聞 多數.

3. 세계농정연구원(2002.3~)에서의 통상관련 연구용역

연도	제 목	발주처
2003	WTO/DDA 농업협상의 국영무역 대응방안 연구	농수산물유통공사
2003	WTO/DDA 협상대비 임업보조금 분야 대응방안 및 임산물 무세화 대응논리 보강	산림청
2004	중국 농산물 수입 적정관리를 위한 TSG제도 활용방안연구	농림부
2004	WTO/DDA 협상에 따른 수출물류비 지원방안 연구	농수산물유통공사
2005	블루박스 관련 Modality 협상 전망과 전략 국내 활동에 관한 연구	농림부
2005	개도국 분류 관련 국제적 논의동향 분석 및 우리의 개도국 지위 유지 방안에 관한 연구	농림부
2005	일본의 쌀시장과 정책연구	농협중앙회
2006	북한의 시장개방 및 농산물가격체계 변화에 따른 식량수급정책의 발전방향	농림부
2007	개도국과의 FTA협상 대응방안 마련을 위한 개도국간 특혜 무역제도(GSTP)연구	농림부
2007	시장개방 확대에 대응한 농산물관세체제의 중장기 개편방향	농어업·농어촌특별대책위원회
2008	DDA/FTA 협상 및 국제 농수산협력 등 통상분야 연구	농어업·농어촌특별대책위원회
2008	쌀 관세화 영향 및 밥쌀용 수입쌀 유통현황 분석	농업협동조합중앙회
2009	농산물 HS관세체제 개편방안에 대한 연구	농어업·농어촌특별대책위원회
2009	중국산 농산물의 안정적 수입등을 위한 연구	농수산물유통공사
2012	기체결 FTA 이행에 따른 문제점 및 대응방안	농림수산식품부

참고문헌 및 인용자료

1. 農林水産廣報. 日本農林省. 1985. 1월호.
2. GATT/BOP 협상 결과보고서. 외무부 통상국 1987.3.30.
3. ガツトと農業 日本全國農業中央會 1987.3.30.
4. ガツトと日本農業 1990. 7. 25. 東京大學出版部. 佐伯尙美.
5. カツトの徹底分析 農政ジャ　ナリストの會 農林統計協會 1990年 5. 15
6. ガツト農業交涉 平成 2年(1990) 9. 28. 服部信司.
7. GATT/UR 협상결과(푼타 · 델 · 에스테-브랏셀) 1990. 12. 농림수산부.
8. 협상자료. 1991. 1~7. 농림수산부.
9. UR 추진현황(1981. 1~92. 6) 1992.7 농림수산부.
10. 협상자료. 1993. 7~9. 농림수산부.
11. 협상자료. 1993. 10~12. 농림수산부.
12. 우루과이라운드 농업협정문 해설 1994. 1. 한국농촌경제연구원.
13. 협상자료. 1994. 1~3. 농림수산부.
14. UR 농산물 협상 이행계획서 1994. 3. 대한민국.
15. 협상자료. 1994. 4~12. 농림수산부.
16. 우루과이라운드 협상결과 및 평가. 1994. 8. 외무부.
17. 우루과이 라운드 농산물 협상 백서 1994. 12. 한국농촌경제연구원.
18. 우루과이라운드와 한국의 미래, 1995. 1. 10. 허신행, 범우사.
19. 우루과이라운드 농산물 협상 추진 경과. 1995. 최대휴.
20. アジア太平洋フユージョン, APECと日本, 1995. 11. 10, 中央公論社, 船橋洋一著.
21. '95 APEC 추진현황 1995. 12 농림수산부 국제농업국.
22. '95 APEC 협의경과 1996. 1 농림수산부 국제농업국.
23. FAO 식량정상회의 준비 제1차 중간 실무회의(IWGM) 참석결과 1996. 3. 농림부 국제농업국 기술협력과.
24. 세계식량안보 「로마선언」 및 세계식량정상회의 「행동계획」 1996. 11. 13. 농림부.

25. Agriculture in the GATT. 1996. Timothy E. Josling, Stefan Tangermann, T.K. Warley.
26. 세계식량정상회의 참가보고서(1996.11.13.~17, 로마)1997.1 외무부 국제연합국
27. 日米コメ交渉. 軽部謙介, 中央公論社 1997.
28. ガツト農業交渉 50年史 1998. 9. 15. T.E. ジヨスリソ外 2人, 塩飽二朗 譯.
29. The Urguay Round and Beyond, Essays in Honour of Arthur Dunkel. 1998. hy Jagdish Bhagwati Mathias Hirsch Editors.
30. 제30차 FAO 총회참가보고서 1999. 11 농림부.
31. WTO 차기 농산물협상의 전망과 대책연구 1999.12 한국농촌경제연구원.
32. 한국농정50년사. 1999. 12. 농림부(농촌경제연구원).
33. 시애틀 각료회의 결과. 1999.12. 농림부.
34. 노르웨이 농림부 보도자료. 2000. 7. 3.
35. WTO 농산물협상의 전망과 대응(주제발표자료). 2000. 11. 28. 한국농촌경제연구원.
36. Conference on the WTO Negotiations Agriculture and Developing Countries, Paris, 2000. 12. 6.
37. 국제농업통상 여건 변화에 따른 한국 임업의 대응. 2001. 10. 29. 최용규.
38. 농업과 통상, 유병린. 2013. 12. 10. (주)북랩.
39. 한국외교와 외교관. 2016. 6. 10. 허승 국립외교원.
40. 한국농업통상50년사 1966~2016, 2017. 2. 농림축산식품부(GS&J인스티튜트).
41. 한국 농업통상 50년사 별책-회고와 증언-2017. 02. 농림축산식품부.
42. 농림부 보도자료(2019. 11. 19일자).
43. A Memoire on the Birth of the Non-Trade Concerns. 2021. 1. 15. Masanori Hayashi.
44. 기타 회의자료 및 필자의 수첩 등.

실록 농업통상

우루과이라운드, APEC, WTO에 관한 실무 기록

발행일 2022년 1월 5일 초판 1쇄

지은이 최용규
발행인 전정희
편집인 임동준
발행처 HNCOM(주)
등 록 321-2009-000118

주 소 서울시 서초구 방배천로 2길 12 사조빌딩 3F
전 화 02-3487-7901~2
F A X 02-3487-7903
www.withbuyer.com

ISBN 979-11-89905-04-0 [13300]
값 18,000원